统一建模语言 UML 与对象工程

朱小栋　编著

科学出版社

北　京

内 容 简 介

统一建模语言(UML)是面向对象的软件系统开发全生命周期的良好建模方法。本书系统地介绍了UML的内容,在各章节知识点中引入大量的场景例子,注重提高读者学习本书的趣味性和教师授课的生动性。

全书分为三篇共17章,第一篇包括第1~3章,阐述对象工程的理念,介绍UML的概念和发展历史,以及类与对象的基本概念;第二篇包括第4~14章,依据软件系统开发的生命周期脉络,详细地介绍各种UML图的功能、语法和创建过程;第三篇包括第15~17章,通过两个典型的软件系统案例综合阐述UML在软件系统建模上的应用。

本书可作为高等院校和各类培训机构相关课程的教材与参考书,也可作为相关研究领域科研工作者的参考书,还可作为各类软件开发从业者的参考书。

图书在版编目(CIP)数据

统一建模语言 UML 与对象工程/朱小栋编著. —北京:科学出版社,2019.8
ISBN 978-7-03-062107-8

Ⅰ. ①统… Ⅱ. ①朱… Ⅲ. ①面向对象语言–程序设计 Ⅳ. ①TP312.8

中国版本图书馆 CIP 数据核字(2019)第 179179 号

责任编辑:余 江 张丽花 霍明亮 / 责任校对:彭珍珍
责任印制:张 伟 / 封面设计:迷底书装

科 学 出 版 社 出版
北京东黄城根北街 16 号
邮政编码:100717
http://www.sciencep.com
北京厚诚则铭印刷科技有限公司 印刷
科学出版社发行 各地新华书店经销
*
2019 年 8 月第 一 版 开本:787×1092 1/16
2023 年 8 月第五次印刷 印张:15 3/4
字数:373 000
定价:69.00 元
(如有印装质量问题,我社负责调换)

前 言

2018 年恰好是软件工程这一概念提出 50 周年，在软件工程的发展史册中，学术界为软件工程贡献了许多重要的理论和方法，它们在产业界发挥了重要的现实意义。在面向对象的软件系统开发过程中，"磨刀不误砍柴工"的开发理念经久不衰。如果在需求分析上偷工减料，那么我们会浪费很多时间去设计客户不想要的东西；如果在系统设计上压缩时间，那么我们会编写很多无助于解决客户问题的代码。

在软件的需求分析和系统设计阶段，统一建模语言(UML)是良好的建模方法。本书一直倡导对象工程的理念，倡导用面向对象的思想去思考现实世界，用 UML 来具体地建模软件系统和绘制软件系统，解决现实软件系统的分析与设计问题。

本书的知识内容分为三篇：第一篇是基础篇，阐述对象工程的理念，介绍 UML 的发展历史，阐述类与对象的概念。第二篇是对象工程篇，详细地介绍 UML 2.0 版本的各个 UML 图的功能、语法和应用。第三篇是实践篇，通过具体的软件系统案例综合阐述 UML 在软件系统建模上的应用。

本书的主要特色：

(1)注重内容的新颖性。本书在每个章节的示例中融入了大数据时代的新系统、新平台。读者可以学习如何运用对象工程的方法建模这些新系统。

(2)注重本书的适用范围。本书读者群覆盖广泛，包括高等院校和各类培训机构相关课程的师生、相关研究领域科研工作者以及各类软件开发从业者。如果读者学习过高级编程语言 C++、Java 或者 C#中的一种，那么更容易理解本书中的一些概念和术语。即使读者没有接触过任何编程语言，学习本书时也不用担心，因为本书努力用案例和故事的方式进行阐述，增加内容的生动性，让读者掌握面向对象的思想，并学会用 UML 来建模系统。

(3)注重内容的可应用性。本书的每个章节的知识点都用现实的软件系统作为分析案例，最后的电子商务网站系统和微信系统则是在本书的所有知识点之上的综合案例。读者据此可以综合学习 UML 如何在具体领域中进行系统建模。

本书的出版得到了上海市高水平地方高校创新团队建设项目(USST-SYS-01)和上海理工大学 2017 年度"精品本科"系列教材建设项目的资金支持。本书配有电子课件和习题参考答案，选用本书作为教材的教师可与出版社联系。读者也可以从网站 http://cc.usst.edu.cn 查找作者后获取本书相关电子教学资源。

感谢我的研究生顾骏涛、陈洁、罗长利、崔健和徐怡为本书的资料收集整理所付出的努力。感谢我的家人，特别是宽宽和淘淘，他们的支持给予我无穷的动力和思路。

本书内容颇多，难免存在不足之处，恳请读者批评指正。

作者联系邮箱：zhuxd1981@163.com。

作 者

2018 年 12 月

目　录

第一篇　基　础　篇

第二篇　对象工程篇

第三篇 实 践 篇

第一篇 基础篇

第1章 对象工程的理念

1.1 面向对象的软件开发概述

软件开发是根据用户要求建造出软件系统或者系统中软件部分的过程。回顾软件开发的历史，可以知道它经历了从面向过程的软件开发，到面向对象的软件开发两个阶段。面向对象的高级编程语言的出现和演化，推进了面向对象的软件开发技术不断发展。20世纪60年代的 Simula、70年代的 Smalltalk 语言是早期的面向对象编程语言，后来出现的 C++、Java、Objective-C、C#等在当今面向对象的编程语言市场中占有一席之地[①]。

程序设计是软件开发的一个子过程。在面向对象的程序设计方法出现之前，传统的程序设计方法大都是面向过程的。面向过程的程序设计结构清晰，它在历史上为缓解软件危机做出了贡献。面向过程的程序设计方法是以功能分析为基础的，它强调自顶向下的功能分解，并或多或少地把功能和数据进行了分离。换言之，当采用这种方法开发软件系统时，不管在模型设计中还是在系统实现中，数据和操作都是分开的。C语言是面向过程的程序开发语言的代表。对用这种设计方法设计出的系统而言，模块独立性较差，模块之间的耦合度较高，对一个模块的修改可能会造成许多其他模块功能上的改变。因此，系统的理解和维护都存在一定的难度。具体而言，面向过程的程序设计方法存在如下问题。

（1）软件系统是围绕着如何实现一定的功能来进行的，当功能中的静态和动态行为发生变化需要修改时，修改工作颇为困难。因为这类系统的结构是以上层模块必须掌握和控制下层模块的工作为前提的。当底层模块变动时，常常会迫不得已去改变一系列的上层模块，而这种一系列的修改并不是当时变动底层模块的目的。同样，当需要修改上层模块时，新的上层模块也必须了解它的所有下层，修改这样的上层模块变得更加困难。所以，这种结构已经无法适应迅速变化的技术发展。

（2）程序员对客观世界的认知，与他们的程序设计之间存在着一道鸿沟。在客观世界中，人们的认知可以是从一组实例抽象出的概念或者模型，也可以是将概念具体化为一组实例对象。但在面向过程的程序设计中，很难通过编程实现这样的认知。

---

① TIOBE. TIOBE Index for May 2018. [2018-05-11]. https://www.tiobe.com/tiobe-index.

(3)面向过程的程序设计导致模块间的控制作用只能通过上下之间的调用关系来进行，这样会造成信息传递路径过长、效率低、易受干扰甚至出现错误。如果允许模块之间为进行控制而直接通信，那么结果是系统总体结构混乱，从而难于维护。所以，这种结构无法适应以控制关系为重要特性的软件系统的要求。

(4)用这种方法开发出来的系统往往难以维护，主要因为所有的函数都必须知道数据结构。许多不同的数据类型的数据结构之间只有细微的差别。在这种情况下，函数中常常充满了条件语句，它们与函数的功能毫无关系，只是因为数据结构的不同而不得不使用它们，结果使程序变得非常难读。

(5)自顶向下功能分解的分析方法大大限制和降低了软件的易复用性，导致对同样对象的大量重复性工作，从而降低了开发人员的生产效率。

面向对象程序设计方法是面向过程程序设计方法强有力的补充。面向对象的程序设计方法是一种新型、实用的程序设计方法，它强调数据抽象、易扩充性和代码复用等软件工程原则，特别有利于大型、复杂软件系统的生成。该方法的主要特征在于支持数据抽象、封装和继承等概念。借助数据抽象和封装，可以抽象地定义对象的外部行为而隐蔽其实现细节，从而达到归约和实现的分离，有利于程序的理解、修改和维护，对系统原型速成和有效实现大有帮助；支持继承则可以在原有代码的基础上构造新的软件模块，从而有利于软件的复用。当采用面向对象的程序设计方法开发系统时，系统实际上是由许多对象构成的集合。

面向对象程序设计语言可以直接、充分地支持面向对象程序设计方法，从而成为软件开发的有力工具。在面向对象程序设计语言中，对象由属性(状态)和相关操作(方法)封装而成。对象的行为通过操作展示，外界不可以直接访问其内部属性，操作的实现对用户透明。消息传递是对象间唯一的交互方式，对象的创建和对象中操作的调用通过消息传递来完成。类是对具有相同内部状态和外部行为对象结构的描述，它定义了表示对象状态的实例变量集和表示对象行为的方法集。类是待创建对象的模板，而对象则是类的实例。子类可以继承父类的实例变量和方法，同时可以定义新的变量和方法。对象的封装性降低了对象之间的耦合度，从而使得程序的理解和修改变得容易。类之间的继承机制使得代码可以复用，易于在现有代码的基础上进行延伸拓展，为系统增添新的功能。

总之，面向对象的概念框架的特征包括：①抽象；②封装性；③模块化；④层次性；⑤并发性；⑥类型化；⑦持久性；⑧易复用性；⑨易扩充性；⑩动态绑定等。

面向对象的软件开发方法涉及从面向对象分析(OOA)→面向对象设计(OOD)→面向对象程序设计或编码(OOP)→面向对象测试(OOT)等一系列特定阶段。面向对象设计方法期望获得一种独立于语言的设计描述，以求达到从客观世界中的事物原型到软件系统间的尽可能的平滑过渡。

面向对象的方法把功能和数据看作高度统一，其优点主要包括以下几点。

(1)它更好地诠释了软件度量中"高内聚，低耦合"的评价准则。

(2)它能较好地处理软件的规模和复杂性不断增加所带来的问题。

(3)它更适合于控制关系复杂的系统。

(4)面向对象系统通过对象间的协作来完成任务，因而更容易管理。

(5)它使用各种直接模仿应用域中实体的抽象和对象，从而使得规约和设计更加完整。

(6)它围绕对象和类进行局部化，从而提高了规约、设计和代码的易扩展性、易维护性和易复用性。

(7) 它简化了开发者的工作,提高了软件和文档的质量。

当开发人员正确地使用了面向对象的开发方法时,就能够有效地降低软件开发的成本,提高系统的易扩展性、易维护性、易复用性和易理解性。

1.2　面向对象的软件建模方法

Booch 是面向对象方法最早的倡导者之一,他提出了面向对象软件工程的概念。1991 年,他将以前所进行的面向 Ada 的工作扩展到整个面向对象设计领域。1993 年,Booch 对其先前的方法做了一些改进,使之适合于系统的设计和构造。Booch 在其 OOAda 中提出了面向对象开发的 4 个模型:逻辑视图、物理视图及其相应的静态和动态语义。对逻辑结构的静态视图,OOAda 提供对象图和类图;对逻辑结构的动态视图,OOAda 提供了状态变迁图和交互图;对于物理结构的静态视图,OOAda 提供了模块图和进程图。

Jacobson 于 1994 年提出了面向对象的软件工程(OOSE)方法,该方法的最大特点是面向用例(use case)。OOSE 是由用例模型、域对象模型、分析模型、设计模型、实现模型和测试模型组成的。其中用例模型贯穿于整个开发过程,它驱动所有其他模型的开发。

Rumbaugh 等提出了 OMT 方法。在 OMT 方法中,系统是通过对象模型、功能模型和动态模型来描述的。其中,对象模型用来描述系统中各对象的静态结构以及它们之间的关系;功能模型描述系统实现什么功能(即捕获系统所执行的计算),它通过数据流图来描述如何由系统的输入值得到输出值。功能模型只能指出可能的功能计算路径,而不能确定哪一条路径会实际发生。动态模型则描述系统在何时实现其功能(控制流),每个类的动态部分是由状态图来描述的。

Coad 与 Yourdon 提出了 OOA/OOD 方法。一个 OOA 模型由主题层、类及对象层、结构层、属性层和服务层组成。其中,主题层描述系统的划分;类及对象层描述系统中的类及对象;结构层捕获类和对象之间的继承关系及整体-部分关系;属性层描述对象的属性和类及对象之间的关联关系;服务层描述对象所提供的服务(即方法)和对象之间的消息链接。OOD 模型由人机交互(界面)构件、问题域构件、任务管理构件和数据管理构件组成。

Fusion 方法被认为是"第 2 代"开发方法。它是在 OMT 方法、Objectory 方法、形式化方法、CRC 方法和 Booch 方法的基础上开发的。面向复用/再工程以及基于复用/再工程的需求开发是 Fusion 的一大特点。Fusion 方法中用于描述系统设计和分析的图形符号虽然不多,但比较全面。Fusion 方法将开发过程划分为分析、设计和实现 3 个阶段,每个阶段由若干步骤组成,每一步骤的输出都是下一步骤的输入。

Shlaer-Mellor 方法是由 Shlaer 与 Mellor 两人重新修订其先前开发的面向对象系统分析(OOSA)方法后所得到的一种建模方法。Shlaer-Mellor 方法中的 OOA 使用了信息建模、状态建模和进程建模技术。OOD 中使用类图、类结构图、依赖图和继承图对系统进行描述。

Martin 与 Odell 提出的 OOAD 方法的理论基础是逻辑和集合论。尽管面向对象的分析通常被划分成结构(静态)和行为(动态)两部分,但 Martin 与 Odell 的 OOAD 却试图将它们集成在一起。他们认为面向对象分析的基础应该是系统的行为,系统的结构是通过对系统行为的分析而得到的。

1.3 对象工程的概念

我们首先区分基本概念科学、工程、技术以及语言的内涵。中国计算机软件学先驱徐家福教授对这些基本的概念曾做过精确阐述。

他认为：科学是系统化的知识。科学研究的过程就是发现规律，探求真理的过程。科学既有阐述义又有引申义。科学是没有阶级的，科学要想发挥自己的作用，就必须发挥人的主观能动性。一个人活着是为了在认识自然、改造自然，认识社会、改造社会的过程中，起到一个螺丝钉的作用。科学工作者做学问不能停留在坐而论道、著书立说上，而要学以致用，将所学应用到社会发展中。技术既有领域义又有学科义，学习技术就是要学以致用。工程包含项目义和学科义。工程就是将技术应用到某个项目中。语言的种类包括自然语言和人工语言，语言的构成要素包括语法、语义和语用，语言的风范包括命令式和申述式，并强调了语言和言语的异同之处。语言强调语，重在写；言语强调言，重在说。

在此基础上，给出对象工程的定义：对象工程是指将面向对象的软件建模技术应用到具体的领域中，解决该领域的系统建模问题。统一建模语言 UML 是对象工程的软件建模技术。

对象工程隶属于软件工程的范畴。软件工程首次提出是在 1968 年，目前对它的普遍认知是以系统性的、规范化的、可定量的过程化方法去开发和维护软件。当然，软件工程现在也是计算机科学与技术一级学科下面的二级学科，是一门研究用工程化方法构建和维护有效的、实用的和高质量的软件的学科。

1.4 统一建模语言(UML)简介

1.4.1 模型与建模

模型是现实系统的简化。建模是对现实系统进行适当过滤，用适当的表现规则描绘出简洁的模型。通过模型人们可以了解所研究事物的本质，而且在形式上便于人们对其进行分析和处理。人的认知过程是逐渐提升的，用模型来认知事物是认知过程的高级阶段，我们倡导当代大学生，特别是研究生不断地学习用模型来认知现实软件系统。图 1-1 是两个模型示意图。

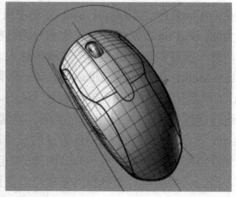

图 1-1　模型示意图

模型是抓住现实系统的主要方面而忽略次要方面的一种抽象，是理解、分析、开发或改造现实系统的一种常用手段。

由于人们对复杂性的认识能力有限，因此系统的设计者在系统设计之初往往无法全面地理解整个系统。此时，人们就需要对系统进行建模。

如同建造一座摩天大楼，我们首先设计并绘制图纸，反复推敲，验证大楼的可靠性。开发一个稳定可靠的软件也是如此，首先建模该软件系统，反复推敲，验证软件的可靠性。

软件设计和建筑设计相似。建模可以使设计者从全局上把握系统及其内部的联系，而不致陷入每个模块的细节之中。模型可使具有复杂关系的信息简单易懂，使人们容易洞察复杂堆砌而成的原始数据背后的规律，并能有效地将系统需求映射到软件结构上。具体而言，模型主要有如下作用。

(1) 模型可以促进项目有关人员对系统的理解和交流。模型对问题的理解、项目有关人员(客户、领域专家、分析人员和设计人员等)之间的交流、文档的准备以及程序和数据库的设计等都非常有益。模型可使得人们直接研究一个大型的复杂软件系统。建模能促进人们对需求的理解，从而可得到更清晰的设计，进而得到更易维护的系统。

(2) 模型有助于挑选出代价较小的解决方案。当研究一个大型软件系统的模型时，人们可以提出多个实际方案并对它们进行相互比较，然后挑选出一个最好的方案。

(3) 模型可以缩短系统的开发周期。模型实质上是过滤掉一些不必要的细节，刻画复杂问题或者结构的必要特性的抽象，它使得问题更容易理解。在有了模型之后，软件系统的开发过程就会变得较快，同时降低系统的开发成本。

1.4.2 UML 的发展历史与应用领域

公认的面向对象建模语言出现于 20 世纪 70 年代中期。从 1989~1994 年，其数量从不到十种增加到了五十多种。在众多的建模语言中，语言的创造者努力地推崇自己的产品，并在实践中不断完善。但是，OO 方法的用户并不了解不同建模语言的优缺点及相互之间的差异，因而很难根据应用特点选择合适的建模语言，于是爆发了一场"方法大战"。在 90 年代中期，一批新方法出现了，其中最引人注目的是 Booch 1993、OOSE 和 OMT-2 等。

概括起来，首先，面对众多的建模语言，用户由于没有能力区别不同语言之间的差别，因此很难找到一种比较适合其应用特点的语言；其次，众多的建模语言实际上各有千秋；最后，虽然不同的建模语言大多类同，但仍存在某些细微的差别，极大地妨碍了用户之间的交流。因此在客观上，极有必要在精心比较不同的建模语言优缺点及总结面向对象技术应用实践的基础上，组织联合设计小组，根据应用需求，取其精华，去其糟粕，求同存异，统一建模语言。

1994 年 10 月，Booch 和 Rumbaugh 开始致力于这一工作。他们首先将 Booch93 和 OMT-2 统一起来，并于 1995 年 10 月发布了第一个公开版本，称为统一方法 UM 0.8 (Unified Method)。1995 年秋，OOSE 的创始人 Jacobson 加盟到这一工作。经过 Booch、Rumbaugh 和 Jacobson 三人的共同努力，于 1996 年 6 月和 10 月分别发布了两个新的版本，即 UML 0.9 和 UML 0.91，并将 UM 重新命名为 UML (Unified Modeling Language)。1996 年，一些机构将 UML 作为其商业策略已日趋明显。UML 的开发者得到了来自公众的正面反应，并倡议成立了 UML 成员协会，以完善、加强和促进 UML 的定义工作。当时的成员有 DEC、HP、I-Logix、Itellicorp、IBM、ICON Computing、MCI Systemhouse、Microsoft、Oracle、Rational Software、TI 以及 Unisys。这一机构对 UML 1.0（1997 年 1 月）及 UML 1.1（1997 年 11 月）的定义和发布起了重要的促进作用。

UML 是一种定义良好、易于表达、功能强大且普遍适用的建模语言。它融入了软件工程领域的新思想、新方法和新技术。它的作用域不限于支持面向对象的分析与设计，还支持从需求分析开始的软件开发的全过程。

首先，UML 融合了 Booch、OMT 和 OOSE 方法中的基本概念，而且这些基本概念与其他面向对象技术中的基本概念大多相同，因而，UML 必然成为这些方法以及其他方法的使用者乐于采用的一种简单一致的建模语言；其次，UML 不仅仅是上述方法的简单汇合，而是在这些方法的基础上广泛征求意见，集众家之长，几经修改而完成的，UML 扩展了现有方法的应用范围；最后，UML 是标准的建模语言，而不是标准的开发过程。尽管 UML 的应用必然以系统的开发过程为背景，但由于不同的组织和不同的应用领域，需要采取不同的开发过程。

作为一种建模语言，UML 的定义包括 UML 语义和 UML 表示法两个部分。

（1）UML 语义。描述基于 UML 的精确元模型定义。元模型为 UML 的所有元素在语法和语义上提供了简单、一致、通用的定义性说明，使开发者能在语义上取得一致，消除了因人而异的最佳表达方法所造成的影响。此外 UML 还支持对元模型的扩展定义。

（2）UML 表示法。定义 UML 符号的表示法，为开发者或开发工具使用这些图形符号和文本语法提供了标准。这些图形符号和文字所表达的是应用级的模型，在语义上它是 UML 元模型的实例。

UML 的目标是以面向对象图的方式来描述任何类型的系统，具有很宽的应用领域。其中最常用的是建立软件系统的模型，但它同样可以用于描述非软件领域的系统，如机械系统、企业机构或业务过程，以及处理复杂数据的信息系统、具有实时要求的工业系统或工业过程等。总之，UML 是一个通用的标准建模语言，可以对任何具有静态结构和动态行为的系统进行建模。此外，UML 适用于系统开发过程中从需求规格描述到系统完成后测试的不同阶段。在需求分析阶段，可以通过用例来捕获用户需求。通过用例建模，描述对系统感兴趣的外部角色及其对系统（用例）的功能要求。分析阶段主要关心问题域中的主要概念（如抽象、类和对象等）和机制，需要识别这些类以及它们相互之间的关系，并用 UML 类图来描述。为实现用例，类之间需要协作，这可以用 UML 动态模型来描述。在分析阶段，只对问题域的对象（现实世界的概念）建模，而不考虑定义软件系统中技术细节的类（如处理用户接口、数据库、通信和并行性等问题的类）。这些技术细节将在设计阶段引入，因此设计阶段为构造阶段提供更详细的规格说明。

编程是一个独立的阶段，其任务是用面向对象编程语言将来自设计阶段的类转换成实际的代码。当用 UML 建立分析和设计模型时，应尽量避免考虑把模型转换成某种特定的编程语言。因为在早期阶段，模型仅仅是理解和分析系统结构的工具，过早考虑编码问题十分不利于建立简单正确的模型。

UML 模型还可作为测试阶段的依据。系统通常需要经过单元测试、集成测试、系统测试和验收测试。不同的测试小组使用不同的 UML 图作为测试依据：单元测试使用类图和类规格说明；集成测试使用部件图和合作图；系统测试使用用例图来验证系统的行为；验收测试由用户进行，以验证系统测试的结果是否满足在分析阶段确定的需求。

总之，标准建模语言 UML 适用于以面向对象技术来描述任何类型的系统，而且适用于系统开发的不同阶段，从需求规格描述直至系统完成后的测试和维护。

1.4.3 UML 建模工具简介

1. Rational Rose

Rational Rose 是一种基于 UML 的建模工具。在面向对象应用程序开发领域，Rational Rose 是影响其发展的一个重要因素。Rational Rose 自推出以来就受到了业界的瞩目，并一直引领着可视化建模工具的发展。越来越多的软件公司和开发团队开始或者已经采用 Rational Rose，用于大型项目开发的分析、建模与设计等方面。Rational Rose 主要是在开发过程中的各种语义、模块、对象、流程、状态等描述比较好，主要体现在能够从各个方面和角度来分析和设计，使软件的开发蓝图更清晰，内部结构更加明朗，对系统的代码框架生成有很好的支持。

从使用的角度分析，Rational Rose 易于使用，支持使用多种构件和多种语言的复杂系统建模；利用双向工程技术可以实现迭代式开发；团队管理特性支持大型、复杂的项目和队员分散在各个不同地方的大型开发团队。同时，Rational Rose 与微软 Visual Studio 系列工具中 GUI 的完美结合所带来的方便性，使得它成为绝大多数开发人员首选的建模工具；Rational Rose 还是市场上第一个提供 UML 数据建模和 Web 建模支持的工具。此外，Rational Rose 还为其他一些领域提供支持，如用户定制和产品性能改进。

比较经典的 Rational Rose 工具的版本分别是 2003 版和 2007 版(V7.0 版)，目前 IBM 发布的版本包括 2016 版(V8.1 版)。不过，IBM 公司在 Rational Rose 系列产品上的更新动作很慢。其中一个原因是 IBM 公司在 2003 年收购 Rational 之后，发布了全新的 Rational Software Architect 产品(RSA)，它是 IBM 公司开发平台的一部分。这款产品是在 IBM 的 Eclise 基础上建造的。RSA 很好地支持 UML 2.0，相比 Rational Rose 系列，RSA 具有更好的可用性，以及更好地支持逆向过程。

总的来说，IBM 在软件建模方面的持续努力，以及发布系列软件建模工具的目的是支持更新的 UML 版本、更新的编程语言、更新的软件开发方法(如 SOA)、更强大的数据建模等。

2. Enterprise Architect

Enterprise Architect，简称 EA，是澳大利亚 Sparx Systems 公司的旗舰产品。近些年，EA 越来越受到全球系统分析与设计用户的欢迎，有超越 Rational Rose 的势头。EA 覆盖了系统开发的整个周期，除了开发类模型，还包括事务进程分析、使用案例需求、动态模型、组件和布局、系统管理、非功能需求、用户界面设计、测试和维护等。Enterprise Architect 是一个完全的 UML 分析和设计工具，它能完成从需求收集经步骤分析、模型设计到测试和维护的整个软件开发过程。它基于多用户 Windows 平台的图形工具，可以帮助您设计健全可维护的软件。除此，它还包含特性灵活的高品质文档输出，用户指南可以在线获取。

EA 具备源代码的前向和反向工程能力，支持多种通用语言，包括 C++、C#、Java、Delphi、VBNet、Visual Basic 和 PHP，除此，还可以获取免费的 CORBA 和 Python 附加组件。EA 具有令人惊叹的速度，加载超级大的模型只需要几秒钟。通过配备高性能的模型库，EA 可让大型团队分享相同的企业视图。凭借紧密集成的版本控制能力，EA 还可让分布在全世界的团队在共享项目上展开高效的合作。

3. Visio

UML 建模工具 Visio 原来仅仅是一种画图工具，能够用来描述各种图形，如从电路图到房屋结构图，直到 Visio 2000 才开始支持软件分析设计功能，它是目前较好地用图形方式来表达各种商业图形用途的工具(对软件开发中的 UML 支持仅仅是其中很少的一部分)。它跟微软的 Office 产品的能够很好地兼容，能够把图形直接复制或者内嵌到 Word 文档中。Visio 不擅长双向工程，用于软件开发过程的迭代开发有点牵强，这方面更胜一筹的是 Rational Rose 和 EA。

除此之外，UML 的建模工具还有 Visual Paradigm 公司 Visual Paradigm for UML 15.0、Astah 公司的 Astah UML 7.2、MKLab 公司的 StarUML 3，以及它们更新的版本等。在本书中，绘制 UML 图的工具不做限制，读者可以充分地发挥以上这些工具的优势。

1.5 本 章 小 结

本章在面向对象的软件开发与软件建模的概念基础之上，提出对象工程的理念，并倡导使用对象工程这个术语。对象工程隶属于软件工程，是使用面向对象的软件开发技术所进行的软件工程。

统一建模语言 UML 是良好的面向对象的软件建模技术。我们简介 UML 的发展历史，以及 UML 的应用领域。最后对 UML 常用工具 Rational Rose 和 Visio 做了简单的介绍。

习 题

简述题

1. 简述软件开发的两个历史阶段。
2. 简述科学、工程、技术和语言的含义。
3. 简述对象工程的概念。
4. 统一建模语言 UML 的统一、建模和语言的内涵是什么？
5. 面向过程的程序设计方法存在哪些问题？
6. 面向对象的程序设计方法有哪些优点？
7. 简述 UML 的发展历史。
8. 现行的 UML 工具有哪些？

第 2 章　类与对象概述

对象工程学的中心是围绕着对象、类、关系、继承性、封装性和多态性等概念、机制和原理展开的。其中，对象和类是这一方法的核心，关系是连接它们的纽带，封装性增强对象和类的内聚功能，继承性是这一方法的独特贡献，而多态性使得这一方法更加完美。

现实世界纷繁复杂，难以认识和理解。面向对象的思想就是把复杂的事物抽象成类，因此，类是学习对象工程及面向对象建模的核心。类是对象的抽象，对象是类的实例，本章着重介绍类与对象的概念及它们之间的区别联系。掌握好这一章，深刻理解类与对象，有利于后面章节的学习。

2.1　类

2.1.1　类的定义

面向对象思想来源于对现实世界的认知。现实世界缤纷复杂、种类繁多，难以认识和理解。人们学会了把这些错综复杂的事物进行分类，从而使世界变得井井有条。例如，我们将各行各业的人抽象出人的概念，将各式各样的汽车抽象出汽车的概念，将数不胜数的书抽象出书的概念，将五彩斑斓的鲜花抽象出花的概念。人、汽车、书和花都代表着一类事物。每一类事物都有特定的状态，如人的年龄、性别、姓名、职业，汽车的品牌、时速、功率、耗油量、座椅数，书的书名、作者、出版社、ISBN 编号，花的颜色、花瓣形状、花瓣数目等，这些都是在描述事物的状态。每类事物也都有一定的行为，如人可以走、跑、跳，汽车可以启动、行驶、加速、减速、制动，鲜花可以盛开、凋谢。这些不同的状态和行为将各类事物区分开来。

类(class)是具有相同属性和操作的一组对象的组合，即抽象模型中的类描述了一组相似对象的共同特征，为属于该类的全部对象提供了统一的抽象描述。类是对同一组对象的抽象，是人们认识世界的过程中归纳方法的体现。例如，今天见到了某一只狗，明天见到了另一只狗，这样，就逐步形成了对狗这类对象共同特征的认识，如狗是四条腿、爱吃肉的哺乳动物等概念。大多数人一定不会记得见到的第一只狗(对象)是什么样子了，但经过抽象在人脑中形成的狗的概念(类)却能伴随人一生。人类这种抽象能力是认识世界的最重要的特征之一。类并不是描述单个实体的特定行为，而是用来描述同一组中所有对象(一类对象)的公共信息。

2.1.2　类的结构

任何类的结构都由三部分构成：标识、属性和方法。图 2-1 就给出了从具体教师到教师类的抽象，以及教师类的构成。其中，标识给出了类的名称，是对一类对象总的称呼。

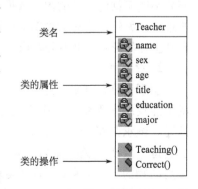

图 2-1　类的结构

属性(attribute)记录了类的静态特征。属性特征是一个类的所有对象都具有的,例如,只要是飞机就具有型号、重量、颜色等属性特征。而同一个类的不同对象的属性具有不同的属性值,也就是说不同的对象具有不同的状态。即同一个类的对象具有相同的变量结构,但其变量的值不同,在后面会有介绍。在类中,属性名必须是唯一的,属性名是在整个类的范围内有效的,不同类的属性名可以相同。从编程实现的角度看,属性指向的是一个内存空间,每一个属性代表了一个内存空间资源。为了保存对象的状态,系统将为同一个类的不同对象分配不同的内存空间。

方法(method)描述了一个类具有什么样的动态能力,能够为其他类提供什么样的服务。方法是在类中定义的过程,即对类的某些属性进行操作以达到某一目的的过程。它的实现类似于非面向对象语言中的过程和函数,但方法是与类的属性封装在一起的。从编程实现的角度讲,方法实际上也是指向一段代码的地址,每一种方法代表了一个指向一段代码的地址。

2.1.3 类的特性

1. 封装性

封装是类的三个特性之一,也是面向对象的三个原则之一。封装就是把某个事物包装起来,是外界不知道该事物内部的具体内容。当然,我们也可以把数据和实现数据操作的代码集中封装起来放在类内部。一个类就好比一个黑盒子,表示对象属性的数据和实现各个行为的操作代码封装在这个黑盒子里面,外界是看不见的,更不能从外界直接访问这些数据和行为。也就是说,当使用一个类时,只需要知道它向外界提供的接口形式而无须知道它的数据结构细节和实现行为操作的具体算法。实现封装应满足如下 3 个条件。

(1)有一个清楚的边界。

(2)有确定的接口(这些接口即类或者对象可以接收的信息,用户只能通过向类或者对象发送消息来使用它)。

(3)受保护的内部实现。封装就是信息隐蔽,把类或对象的实现细节对外界隐藏起来。

封装有两层含义:把类的全部属性和服务结合在一起,形成一个不可分割的独立单位。信息隐蔽即尽可能地隐蔽类的内部细节(例如,属性是如何定义的,方法是如何实现的),对外界形成一个边界,只保留有限的对外接口(某些方法)与外部发生联系。

封装在面向对象思想中具有重要的意义。封装的信息隐蔽作用反映了事物的相对独立性,使我们只关心它对外所提供的接口,而不注意它的内部细节。封装的效果使得类以外的部分不能随意访问类的内部数据,从而避免了外部错误对它的影响,大大减少了查错和排错的难度。另外,当对类内部进行修改时,只要对外的接口没有改变,类内部的修改不会对外界产生任何影响,也不会影响其他的类,从而使维护变得简单,同时提高了程序的可重用性。

2. 继承性

客观世界的事物既有共性也有个性。如果只考虑事物的共性,而不考虑事物的个性,就不能反映出现实世界中事物之间的层次关系,也就不能完整地、正确地对现实世界进行描述。继承是指一个类从另一个类中获得属性和方法的过程。继承性是类的第二大特性,它支持按层次分类的概念。例如,波斯猫是猫的一种,猫又是哺乳动物的一种,哺乳动物又是动物的一种。因此,动物类是哺乳动物类的超类或称父类。哺乳动物类是猫类的父类,猫类是波斯猫类的父类。如果不使用继承的概念,每个类都需要明确定义各自的全部特征。

通过继承方式，一个类只需要在它的类中定义它特有的属性，然后从父类中继承它的共同属性即可。

继承又称泛化。继承是在已有类(父类或超类)的基础上派生出新的类(子类)，新的类能够继承已有类的属性和方法，并扩展新的属性和方法。

继承是面向对象描述类之间相似性的一个重要机制。面向对象利用继承来表达这种相似性，这样既可以利用继承来管理类，也使得在定义一个相似类时能简化类的定义工作。

在继承机制中，往往从一组类中抽出公共属性和共同方法放在父类或者超类中。例如，给定客户类 Customer、售货员类 SalesClerk，可把它们的公共属性放在一个称为人员 Person 的父类中，客户类和售货员类为它的子类，它们特有的属性和行为仍然放在它们各自的类中，类的继承性示意图如图 2-2 所示。

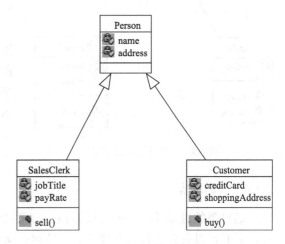

图 2-2 类的继承性示意图

图 2-2 说明了 SalesClerk 类具有 4 个属性：name、address、jobTitle 和 payRate。前两个属性是从父类中继承而来的，后两个属性是它特有的属性。类似地，Customer 类也具有 4 个属性，name、address、creditCard 和 shoppingAddress。

继承性可以分为单重继承和多重继承两类。当单重继承时，一个子类只有一个父类。例如，汽车类是交通工具类的子类，而公交车类、小汽车类和卡车类分别是汽车类的子类，也是交通工具类的子类。当多重继承时，一个子类可以有多于一个的父类。例如，水陆两栖交通工具从水上交通工具和陆上交通工具两个类继承而来，兼具了水上交通工具和陆上交通工具的特性。单重继承的关系是单一的，体系结构表示为树；多重继承关系复杂，呈现网状结构。多重继承便于构造新类，但继承路径复杂庞大，从编程实现的角度，系统运行时间开销大。

继承有如下三点好处。

(1)简化人们的认识：继承性使系统自然地形成了清晰的层析结构，并且与现实世界的分类习惯相吻合，使人容易理解。

(2)提高软件的可重用性：通过继承，在创建新类时就可以集中精力于子类所特有的部分。对父类数据和操作的继承性也可大大提高代码的重用性。

(3)促进接口的一致性：在继承时子类可以改写父类的方法，但是保持方法的接口不变，从而使得用户能够以一致的接口访问父类和子类的相同功能。

3. 多态性

从字面上理解，多态就是有多种形态的意思。在面向对象技术中，多态指的是使一个实体在不同上下文条件下具有不同意义或者用法的能力。在类等级的不同层次中，多态性用来描述这样一种情景：对于不同的类而言，相同的方法会有不同的动作，产生不同的执行结果；或者一种操作只能有一个名称，但可以有许多形态，即程序中可以定义多个同名的方法。例如，图 2-3 中所示的父类 Shape 和子类 Circle、Rectangle 中都有相同的方法名 draw()，但是在不同的类中会有不同的动作，如在类 Circle 中，方法 draw()表示画一个圆，在类 Rectangle 中，方法 draw()表示画一个矩形。这就是多态性。

多态性是类的第三大特性，它具有灵活、抽象、行为共享、代码共享的优势，能很好地解决应用程序中方法的同名问题。

封装性、继承性和多态性是类的三个主要特性，将它们组合使用可以设计和编写出比面向过程更健壮、更具扩展性的程序。经过仔细设计的类层次结构是重用代码的基础；封装性让程序员不必修改公有接口的代码即可实现程序的移植；继承性、多态性可以使程序员开发出简洁、易懂、易修改的代码。

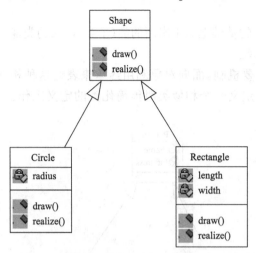

图 2-3　类的多态性示意图

2.1.4　类的种类

通过类的继承性，我们可以得知，类可以分为父类和子类，子类能够继承父类的属性特征，并且可以有自己特有的属性。类还可以从已有的类中抽象出共同的特征，形成更高层的抽象类。如东北虎和孟加拉虎是两种不同类型的虎，但作为虎，它们必然有共同的特征，因此，可以把虎抽象为更高一层的类，而将东北虎和孟加拉虎分别作为虎的子类。同样，虎类和猫类也有共同的特征，可进一步抽象为更高的猫科类，还可以向上抽象出动物类等。往往上层的类不能产生实例，通常称其为抽象的类。类的这个层级恰好反映了人类认识世界的分类方法和抽象概括能力。

如果将类看作一个对象，那么也可以抽象出类的类，即元类。

还有一种称为类属的类。例如，栈，有描述处理实型数据类型的栈，也有描述处理整型数据类型的栈，这两个类有相同的结构、相同的行为，只是处理的数据类型不同。可创建一个栈，它所处理的类型是一个抽象的类型（也可以认为是一种假设的类型），可用整型、实型、字符型等替代之（称为实例化），形成能处理相应类型的栈类。当栈类属类实例化为普通的栈类后，再用这些类实例化就会得到各种类型的栈对象。显然，类属类的概念进一步提高了类的抽象程度、缩减了编码的重复性和出错的概率，并为系统的正确性验证提供了方便。类属类描述了适用于一组类型的通用样板，由于所处理对象的数据类型没有确定，因而程序员不可用类属类直接创建对象实例。所以类属类并不是真正的类类型。

总之，类一方面为一组对象提供了一种共享的机制，另一方面为系统的构成提供了一个良好的模块。

2.2　对　　象

2.2.1　对象的定义

谈起面向对象技术，我们想到的第一个问题就是：对象到底是什么？对象，英文是 object，一般翻译成对象、目标、事物、客体等。广义地讲，人们所关心的任何具有"生命"历程的事物都可以看作对象。例如，一个人、一只猫、一列火车、一栋房子等都有从诞生到灭亡的过程，都是对象。世界是由对象构成的，对象是对现实世界基本成分的一种完美的抽象。对象既可以表示现实世界的实体，也可以表示思维空间的某个概念，例如，复数、栈等；它既可以表示大到地球、太阳系等宏观的对象，也可以表示小到分子乃至原子等微观的对象。简单的对象可以组成复杂的对象，甚至整个世界也可以视为从一些最基本的对象开始，经过层层组合而形成的。

对象是用来描述客观事物的一个实体，是类的一个具体实例，它是构成系统的一个基本单位。面向对象的方法是以对象作为最基本的元素，将对象作为分析问题、解决问题的核心和出发点。

现实世界中，到处都是对象，如具体的计算机、手机、课本，甚至你自己都是对象。不管什么类型的对象，它们都有共性，这就是属性和行为。例如，你的性别、身高、肤色、爱好等都是你的属性，除了这些静态的属性，你还有各种行为能力，如你会走路、唱歌等，这些都是你的行为。再如，某一辆汽车是一个对象，它除了有品牌、重量、速度、耗油量、生产厂家等属性，也有加速、换挡等行为。

相同类型的对象之间的本质区别在哪里呢？例如，你和我(相同类型的对象)的本质区别在哪里呢？我有身高，你也有身高，我有我的爱好，你也有你的爱好，区别在于我的身高和你的身高不一样，我的爱好也可能不是你的爱好。当然，这是属性方面。再来看看行为方面，我会唱歌，你也会唱歌，但你我唱歌水平可能不一样。

2.2.2 对象的要素

通过上面的介绍，我们简单了解了什么是对象，那么究竟对象是由哪些部分组成的呢？也就是说对象包含哪些要素呢？一般来说，对象包含行为、属性和标识 3 个要素。

标识是为了区别于其他对象，给予对象的名称。在一个命名空间下面，对象标识具有唯一性。属性是对象自身所要维护的知识，反映对象存在的状态，可用值来进行描述；行为也称为操作，是对象的行为所表现出来的特性，可用操作的执行步骤来描述。反映对象存在的行为和价值。

例如，图形学中的一个圆可以视为对象，其属性有圆心(x, y)、半径(r)、颜色$(color)$、是否填充等；其行为有放大缩小、平移、设置颜色等。再如，现实世界中的某一棵树是对象，其属性包括品种、树冠大小、高度等，其行为包括美化环境、光合作用、开花结果等。在现实世界中，人们撰写的寻物启事描述的大多是丢失对象的属性；人们撰写的求职申请，除了个人的基本属性，更重要的是个人所具有的能力(操作、功能)等。

对象的状态由对象的属性值来描述。一个对象通常有很多状态，但是在某一个时刻，只能处于某一种状态。在不同的状态下对象可能表现出不同的行为。例如，人这个对象可以分为苏醒状态和睡眠状态。在苏醒状态，一个人可以具备站立、走动、跑动等行为；而在睡眠状态时，这个人可以有打鼾、梦游等行为。

需要说明的是，一个对象的行为或者说是操作只能作用在自己的属性信息上面，而不能直接作用在其他对象的属性信息上；另一个对象只能通过请求本对象上的操作才能对本对象上属性信息进行必要的改变。这种限制表明，对象是一个自治的系统。通过操作封装了对象的属性通过操作封装了对象的属性，避免对象的属性被该对象本身以外的其他外部对象等直接地访问，符合软件工程的信息隐藏原则。同时，这种限制也符合现实社会的基本运行规律，如一个人有修改姓名的功能，但只能修改自己的姓名，而不能修改别人的姓名。一个人（对象）只能给另一个人（对象）提建议（发送对象之间的请求消息）修改姓名，而另一个人是否接受该建议，完全是他自己的事情。

对象的值不是永远不变的，如一个人的年龄在逐渐变老，学历也在不断变化，工作在变，相貌在变，甚至连名字也在变，但无论怎样变化，这个人还是他自己，不会变成另一个人。通常将对象的这种特性称为对象的表示。正因为这样，才能将不同的对象区分开来。事实上，现实世界中任何可区分的实体才可视为对象。

2.2.3 对象的分类

当用面向对象的方法进行软件开发时，要区分 3 种不同含义的对象：客观对象、问题对象和计算机对象。

其中，客观对象是现实生活中存在的客观实体，例如，某一个学生张三。问题对象是构造系统时所关心的对象，并且是对客观对象在问题域中的抽象，根据系统的需要舍去不必要的对象，以及舍去必要对象中不必要的属性和操作。例如，对学籍关系问题，通常关心的是张三的姓名、性别、学习成绩；对健康管理问题，通常关心的是张三的姓名、性别、身高、体重等。计算机对象是对问题对象在计算机系统中的表示。客观对象通常抽象成问题对象，最后用计算机对象将它们表示出来，这种表示是否正确是以计算机对象是否能正确模拟问题对象为标准。一般地，不需要区分客观对象和问题对象。有时也将问题对象称为外部对象，而计算机对象称为内部对象。

此外，根据不同的标准，对象还可以有以下 3 种分类。

1）物理对象和概念对象

广义地讲，对象可划分为物理对象和概念对象，它们是人们能够在现实世界中找到的事物。人们时刻在与物理对象和概念对象打交道。

物理对象是客观存在的对象，是有形的事物。如某本书籍、某辆公共汽车、某台计算机、某棵松树等。例如，在某自动取款机中的读卡器、收据打印机都属于物理对象。

概念对象是无形的事物。如银行账户和日程表。

2）领域对象和实现对象

从现实世界中识别出来的对象是领域对象。例如，银行账户、取款机和客户是人们每天都要碰到的领域对象；在软件系统中，为了构造软件系统的需要，人为构造的对象称为实现对象。又如，提供错误恢复的交易日志就是一个实现对象，这个对象是为了实现软件的需要，由软件工程师构造的对象。

领域对象在整个开发生命周期内比较稳定，这些对象构成了软件系统的基础（架构）；当软件需求发生变化时，常常需要修改实现对象的结构，实现对象是不稳定的。

3）主动对象和被动对象

一个对象可以是主动的也可以是被动的。主动对象是可以改变自身状态的对象。例如，定时器和时钟就可以在没有外部事件触发的情况下，能自己改变自身的状态。被动对象只有在接收到消息后才会改变自身的状态。例如，银行账户的属性不会发生变化，除非银行账户接收到一条设置余额(一种用于更新账户余额的操作)的消息。因为大多数对象都是被动对象，所以，我们假设所有对象都是被动对象。因为实现主动对象和被动对象的方法不同，所以，有必要区分主动对象和被动对象。

2.2.4 对象的交互

1. 消息

如何要求一个对象完成一定的功能呢？对象之间怎样交互作用呢？怎样相互联系呢？这一切都只能依赖于对象之间的消息传递来完成。消息是一个对象对另一个对象的要求，反映了对象之间的信息通信机制，是对象之间信息交流的唯一手段。对象采取的工作完全取决于它所接收到的消息所提出的要求，对象识别这个消息后则启动相应的方法完成消息的要求，否则拒绝该消息。发送消息的对象称为发送者对象，接收消息的对象称为接收者对象。消息中只包含了发送者的要求，它告诉接收者需要完成什么处理，但并不指示接收者应如何完成消息的要求。例如，当对象 A 需要对象 B 完成某个行为时，就可以给 B 发送消息，如图2-4所示。

图2-4 对象 A 向对象 B 发送消息

这里，对象 A 向对象 B 发送的消息包含 3 个方面的内容。

(1)接收消息的对象。

(2)需要的行为。

(3)完成行为所需的一些参数。

一个对象的行为表现为一组成员函数，因此，A 向 B 发送消息其实就意味着调用对象 B 的成员函数。消息机制提供了如下两个优点。

(1)两个对象可以用各种方式进行交互。

(2)两个交互的对象并不需要在同一进程，甚至可以在不同的机器上。

从客户/服务器的观点看，A 是客户，B 是服务提供者。A 通过向 B 发送消息请求所需的服务，B 完成相关操作后将结果返回 A。在这个过程中，A 不必知道 B 完成操作的过程，它只对 B 的结果感兴趣。

2. 对象间的关系

关联用来表示两个类之间的关系。链接用来表示两个对象间的关系，即链接是两个对象间的语义关系。就像对象是类的实例一样，链接是关联的实例。对象图中的关系有两种：双向链接和单向链接。

1)双向链接

双向关联的实例就是双向链接，双向链接用一条直线表示。图 2-5 所示是双向链接示例。

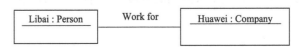

图2-5 双向链接示例

图 2-5 表示对象李白(Libai)与华为(Huawei)集团是双向链接，链接名称是：Work for，李白在这个链接中充当程序员的角色，华为集团充当雇主的角色。双向链接表示，链接的两端对象都知道对象的存在，并且都能访问对方的信息。

2) 单向链接

单向关联的实例就是单向链接，单向链接用一条带箭头的直线表示。图 2-6 所示是单向链接示例。

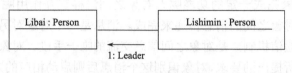

图 2-6　单向链接示例

图 2-6 表示对象李白与李世民(Lishimin)是单向链接，链接名称是：领导。李白在这个链接中充当程序员的角色，李世民的角色是经理。单向链接表示，李世民知道李白的存在，并能访问李白，反之不然。

2.3　类与对象的区别

作为初学者，比较容易混淆类和对象的概念。类是一个抽象的概念，是对一组对象的共同特征的抽象，而对象则是类的具体实例。也就是说，对象是类的一个具体的体现，具有唯一性、具体性，即能唯一确认，而类是一个抽象的大集合。例如，人是一个类，则司马迁、李白、杜甫都是对象；首都是一个类，则北京、伦敦、华盛顿、莫斯科都是对象；再如，苹果是一个类，则某桌子上的某个苹果是一个具体的对象，因为桌子上的苹果是一个具体的实例，是唯一确认的。

类是抽象的概念，对象是真实的个体。我们可以说刘翔在 110m 跨栏比赛中夺冠，而不说人类在跨栏比赛中夺冠；我们可以说王明的体重是 45kg，而不能说人类的体重是 45kg。

对象是一个存在于时间和空间中的具体实体，而类是一个模型，该模型抽象出一组对象的共同本质，即一组属性和一组方法。当用类创建一组对象时，每个对象都从类中复制了相同的一组属性和一组公共方法。例如，学生这个类包含的属性有学号、姓名、性别、专业，则对象张三也包含学号、姓名、性别、专业这些属性。

一般情况下我们认为状态是描述具体对象而非描述类的，行为是由具体对象发出的而非类发出的。

2.4　类与类之间的关系

类与类之间的关系主要包含六种：泛化关系、实现关系、依赖关系、关联关系、聚合关系和组合关系。不同的关系所表现出来的强弱程度也是不一样的。下面是对这六种关系的详细介绍。

1) 泛化关系

泛化关系表示类与类之间的继承关系，接口与接口之间的继承关系或类对接口的实现关系。一般化的关系是从子类指向父类的，与继承或实现的方法相反。父类的一个实例就是子类，例如，动物是一个父类，则老虎就是动物一个子类，狗也是动物的一个子类，老虎与动物之间的关系就是泛化关系，同理，狗与动物之间的关系也是泛化关系。在 Java 中继承关系通过关键字 extends 明确标识，在设计时一般没有争议性。在 UML 类图设计中，继承用一条带空心三角箭头的实线表示，从子类指向父类或者子接口指向父接口。关于详细的 UML 类图设计，本书后面相关章节会进行详细的描述。

2) 实现关系

实现关系指的是一个 class 类实现 interface 接口(可以是多个)的功能,实现关系是类与接口之间最常见的关系。在 Java 中，接口是特殊的抽象类，即它的每个属性与每个方法都是抽象属性和抽象方法。在 Java 中此类关系通过关键字 implements 明确标识，在设计时一般没有争议性。在 UML 类图设计中，实现关系用一条带空心三角箭头的虚线表示，从类指向实现的接口。

3) 依赖关系

对于两个相对独立的对象，当一个对象负责构造另一个对象的实例或者依赖另一个对象的服务时，这两个对象之间主要体现为依赖关系。简单地理解，依赖就是一个类 A 使用到了另一个类 B，而这种使用关系是具有偶然性的、临时性的、非常弱的，但是类 B 的变化会影响到类 A。如某人要过河，需要借用一条船，此时人与船之间的关系就是依赖关系。在 UML 类图设计中，依赖关系用由类 A 指向类 B 的带箭头虚线表示。

4) 关联关系

对于两个相对独立的对象，当一个对象的实例与另一个对象的一些特定实例存在固定的对应关系时，这两个对象之间为关联关系。关联体现的是两个类之间语义级别的一种强依赖关系，如我和我的朋友，这种关系比依赖更强、不存在依赖关系的偶然性、关系也不是临时性的，一般是长期性的，而且双方的关系一般是平等的。关联可以是单向、双向的。表现在代码层面，具体为被关联类 B 以类的属性形式出现在关联类 A 中，也可能是关联类 A 引用了一个类型为被关联类 B 的全局变量。在 UML 类图设计中，关联关系用由关联类 A 指向被关联类 B 的带箭头实线表示，在关联的两端可以标注关联双方的角色和多重性标记。

5) 聚合关系

当对象 A 加入到对象 B 中，成为对象 B 的组成部分时，对象 B 和对象 A 之间为聚合关系。聚合是关联关系的一种，是较强的关联关系，强调的是整体与部分之间的关系，即 has-a 的关系。此时整体与部分之间是可分离的，它们可以具有各自的生命周期，部分可以属于多个整体对象，也可以为多个整体对象共享。例如，计算机与 CPU、公司与员工的关系等，再如，一个航母编队包括海空母舰、驱护舰艇、舰载飞机及核动力攻击潜艇等。表现在代码层面和关联关系是一致的，只能从语义级别来区分。在 UML 类图设计中，聚合关系以空心菱形加实线箭头表示。

6) 组合关系

组合也是关联关系的一种特例，它体现的是一种 contains-a 的关系，这种关系比聚合更强，也称为强聚合。它同样体现整体与部分之间的关系，但此时整体与部分是不可分的，整体的生命周期结束也就意味着部分的生命周期结束，如人和人的大脑，大脑是人的神经中枢，人如果没有大脑就不是人了。这是组合关系。表现在代码层面和关联关系是一致的，只能从语义级别来区分。在 UML 类图设计中，组合关系以实心菱形加实线箭头表示。

总的来说，对于泛化、实现这两种关系没多少疑问，它们体现的是一种类和类或者类与接口之间的纵向关系。其他的四种关系体现的是类和类或者类与接口之间的引用、横向关系，是比较难区分的，有很多事物间的关系要想准确定位是很难的。

关联关系所涉及的两个对象是处在同一个层次上的。例如，人和自行车就是一种关联关系，而不是聚合关系，因为人不是由自行车组成的。聚合关系涉及的两个对象处于不平等的层次上，一个代表整体，另一个代表部分。例如，计算机和它的显示器、键盘、主板以及内存就是聚合关系，因为主板是计算机的组成部分。对于具有聚合关系（尤其是强聚合关系）的两个对象，整体对象会制约它的组成对象的生命周期。部分类的对象不能单独存在，它的生命周期依赖于整体类的对象的生命周期，当整体消失，部分也就随之消失。例如，张三的计算机被偷了，那么计算机的所有组件也都被偷了，除非张三事先把一些计算机的组件（如硬盘和内存）拆了下来。再如，一个图书馆可以有十万本书，也可以一本也没有。但空的图书馆还是图书馆，这是聚合；一个车（我们平常能看到的普通的交通工具车）有轮子，有的车是四轮的，有的车是三轮的，自行车是二轮的，还有独轮车，但车至少要有一个轮子，不然就不是车，这是组合关系。

前面也提到，这四种关系都是语义级别的，所以从代码层面并不能完全区分各种关系，但总的来说，后几种关系所表现的强弱程度依次为：组合>聚合>关联>依赖。

2.5　面向对象程序设计语言中的类和对象

2.5.1　面向对象程序设计语言的形成

面向对象的概念和方法是从面向对象的程序设计语言（Object-Oriented Programming Language，OOPL）发展、演变而来的。

20 世纪 60 年代末，由挪威计算机中心的科学家 Dahl 和 Nygard 设计出来的 Simula 语言是用于仿真的程序设计语言，其中引入的类概念和继承性机制等已初步形成了面向对象语言的雏形，被认为是面向对象语言的先驱。

具有里程碑意义的是 Xerox Palo Alto 研究中心（PARC）在设计一个称为 Dynabook 的系统时所开发的一种 Smalltalk 语言。20 世纪 70 年代初推出了 Smalltalk-72 后，又经过不懈努力，使其逐渐发展、完善，终于在 1981 年推出了商业化的 Smalltalk-80。它已全面地具备了面向对象语言的特征，如对象、类、继承性、多态性、封装性等概念和机制。正是 Smalltalk80 的出现，才使得面向对象的方法和原理有了很大的进展。

实际上，许多程序设计语言都对面向对象程序设计语言的形成和发展起到了积极的作用。当今的面向对象语言，从人工智能语言 LISP 中吸收了动态编联的概念，从算法语言 Algol 中引入了重载的概念，而对象的概念是在抽象数据类型的基础上扩充定义的，这得益于 CLU 语言、Modula-2 语言和 Ada 语言等。

20 世纪 80 年代以后，面向对象的程序设计语言如雨后春笋，发展非常迅猛，目前已形成了两类面向对象程序设计语言，一类是纯面向对象语言，如 Smalltalk、Eiffel、Java 等；另一类是混合型面向对象语言，即在已有的过程式结构化语言中增加面向对象成分而形成的面向对象程序设计语言，如 C++、CLOS（Common Lisp Object System）以及面向对象的 Pascal

等。一般来讲，纯面向对象语言着重于方法的研究和快速原型，而混合型面向对象的语言则强调运行速度和使传统的程序员易于接受的面向对象的思想。较成熟的面向对象的程序设计语言如 Smalltalk、C++、Java、C#等还提供了强有力的类库和丰富的开发工具集等。

面向对象程序设计语言为我们提供了实现面向对象程序设计的特定方法，可以大大地减少代码量。面向对象程序设计语言提供了实现类、数据封装、继承和多态性的有效手段，作为程序员，只要遵循它的语法规范就可以很容易地实现具有面向对象特征的程序设计。另外，面向对象程序设计语言的最大特点之一就是允许重载，不仅可以对函数重载，也可以对运算符重载，重载使我们可以设计实现与内部预定义数据类型没有本质区别的自定义数据类型。

2.5.2　程序设计语言中的类和对象

面向对象的分析和设计是对现实世界中人们关心问题进行的抽象，并将具有相同性质的对象归纳为类。而在面向对象的程序设计中，必须先构造类，由类再构造出一个一个的实例对象，构成解空间的基本元素(在面向对象语言中，相同对象只用类实现一次，也是面向对象解决重复劳动的一个亮点)。每个对象都是通过数据和作用在其上的代码建立起来的模块，它们在功能上保持相对的独立性。符合软件工程中高内聚、低耦合的理念。对象之间只能通过消息相互通信、相互依赖。一个对象只能通过调用另一个对象所提供的成员函数来访问其中的数据成员或提出其他要求，而不必、也不允许了解其细节。这就使得对象之间的相互作用得到严格控制。而且使得外部作用于一个对象的代码没有机会用于直接访问该对象的数据而破坏对象的数据。当一个对象的函数被调用时，对象执行其内部代码来响应这一调用，这使得对象呈现出一定的行为。这样，程序中的对象可直接用来模拟现实世界中的对象。

2.5.3　C++程序设计语言中的类和对象

1. C++程序设计语言简介

C++程序设计语言最早是由来自 AT&T 公司 Bell 实验室计算机科学研究中心的 Stroustrup 提出并设计的。C++是在 C 语言的基础上引入面向对象的概念和机制形成的，不仅用面向对象的方法扩展了 C，而且在标准的 ANSI C 语言中也引入了新的、更多结构化的语言成分，这些都是人们长期以来从实践中总结出来的优秀经验，并被纳入了 ANSI C++标准。

由于 C++是在 C 语言的基础上发展起来的，并对 C 保持了完全的兼容，这就使得已经在全球范围内广泛使用的广大 C 语言的软件开发人员、系统和环境都容易而且自然地过渡到面向对象的 C++语言。与 Smalltalk 等纯面向对象语言相比，C++表现出紧凑、灵活以及可移植性好等优点，特别是其所具有的高效性是其他面向对象语言所不能比拟的。这些都使得 C++具有广泛的应用前景。

2. C++程序设计语言中的类

类是对一组性质相同的对象的描述，是对一组数据和方法的封装。在 C++中，它们分别用一组数据成员和成员函数来实现。由此而形成的类是一个新的类型。用它可说明一个一个的实例对象，从而形成了模拟问题空间的对象。

先来考虑日期这一概念，它具有一组数据表示年、月、日，相关的一组方法是设置、读、求下一天和打印日期等。用 C++程序可以设计一个 Date 类来表示日期这一概念，其程序如下：

```
Class Date {
public:
  void  Set(int, int, int);
  void  Get(int&, int&, int&);
  void  Next();
  void  Print();
private:
  int   day;
  int   month;
  int   year;};
```

Class 是说明一个类的关键字，Data 是该类的名字，类说明体中 day、month、year 表示该类的数据成员，Set()、Get()、Next()、Print()等函数表示该类的成员函数。与此相对应，在 C++中，不属于任何类的函数称为非成员函数或自由函数。

类的信息隐蔽表现在用 public 和 private 的声明上，关键字 private 和 public 称为类成员的访问权限声明，紧跟在 private 之后的数据成员和成员函数是外部不可见的，而只有用 public 方式声明的成员才是外部可见的。不必为每一个成员都显示声明是 public 和 private，在没有遇到下一次访问权限的声明之前，紧跟在其后的成员都具有相同的可见性，并且它们出现的次数及顺序可以是任意的。

通过上面的例子，我们可以看出，在 C++中，类的一般定义格式如下：

```
Class <类名>{
    public:
    公有成员函数
    private:
    私有数据成员和成员函数
};
```

下面简单地对上面的格式进行说明：Class 是定义类的关键字，<类名>是种标识符。一对花括号内是类的说明部分(包括前面的类头)说明该类的成员。类的成员包含数据成员和成员函数两部分。从访问权限上来分，类的成员又分为公有的(public)、私有的(private)和保护的(protected)三类。公有的成员用 public 来说明，公有部分往往是一些操作(即成员函数)，它是提供给用户的接口功能。这部分成员可以在程序中引用。私有的成员用 private 来说明，私有部分通常是一些数据成员，这些成员是用来描述该类中的对象的属性的，用户是无法访问它们的，只有成员函数或经特殊说明的函数才可以引用它们，它们是被用来隐藏的部分。

关键字 public、private 和 protected 称为访问权限修饰符或访问控制修饰符。它们在类体内(即一对花括号内)出现的先后顺序无关，并且允许多次出现，用它们来说明类成员的访问权限。

一般地，在 C++程序设计中，类的定义格式分为说明部分和实现部分。说明部分是用来说明该类中的成员，包含数据成员的说明和成员函数的说明。成员函数是用来对数据成员进行操作的，又称为"方法"。实现部分是用来具体地对成员函数进行定义。概括来说，说明部分将告诉使用者"干什么"，而实现部分是告诉使用者"怎么干"。

3. C++程序设计语言中的对象

类是用户定义的一种类型,可以像声明变量一样用来建立该类的对象。C++通过为对象分配内存来创建对象,类被作为模板,对象被作为该类的实例,每个对象占据不同的内存区域,它们保存不同的数据值。但由于每个对象的操作代码是一样的,为节省空间,C++在建立对象时,实际上只为每个对象分配了保存数据的内存区(此时的数据成员,在 C++中称为实例变量),而代码为该类的实例对象所共享。

下面来看看在 C++中怎样使用 Data 类型。首先,需要像其他类型声明变量一样进行对象的声明:

```
Data   birthday;   //对象
```

这个声明建立了一个名为 birthday 的 Data 类实例对象。

接着,对类中成员的使用,它的一般格式为

类实例对象名.公有成员

这里的成员既可以是公有成员函数,也可以是公有数据成员(严格按面向对象的观点来讲,不会有公有的数据成员,对它们的访问,原则上要通过公有的成员函数来进行。尽管 C++的语法是允许有公有的数据成员的,但不鼓励将数据成员设计为公有的),但必须是公有public 型的。所以,一个类若无 public 型的成员,则不能建立对象,即使创建了也无法使用该对象的任何成员,它成了一个封闭体。

假使 day、month、year 是公有的,则对它们的访问就如同 Data 是 C 语言中的结构一样,例如:

```
birthday.day=31;
```

对象 birthday 的 day 数据成员的值被赋予 31。但实际中,我们一般不会这么操作。

一般地,对对象的访问是通过对象的成员函数进行的,其访问的格式与数据成员相同,例如:

```
birthday.Set(31, 12, 1994);
```

从上面的例子中,我们可以简单了解到在 C++中类是如何被定义和对象如何进行声明与访问的。

2.5.4 Java 程序设计语言中的类和对象

1. Java 程序设计语言简介

Java 来自于 Sun 公司的一个称为 Green 的项目(1991 年),这个项目由 Gosing 负责。Green 项目最初的目的是开发智能家用电子产品。开始,项目组准备采用 C++语言,但由于 C++太复杂,且安全性差,因此项目组决定开发一种新的编程语言来实现,该语言就是 Java 语言的前身 Oka。Oka 是在 C 和 C++的基础上进行简化和改进的、一种网络的和安全的小巧语言。20 世纪 90 年代,Internet 的出现把具有不同操作系统的、不同地域的计算机连接起来,但彼此通信仍比较困难。人们期望有一种新的编程语言能够在不同的平台上运行,使之更容易地彼此通信。Gosling 等看到了 Oka 语言在计算机网络上的广阔应用前景,于是对 Oka 进行改造，并在 1995 年 5 月正式以 Java 的名称对外公布。1995 年，Sun 公司决定免费向公众发放 Java 的开发工具包，并与当时著名的网景公司合作，将 Java 虚拟机（Java virtual machine，JVM）加到 Netscape 浏览器中。这一系列举措都使得 Java 伴随着 Internet 的迅猛发展而发展起来，并逐渐成为重要的 Internet 编程语言。

Java 是一种纯面向对象语言，能实现面向对象的概念，如封装、继承和多态，并支持代码重用，容易维护和扩展，且比较简单便捷，因为它的风格类似于 C++，基本语法与 C 类似，并且摒弃了 C++中容易引发程序错误的地方，如指针和内存管理，还提供了丰富的类库。这些因素都使得 Java 成为使用最为广泛的面向对象的程序设计语言。当前，大家耳熟能详的 Android 操作系统以及基于 Android 的移动 App 均是使用 Java 语言开发。

2. Java 程序设计语言中的类

Java 是纯面向对象语言，Java 程序的基本构造单元就是类，一个 Java 程序是由多个类组成的。Java 程序设计的过程就是类的设计过程。下面通过一个简单的例子来引出 Java 类的语法结构。例如：

```
class Rectangle{
    int  width;
    int  height;
    void  area(){
        int  a = width*height;
        System.out.println("面积为"+a);
    }
}
```

上面的例子定义了一个 Rectangle 类，并且用数据成员 width 和 height 来描述 Rectangle 类的静态特征，用成员方法 area 计算面积。

由上面的例子我们看出，在 Java 中，类的定义与 C++中类的定义类似，因为两者都是面向对象的程序设计语言，只是在语法上有一些区别。例如，在 C++中，类的定义最后的花括号后面要有一个分号，而在 Java 中就不需要最后的分号。

由此，我们可以看出在 Java 中，一个类也是由类头和类体两部分组成的。类头的必须项为 Class、类名；类头后跟一对花括号 { } 表示类体，花括号内定义类的成员，包括数据成员和成员方法。在 Java 中，类的数据成员的修饰符也包括 public、protected、private 等。在使用 UML 进行类的设计时，这些修饰符可以省略不写。

3. Java 程序设计语言中的对象

与 C++一样，在 Java 中，类也是一种自定义的拥有复杂内部结构的数据类型，而对象是这个类型的变量。从这点上说，类和对象之间的关系与基本数据类型和其变量之间的关系类似，但实际又有不同。

我们简单了解一下在 Java 中怎样创建对象。Java 对象的创建可以分为两步。

（1）声明变量。

类名 对象名；

（2）创建对象。

```
对象名=new 类名([实参列表]);
```

也可以将这两步合成一步:

```
类名 对象名=new 类名([实参列表]);
```

这里 new 是关键字,表示对象的创建操作,new 类名([实参列表])是对象创建表达式,表达式的值可以赋值给同类型的对象名。以 Rectangle 类为例:

```
Rectangle  r;                          //声明对象
r = new Rectangle();                   //创建对象并赋值给r
Rectangle  r1 = new Rectangle();       //声明并创建对象
```

也可以同时声明并创建多个对象,中间用逗号隔开,例如:

```
Rectangle  r1,r2;
Rectangle  r1 = new Rectangle(), r2 = new Rectangle();
```

需要注意的是,在 Java 中,对对象的访问是通过这个对象名(或者说引用)来进行的。当引用与对象建立联系后,这个引用就代表这个对象,通过它就可以直接访问对象。简单来讲,可以把 Java 对象和引用的关系想象成电视机和遥控器。电视机若是对象,那么遥控器就是引用。遥控器与电视建立了联系,只要掌握了遥控器,就获得了与电视的连接通道,操作电视只需要通过遥控器就可以达到目的。此外,即使没有电视机,遥控器也可独立存在,一个遥控器也可以与其他的电视建立遥控关系,关于这点 Java 的对象与引用关系也是如此。例如:

```
Rectangle  r;
r = new Rectangle();    //对象1
r = new Rectangle();    //对象2
```

引用 r 先指向了对象 1,然后 r 又指向了对象 2,当引用 r 与对象 2 建立关联时,它与对象 1 的关联就断了,引用 r 就只会代表对象 1 了。所以说 Java 的引用与对象是可以分离的,引用和对象的关系并不固定。

与 C++相比,Java 的引用与 C++的引用有很大不同,C++的引用不能独立存在,而 Java 的引用可以独立存在,可以改变,可以代表其他的对象。从这点来说应用有点类似于 C++的指针,但其不需要指针复杂的语法,内部实现上也不完全相同。C++的指针为具体变量(对象)的实际内存地址,而 Java 对象的引用虽然也是 32 位的地址空间,但它的值指向一个中间的数据结构,它存储有关数据类型的信息以及当前对象所在的地址,而对于对象所在的实际的内存地址是不可操作的,这就保证了安全性。此外,C++指针支持内存地址的直接操作,而 Java 的引用使内存地址不再透明,也不支持内存地址的直接操作。

其他面向对象的程序设计语言,如 C#、VB.NET 对类与对象的定义和使用方法大同小异。近些年,大数据技术的突飞猛进推动 Python 语言的快速发展,Python 语言能够很好地支持面向对象编程。限于篇幅,对这些语言中的类和对象不做赘述。

2.6　本　章　小　结

类和对象是面向对象思想的核心概念，本章着重介绍了类和对象的概念，从类和对象的定义、结构、特性以及类之间的关系和对象之间的关系，全方位地剖析了类和对象，并对类和对象进行区别。在 2.5 节，简单介绍了面向对象程序设计语言，并简单介绍了在 C++ 与 Java 中类的定义和对象的创建，让读者建立面向对象的思想，为后面章节的学习打好基础。

习　　题

一、填空题

1. 类是_____，即抽象模型中的类描述了一组相似对象的共同特征，为属于该类的全部对象提供了统一的抽象描述。

2. 类的定义要包含_____、_____和_____要素。

3. 类的三大特性是_____、_____和_____。

4. 对象是_____，是_____的一个具体实例，它是构成系统的一个基本单位。

5. 对象具有_____和_____的特征。

二、简述题

1. 什么是抽象？

2. 试着列举五组现实中的类与对象例子。

3. 简述对象和类的关系。

4. 什么是封装？它有哪些好处？

5. 什么是继承？它有哪些好处？

6. 什么是多态？它有哪些好处？

7. 举例说明类与类之间的关系。

第3章 UML 体系

UML 最大的作用是统一了面向对象建模的基本概念、术语和图形符号，为设计者、开发者和用户建立了便于交流的共同语言。本章从 UML 的构成元素开始，分别介绍 UML 的图、视图、模型元素和公共机制。

3.1 UML 的构成

我们知道，UML 是一门设计语言，这种语言由一些构造元素、规则和公共机制构成。构造元素描述事物的基本成分，这些基本成分按某种规则关联在一起，组成图；同时，这些基本元素都遵循通用规则，即公共机制。

下面是 UML 的组成结构，如图 3-1 所示。

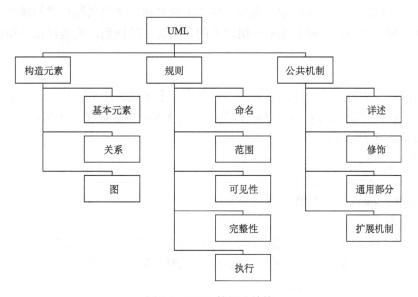

图 3-1 UML 的组成结构

（1）构造元素。构造元素包括基本元素、关系和图。这 3 种元素描述了软件系统或业务系统中的某个事物或事物之间的关系。

（2）规则。构造元素应该具有命名、范围、可见性、完整性和执行等属性。规则是对软件系统或业务系统中的某些事物的约束或规定。

（3）公共机制。公共机制包括详述、修饰、通用部分、扩展机制。公共机制指适用于软件系统或业务系统中每个事物的方法或规则。

3.2 UML 的基本元素

我们把可以在图中使用的基本概念统称为模型元素。模型元素在图中用其相应的元素符号表示。利用相关元素符号可以把模型元素形象直观地表示出来。一个元素符号可以存在于多个不同类型的图中。UML 定义了 4 种基本的面向对象的元素，分别是结构元素、行为元素、分组元素和注释元素。

3.2.1 结构元素

结构元素是 UML 模型中的名词部分，定义了业务或软件系统中的某个物理元素，负责描述事物的静态特征，往往构成模型的静态部分。在 UML 规范中，一共定义了 7 种结构元素，分别是类和对象、接口、协作、用例、主动类、构件和节点。下面分别对这 7 种结构元素进行说明。

1. 类和对象

如前面所叙述的一样，UML 中的类完全对应于面向对象分析中的类，它具有自己的属性和操作。因而在描述的模型元素中，也应当包含类的名称、类的属性和类的操作。类是对具有相同属性、相同操作、相同关系的一组对象的共同特征的抽象，类是对象的模板，对象是类的一个实例。

1）类的表示

在 UML 中，类是用一个矩形表示的，它包含三个区域，最上面是类名、中间是类的属性、最下面是类的方法。以 people 为例，类的可视化表示方法如图 3-2 所示。假设，people 类包含的属性和行为如下：

（1）类名：people，在第一栏。

（2）属性名：name，在第二栏。

（3）方法名：speak()，在第三栏。

2）对象的表示

对象用一个矩形表示，在矩形框中，不再写出属性名和方法名，只是在矩形框中用对象名：类名的格式表示一个对象。例如，属于类 people 中的对象朱小栋的图形表示如图 3-3 所示。

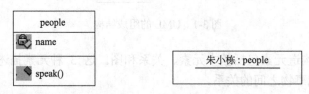

图 3-2　类的可视化表示方法　　图 3-3　对象的图形表示

2. 接口

接口由一组对操作的定义组成。接口对操作的具体实现不做描述。接口用于描述一个类或构件的一种服务的操作集。它描述了元素的外部可见操作。一个接口可以描述一个类或构件的全部行为或部分行为。接口很少单独存在，往往依赖于实现接口的类或构件。

接口分为供给接口和需求接口两种，供给接口只能向其他类(或构件)提供服务，需求接口表示类(或构件)使用其他类(或构件)提供的服务，两种接口的表示方法如图 3-4 所示。

供给接口　　　　　　　　　需求接口

图 3-4　接口的表示方法

3．协作

协作用于对一个交互过程的定义，它是由一组共同工作以提供协作行为的角色和其他元素构成的一个整体。通常来说，这些协作行为大于所有元素的行为的总和。一个类可以参与多个协作，在协作中表现了系统构成模式的实现。从本质上说，协作就是用例的实现。在标准的 UML 的符号元素中，协作的表示方法如图 3-5 所示。

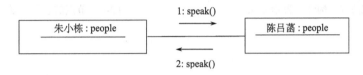

图 3-5　协作的表示方法

4．用例

用例是著名的大师 UML 创始人之一 Jacobson 首先提出的，用于表示系统所提供的服务，它定义了系统是如何被参与者所使用的，它描述的是参与者为了使用系统所提供的某一完整功能而与系统之间发生的一段对话。用例是对组动作序列的抽象描述。

在系统中，为完成某个任务而执行的一系列动作，以实现某种功能，我们把这些动作的集合称为用例实例。用例是对一组用例实例共同特征的描述，用例与用例实例的关系，正如类与对象的关系。系统执行这些动作将产生一个对特定的参与者有价值且可观察的结果。用例可结构化系统中的行为元素，从而概括系统需求。

用例名称

图 3-6　用例的表示方法

用例是用一个实线椭圆来表示的，在椭圆中写入用例名称，如图 3-6 所示。

5．主动类

主动类的对象也称主动对象，能够自动地启动控制活动，因为主动对象本身至少拥有一个进程或线程，每个主动对象都有它自己的事件驱动控制线程，控制线程与其他主动对象并行执行。被主动对象所调用的对象称为被动对象。它们只在被调用时接受控制，而当它们返回时将控制放弃。被动对象被动地等待其他对象向它发出请求，这些对象所描述的元素的行为与其他元素的行为并发。主动类的可视化表示类似于一般类的表示，特殊的地方在于其外框为粗线。在许多 UML 的工具中，主动类的表示和一般类的表示并无区别。

6．构件

构件也称组件，是定义了良好接口的物理实现单元，它是系统中物理的、可替代的部件。它遵循且提供一组接口的实现，每个构件体现了系统设计中特定类的实现。良好定义的构件不直接依赖于其他构件而依赖于构件所支持的接口。在这种情况下，系统中的一个构件可以被支持正确接口的其他构件所替代。在每个系统中都有不同类型的部署构件，如 JavaBean、DLL、Applet 和可执行 exe 文件等。构件通常采用带有两个小方框的矩形表示，如图 3-7 所示。

7．节点

节点是系统在运行时切实存在的物理对象，表示某种可计算资源，这些资源往往具有一定的存储能力和处理能力，如 PC、打印机、服务器等都是节点。一个构件集可以驻留在一个节点内，也可以从一个节点迁移到另一个节点。在 UML 中，用一个立方体表示一个节点，如图 3-8 所示。

图 3-7　构件的表示方法

图 3-8　节点的表示方法

3.2.2　行为元素

行为元素是指 UML 模型的相关动态行为，是 UML 模型的动态部分，它可以用来描述跨越时间和空间的行为。行为元素在模型中通常使用动词来进行表示，如"注册""登录""购买"等动作。行为元素可以划分为两类，分别是交互和状态机。

1）交互

交互是指在特定的语境中，一组对象为共同完成一定任务，在进行的一系列消息交换的过程中，所形成的消息机制。因此，在交互中，不仅包括一组对象、对象之间的普通连接，还包括连接对象之间的消息，以及消息发出的动作形成的有序的序列。交互的表示法很简单，用一条有向直线来表示对象之间的交互，并在有向直线上面标有消息名称，交互的表示方法如图 3-9 所示。

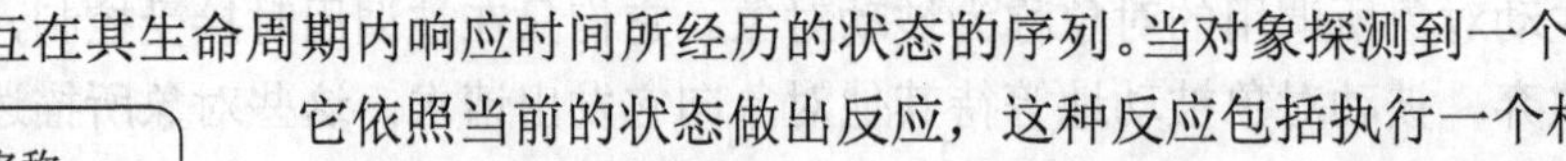

消息名称

图 3-9　交互的表示方法

2）状态机

状态机是一个描述类的对象所有可能的生命历程的模型，因此状态机可用于描述一个对象或一个交互在其生命周期内响应时间所经历的状态的序列。当对象探测到一个外部事件后，

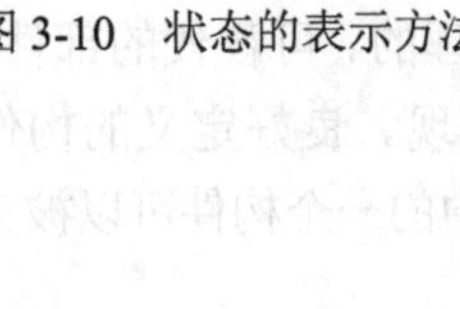

图 3-10　状态的表示方法

它依照当前的状态做出反应，这种反应包括执行一个相关动作或转换到一个新的状态中去。单个类的状态变化或多个类之间的协作过程都可以用状态机来描述，利用状态机可以精确地描述行为。在 UML 模型中，将状态表示为一个圆角矩形，并在矩形内标识状态名称，状态的表示方法如图 3-10 所示。

3.2.3 分组元素

分组元素是 UML 中，对模型中的各种组成部分进行事物分组的一种机制。可以把分组事物当成是一个"盒子"，那么不同的"盒子"就存放不同的模型，从而模型在其中被分解。对于一个中大型的软件系统而言，通常会包含大量的类、接口、交互，因此也就会存在大量的结构元素、行为元素。为了能有效地对这些元素进行分类和管理，就需要对其进行分组。在 UML 中，提供了"包(package)"来实现这一目标。

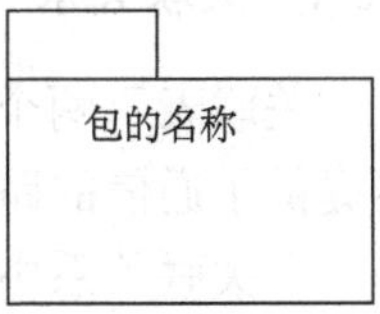

图 3-11　包的表示方法

表示包(package)的图形符号与 Windows 中表示文件夹的图符很相似。包的作用与文件夹的作用也相似，包的表示方法如图 3-11 所示。

3.2.4 注释元素

注释元素是 UML 模型的解释部分，用于进一步说明 UML 模型中的其他任何组成部分。可以用注释事物来描述、说明和标注整个 UML 模型中的任何元素。

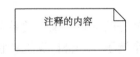

图 3-12　注释元素的表示方法

注释是依附于某个元素或一组建模元素之上，对这个或这组建模元素进行约束或解释的简单注释符号。注释的一般形式是简单的文本说明，可以帮助我们更加详细地解释要说明的模型元素所代表的内容。注释元素的表示方法如图 3-12 所示。

3.3 关系元素

前面介绍了表示事物的基本元素，本节介绍反映事物之间关系的元素。在 UML 中，共定义了 24 种关系，UML 元素关系种类如表 3-1 所示。

表 3-1　UML 元素关系种类

元素关系种类	关系变种	UML 表示法	关键字或符号	元素关系种类	关系变种	UML 表示法	关键字或符号
抽象	派生	依赖关系	《derive》	导入	私有	依赖关系	《access》
	显现	依赖关系	《manifest》		公有		《import》
	实现	实现关系	虚线加空心三角	信息流		依赖关系	《flow》
	精化	依赖关系	《refine》	包含并			《merge》
	跟踪	依赖关系	《trace》	许可			《permit》
关联		关联关系	实线	协议符合			未指定
绑定		依赖关系	《bind》(参数表)	替换			《substitute》
部署		依赖关系	《deploy》	使用	调用	依赖关系	《call》
扩展	extend		《extend》(扩展点)		创建		《create》
扩展	extension	扩展关系	实线加实心三角		实例化		《instantiate》
泛化		泛化关系	实线加空心三角		职责		《responsibility》
包含		依赖关系	《include》		发送		《send》

这 24 种关系在建模表示时可以归为关联关系、泛化关系、依赖关系、实现关系和扩展关系五种，下面将详细介绍这些关系的表示法。

3.3.1 关联关系

关联表示两个类之间存在某种语义上的联系，这种语义是人们赋予事物的联系。关联关系提供了通信的路径，它是所有关系中最通用、语义最弱的关系。

在关联关系中，有两种比较特殊的关系，它们是聚合关系和组合关系。

1) 关联关系的表示

关联关系是聚合关系和组合关系的统称，是比较抽象的关系；聚合关系和组合关系是更具体的关系。在 UML 中，使用一条实线来表示关联关系，如图 3-13 所示。

图 3-13　关联关系

2) 聚合关系

聚合是一种特殊形式的关联。聚合表示类之间的关系是整体与部分的关系。聚合关系是一种松散的对象间关系——计算机和它的外围设备(如音箱)就是一个例子。一台计算机和它的外设之间只是很松散地结合在一起。这些外设可有可无，可以与其他计算机共享，而且没有任何意义表明它由一台特定的计算机所拥有——这就是聚合。聚合关系的表示方法如图 3-14(a)所示，菱形箭头为空心箭头，菱形端表示事物的整体，另一端表示事物的部分，如计算机就是整体，外设就是部分。

3) 组合关系

如果发现部分类的存在，是完全依赖于整体类的，那么就应该使用组合关系来描述。组合关系是一种非常强的对象之间的关系，例如，树和它的树叶之间的关系。某棵树和它的叶子紧密联系在一起，叶子完全属于树，它们不能被其他的树所分享，并且当树死掉，叶子也会随之死去——这就是组合，组合关系是一种强的聚合关系。组合关系的表示方法如图 3-14(b)所示，菱形箭头为实心箭头。

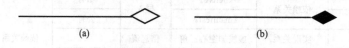

(a)　　　　　　　　　　　　　(b)

图 3-14　聚合关系和组合关系的表示方法

3.3.2 泛化关系

泛化关系是事物之间的一种特殊/一般关系，特殊元素(子元素)的对象可替代一般元素(父元素)的对象，也就是面向对象中的继承关系。通过继承，子元素具有父元素的全部结构和行为，并允许在此基础上再拥有自身特定的结构和行为。在系统开发过程中，泛化关系的使用并没有什么特殊的地方，只要注意能清楚明了地刻画出系统相关元素之间所存在的继承关系就行了。

图 3-15 反映了鱼和鲫鱼之间的泛化关系的表示方法。

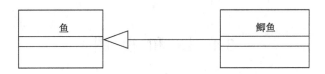

图 3-15　鱼和鲫鱼之间泛化关系的表示方法

3.3.3　依赖关系

依赖关系指的是两个事物之间的一种语义关系，当其中一个事物(独立事物)发生变化时就会影响另外一个事物(依赖事物)的语义。依赖关系的表示方法如图 3-16 所示，反映了元素 X 依赖于元素 Y。

图 3-16　依赖关系的表示方法

依赖关系是较弱的关系，具有偶然性和临时性。例如，某人 X 需要过河，需要借用一条船 Y，在这个场景中人与船之间的关系就是依赖关系。如果两个元素是类，则类间的依赖现象有多种，例如，一个类向另一个类发消息、一个类是另一个类的数据成员、一个类是另一个类的某个方法的参数。

本质上说，关联关系和泛化关系以及实现关系都属于依赖关系的一种，但是它们有更特别的语义，因此分别定义了其自己的名字和详细的语义。

3.3.4　实现关系

实现关系也是 UML 元素之间的一种语义关系，它描述了一组操作的规约和一组对操作的具体实现之间的语义关系。在系统的开发中，通常在两个地方需要使用实现关系，一种用在接口和实现接口的类或构件之间，另一种用在用例和实现用例的协作之间。当类或构件实现接口时，表示该类或构件履行了在接口中规定的操作。图 3-17 描述的是类对接口的实现关系。这里注意：当箭头端的接口是圆圈图标时，Rational Rose 工具呈现的实现关系是实线。当箭头端的接口是含有构造型的类图标时，Rational Rose 工具呈现的实现关系是虚线加空心三角箭头。

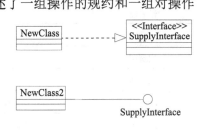

图 3-17　类对接口的实现关系

3.3.5　扩展关系

扩展表示把一个构造型附加到一个元类上，使得元类的定义中包括这个构造型。它是一种 UML 提供的底层的扩展机制，与用例之间的扩展(extend)关系是不同的。在 UML 中，用一个带箭头的实线表示，扩展关系的表示方法如图 3-18 所示。

图 3-18　扩展关系的表示方法

3.4 图和视图

UML 是用模型来描述系统的结构或静态特征以及行为或动态特征的,它从不同的视角为系统的架构建模形成系统的不同视图。视图并不是图,它是表达系统某方面特征的 UML 建模构件的子集。在每一类视图中使用一种或两种特定的图来可视化地表示视图中的各种概念。也就是说,视图是由一个或多个图组成的对系统某个角度的抽象。

3.4.1 图

UML 作为一种可视化的建模语言,其主要表现形式就是将模型进行图形化表示。UML 规范严格定义了各种模型元素的符号,并且包括这些模型与符号的抽象语法和语义。在面向对象程序开发方法中使用这些图,使得开发中的应用程序更易理解。UML 的内涵远不只是这些模型描述图,还包括这些图对这门语言及其用法背后的基本原理,在本章中只对各种类型的图进行具体的分类,更详细的信息将在以后的章节中介绍。

在 UML 2.0 中共定义了 13 种图,比 UML 1.0 新增了 3 种。表 3-2 列出了这 13 种图的功能。

表 3-2　UML2.0 的图型

图名	功能	备注
类图	描述类、类的特性以及类之间的关系	UML 1.0 原有
对象图	描述一个时间点上系统中各个对象的一个快照	UML 1.0 非正式图
复合结构图	描述类的运行时刻的分解	UML 2.0 新增
构件图	描述构件的结构与连接	UML 1.0 原有
部署图	描述在各个节点上的部署	UML 1.0 原有
包图	描述编译时的层次结构	UML 中非正式图
用例图	描述用户与系统如何交互	UML 1.0 原有
活动图	描述过程行为与并行行为	UML 1.0 原有
状态图	描述事件如何改变对象生命周期	UML 1.0 原有
顺序图	描述对象之间的交互,重点在于强调顺序	UML 1.0 原有
通信图	描述对象之间的交互,重点在于连接	UML 1.0 中的协作图
定时图	描述对象之间的交互,重点在于定时	UML 2.0 新增
交互概述图	描述一种顺序图与活动图的混合	UML 2.0 新增

此外,从使用的角度来看,将 UML 的 13 种图分为结构模型(也称为静态模型)和行为模型(也称为动态模型)两大类,但这里讲的结构、行为其含义与前面所说的是有一定区别的,前者是从定义角度,后者则是从使用角度,具体如图 3-19 所示。

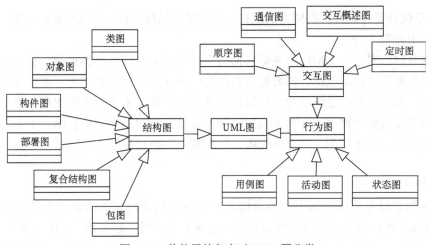

图 3-19 从使用的角度对 UML 图分类

3.4.2 视图

UML 中的各种组件和概念之间没有明显的划分界限，但为方便起见，我们用视图来划分这些概念和组件。视图只是表达系统某一方面特征的 UML 建模组件的子集。在最上一层，视图被划分成三个视图域：结构分类、动态行为和模型管理。

结构分类描述了系统中的结构成员及其相互关系。类元包括类、用例、构件和节点。类元为研究系统动态行为奠定了基础。类元视图包括静态视图、用例视图、实现视图和部署视图。

动态行为描述了系统随时间变化的行为。行为用从静态视图中抽取的瞬间值的变化来描述。动态行为视图包括状态机视图、活动视图和交互视图。

模型管理说明了模型的分层组织结构。包是模型的基本组织单元。特殊的包还包括模型和子系统。模型管理视图跨越了其他视图并根据系统开发和配置组织这些视图。

UML 还包括多种具有扩展能力的组件，这些扩展能力有限但很有用。这些组件包括约束、构造型和标记值，它们适用于所有的视图元素。

表 3-3 列出了 UML 的视图和视图所包括的图以及与每种图有关的主要概念。不能把这张表看成一套死板的规则，应将其视为对 UML 常规使用方法的指导，因为 UML 允许使用混合视图。

表 3-3　UML 的视图和视图所包括的图以及与每种图有关的主要概念

主要的域	视图	图	主要概念
结构分类	静态视图	类图	类、关联、泛化、依赖关系、实现、接口
	用例视图	用例图	用例、参与者、关联、扩展、包含、用例泛化
	实现视图	构件图	构件、接口、依赖关系、实现
	部署视图	部署图	节点、构件、连接、位置
动态行为	状态机视图	状态图	状态、事件、转换、活动、动作
	活动视图	活动图	状态、活动、完成转换、分叉、结合
	交互视图	顺序图	交互、对象、消息、激活
		协作图	协作、交互、协作角色、消息
模型管理	模型管理视图	类图	包、子系统、模型
可扩展性	所有	所有	构造型、标记值、约束

UML 还包括多种具有扩展能力的组件，这些组件包括约束、构造型和标记值，它们适用于所有的视图元素。

将这些总结起来，在 UML 中主要包括的视图为静态视图、用例视图、交互视图、实现视图、状态机视图、活动视图、部署视图和模型管理视图。物理视图对应用自身的实现结构建模，例如，系统的构件组织和建立在运行节点上的配置。由于实现视图和部署视图都是反映了系统中的类映射成物理构件和节点的机制，可以将其归纳为物理视图。下面分别对静态视图、用例视图、交互视图、状态机视图、活动视图、物理视图和模型管理视图等进行简要的介绍。

1. 静态视图

静态视图是对在应用领域中的各种概念以及与系统实现相关的各种内部概念进行的建模。静态视图主要由类与类之间的关系构成，这些关系包括关联关系、泛化关系和依赖关系，我们又把依赖关系具体再分为使用和实现关系。可以从以下三个方面来了解静态视图在 UML 中的作用。

(1)静态视图是 UML 的基础。模型中静态视图的元素代表的是现实系统应用中有意义的概念，这些系统应用中的各种概念包括真实世界中的概念、抽象的概念、实现方面的概念和计算机领域的概念。例如，一个仓库管理系统由各种概念构成，如仓库、仓库中的物料、仓库管理员、物料领取者、物料信息等。静态视图描绘的是客观现实世界的基本认知元素，是建立一个系统中所需概念的集合。

(2)静态视图构造了这些概念对象的基本结构。静态视图不仅包括所有的对象数据结构，同时包括了对数据的操作。根据面向对象的观点，数据和对数据的操作是紧密相关的，数据和对数据的操作可量化为类。例如，仓库中的物料对象可以携带数据，如物料的供货商、物料的编号、物料的进价，并且物料对象还包含了对物料的基本信息的操作，如物料的出库和入库等。

(3)静态视图也是建立其他动态视图的基础。静态视图将具体的数据操作使用离散的模型元素进行描述，尽管它不包括对具体动态行为细节的描述，但是它们是类所拥有并使用的元素，使用和数据同样的描述方式，只是在标识上进行区分。我们要建立的基础是说清楚什么在进行交互作用。如果无法说清楚交互作用是怎样进行的，那么也无从构建静态视图。

静态视图的基本元素是类元和类元之间的关系。类元是描述事物的基本建模元素，静态视图中的类元包括类、接口和数据类型等。为了方便理解和可重用性，大的单元必须由较小的单元组成。通常使用包来描述拥有和管理模型内容的组织单元。任何元素都可被包所拥有。可以通过拥有完整的系统视图的包来了解整个系统的构成。对象是从理解和构造的系统的包中分离出来的离散单元，是对类的实例化。实例化是指将对象设置为一个可识别的状态，该状态拥有自己独立的个体，其行为能被激发。类元之间的关系有关联关系、泛化关系和依赖关系，依赖关系可以再分为使用和实现关系。

静态视图的可视化表达的图主要包括类图。有关类图的详细内容，将在第 4 章中进行介绍。

2. 用例视图

用例视图描述了系统的参与者与系统进行交互的功能，是参与者所能观察和使用到的系统功能的模型图。一个用例是系统的一个功能单元，是系统参与者与系统之间进行的一次交互作用。当用例视图在系统的参与者面前出现时，用例视图捕获了系统、子系统和用户执行的动作行为。它将系统描述为系统的参与者对系统有用功能的需求，这种需求的交互功能称为用例。用例模型的用途是标识出系统中的用例和参与者之间的联系，并确定什么样的参与者执行了哪个用例。用例使用系统与一个或多个参与者之间的一系列消息来描述系统的交互作用。系统参与者可以是人，也可以是外部系统或外部子系统等。

图 3-20 所示是一个人力资源管理系统的用例视图。这是一个简单的用例视图，但却包含了系统、用户和各种用户在这个系统中做什么事情等信息。

用例视图使用用例图来进行表示。有关用例图的细节内容，将在第 5 章中进行介绍。

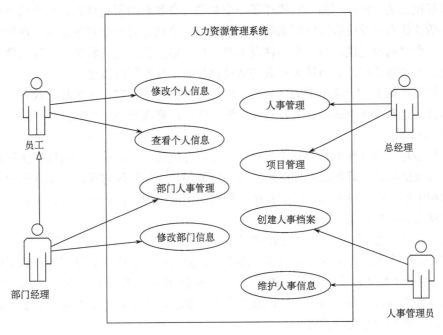

图 3-20 人力资源管理系统的用例视图

3. 交互视图

交互视图描述了执行系统功能的各个角色之间相互传递消息的顺序关系，是描绘系统中各种角色或功能交互的模型。交互视图显示了跨越多个对象的系统控制流程。通过不同对象之间的相互作用来描述系统的行为，是通过两种方式进行的，一种方式是以独立的对象为中心进行描述的，另一种方式是以相互作用的一组对象为中心进行描述的。以独立的对象为中心进行描述的方式称为状态机，它描述了对象内部的深层次的行为是以单个对象为中心进行的。以相互作用的一组对象为中心进行描述的图型称为交互视图，它适合于描述一组对象的整体行为。通常来讲，这一整体行为代表了我们做什么事情的一个用例。交互视图的一种形式表达了对象之间是如何协作完成一个功能的，也就是我们所说的协作图的形式。交互视图的另外一种表达形式反映了执行系统功能的各个角色之间相互传递消息的顺序关系，也就是我们所说的序列图的形式，这种传递消息的顺序关系在时间和空间上都能够有所体现。

交互视图可运用两种形式来表示：序列图和协作图。它们各有自己的侧重点。有关序列图和协作图的细节内容，将在第 7 章中进行介绍。

4. 状态机视图

状态机视图是通过对象的各种状态建立模型来描述对象随时间变化的动态行为。状态机视图也是通过不同对象之间的相互作用来描述系统的行为的，不同的是它以独立的对象为中心进行描述的。在状态机视图中，每一个对象都拥有自己的状态，这些状态之间的变化是通过事件进行触发的。对象被看成通过事件进行触发并做出相应的动作来与外界的其他对象进行通信的独立实体。事件表达了对象可以被使用操作，同时反映了对象状态的变化。可以把任何影响对象状态变化的操作称为事件。状态机的构成是由描述对象状态的一组属性和描述对象变化的动作构成的。

状态机视图是一种模型图。它描述了一个对象自身具有的所有状态。一个状态机由该对象的各种所处状态以及连接这些状态的符号组成。每个状态对一个对象在其生命期中满足某种条件的一个时间段建模。当一个事件发生时，它会触发状态间的转换，导致对象从一种状态转化到另一种新的状态。与转换相关的活动执行时，转换同时发生。

状态机还包括了用于描述类的行为的事件。对一些对象而言，一个状态代表了执行的一步。状态机用状态图来表达，有关状态图的细节内容，将在第 10 章中进行介绍。

5. 活动视图

活动视图是一种特殊形式的状态机视图，是状态机的一个变体，用来描述执行算法的工作流程中涉及的活动。通常活动视图用于对计算流程和工作流程建模。活动视图中的状态表示计算过程中所处的各种状态。活动视图使用活动图来体现。活动图中包含了描述对象活动或动作的状态以及对这些状态的控制。

活动图包含对象活动的状态。活动的状态表示命令执行过程中或工作流程中活动的运行。与等待某一个事件发生的一般等待状态不同，活动状态等待计算处理过程的完成。当活动完成时，执行流程才能进入活动图的下一个活动状态中去。当一个活动的前导活动完成时，活动图的完成转换被激发。活动状态通常没有明确表示出引起活动状态转换的事件，当出现闭包循环时，活动状态会异常终止。

活动图也包含了对象的动作状态，它与活动状态有些类似，不同的是，动作状态是一种原子活动操作并且当它们处于活动状态时不允许发生转换。

活动图还包含对状态的控制。这种控制包括对并发的控制等。并发线程表示能被系统中的不同对象和人并发执行的活动。在活动图中通常包含聚集和分叉等操作。在聚集关系中每个对象有着它们自己的线程，这些线程可并发执行。并发活动可以同时执行也可以顺序执行。活动图能够表达顺序流程控制还能够表达并发流程控制，单纯地从表达顺序流程这一点上讲，活动图和传统的流程图很类似。

活动图不仅可以对事物进行建模，也可以对软件系统中的活动进行建模。活动图可以很好地帮助我们去理解系统高层活动的执行过程，并且在描述这些执行的过程中不需要去建立协作图所需的消息传送细节，可以简单地使用连接活动和对象流状态的关系流表示活动所需的输入/输出参数。

活动视图用活动图来表示，有关活动图的细节内容，将在第 8 章中进行介绍。

6. 物理视图

前面所提到物理视图包含两种视图，分别是实现视图和部署视图。物理视图是对应用自身的实现结构建模，如系统的构件组织情况以及运行节点的配置等。物理视图提供了将系统中的类映射成物理构件和节点的机制。为了可重用性和可操作性的目的，系统实现方面的信息也很重要。实现视图将系统中可重用的块包装成为具有可替代性的物理单元，这些单元称为构件。实现视图用构件及构件间的接口和依赖关系来表示设计元素的具体实现。构件是系统高层的可重用的组成部件。

部署视图表示运行时的计算资源的物理布置。这些运行资源称为节点。在运行时，节点包含构件和对象。构件和对象的分配可以是静态的，也可以在节点之间迁移。如果含有依赖关系的构件实例放置在不同的节点上，部署视图可以展示出执行过程中的瓶颈。

实现视图使用构件图进行表示。部署视图使用部署图进行表示。有关构件图和部署图的细节内容，将在第 11 章和第 12 章中进行介绍。

7. 模型管理视图

模型管理视图是对模型自身组织进行的建模，是由自身的一系列模型元素(如类、状态机和用例)构成的包所组成的模型。模型是从某一观点以一定的精确程度对系统所进行的完整描述。模型是一种特殊的包。一个包还可以包含其他的包。整个系统的静态模型实际上可看成系统最大的包，它直接或间接包含了模型中的所有元素内容。包是操作模型内容、存取控制和配置控制的基本单元。每一个模型元素包含或被包含于其他模型元素中。子系统是另一种特殊的包，它代表了系统的一个部分，有清晰的接口，这个接口可作为一个单独的构件来实现。任何大的系统都必须被分成几个小的单元，这使得人们可以一次只处理有限的信息，并且分别处理这些信息的工作组之间不会相互干扰。模型管理由包及包之间的依赖组成。模型管理信息通常在类图中表达。

3.5　UML 的语言规则

在 UML 中，基本元素在使用时，应该遵守一系列规则，其中，最常用的 3 种语义规则如下。

(1)命名：也就是为事物、关系和图起名字。和任何语言一样，名字都是一个标识符。

(2)范围：指基本元素起作用的范围，相当于程序设计语言中的变量的作用域。

(3)可见性：我们知道，UML 元素可能属于一个类或包中，因此，所有元素都具有可见性这一属性。在 UML 中共定义了 4 种可见性，如表 3-4 所示。在面向对象的编程语言 C++、Java 和 C#中，也常常讨论这些可见性。

表 3-4　UML 的可见性

可见性	规则	标准表示法
Public	任一元素，若能访问包容器，就可以访问它	+
Protected	只有包容器中的元素或包容器的后代才能够看到它	#
Private	只有包容器中的元素才能够看得到它	−
Package	只有声明在同一个包中的元素才能够看到该元素	∼

3.6　UML 的公共机制

在 UML 中，共有 4 种贯穿于整个统一建模语言并且一致应用的公共机制，这 4 种公共机制分别是规格说明、修饰、通用划分和扩展机制。通常会把规格说明、修饰和通用划分看作 UML 的通用机制。其中扩展机制可以再划分为构造型、标记值和约束。

这 4 种公共机制的出现使得 UML 更加详细的语义描述变得较为简单,下面将对 UML 的通用机制和扩展机制的内容进行介绍。

3.6.1 UML 的通用机制

UML 提供了一些通用的公共机制,使用这些通用的公共机制能够使 UML 在各种图中添加适当的描述信息,从而完善 UML 的语义表达。有的时候,仅仅使用模型元素的基本功能还不能够完善地表达所要描述的实际信息,此时,通用机制就可以有效地帮助表达,从而进行有效的 UML 建模。

1. 规格说明

模型元素作为一个对象本身也具有很多的属性,这些属性用来维护属于该模型元素的数据值。属性是使用名称和标记值的值来定义的。标记值指的是一种特定的类型,可以是布尔型、整型或字符型,也可以是某个类或接口的类型。UML 中对于模型元素的属性有许多预定义说明,例如,在 UML 类图中的 Export Control,这个属性指出该类对外是 Public、Protected、Private 还是 Implementation。

2. 修饰

在 UML 的图形表示中,每一个模型元素都有一个基本符号,这个基本符号可视化地表达了模型元素最重要的信息。用户也可以把各种修饰细节加到这个符号上以扩展其含义。这种添加修饰细节的做法可以为图中的模型元素在一些视觉效果上发生一些变化。

在 UML 众多的修饰符中,有一种修饰符是比较特殊的,那就是注释。注释是一种非常重要的并且能单独存在的修饰符。将它附加在模型元素或元素集上用来表示约束或注解信息。如图 3-21 所示是对类的注释实例。

另外有一些修饰包含了对关系多重性的规格说明。这里的多重性是指由一个数值或一个范围用来指明相关联系涉及一定的实例数目。在 UML 图中,通常将修饰写在使用该修饰来添加信息的元素的旁边。图 3-22 表达了一个用户可以买到多个产品的情况。

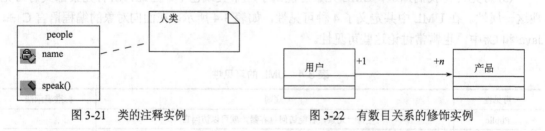

图 3-21　类的注释实例　　　　　　　　图 3-22　有数目关系的修饰实例

3. 通用划分

通用划分是一种保证不同抽象概念层次的机制。一般采用两种方式进行通用划分。

(1)对类和对象的划分。具体指类是一个抽象,而对象是这种抽象的一个实例化。

(2)对接口和实现的分离。接口和实现的分离是指接口声明了一个操作接口,但是却不实现其内容,而实现则表示了对该操作接口的具体实现,它负责如实地实现接口的完整语义。

类和对象的划分保证了实例及其抽象的划分,从而使得对一组实例对象的公共静态特征与动态特征无须一一管理和实现,只需要抽象成一个类,通过类的实例化实现对对象实体的管理。接口与实现的划分则保证了一系列操作的规约和不同类对该操作的具体实现。

3.6.2 UML 的扩展机制

虽然 UML 已经是一种功能较强、表现力非常丰富的建模语言，但是有时仍然难以在许多细节方面对模型进行准确的表达。所以，UML 设计了一种简单的、通用的扩展机制，用户可以使用扩展机制对 UML 进行扩展和调整，以便使其与一个特定的方法、组织或用户相一致。扩展机制是对已有的 UML 语义按不同系统的特点合理地进行扩展的一种机制。下面将介绍 3 种扩展机制：构造型、标记值和约束，使用这些扩展机制能够让 UML 满足各种开发领域的特别需要。其中，构造型扩充了 UML 的词汇表，允许针对不同的问题，从已有的基础上创建新的模型元素。标记值扩充了 UML 的模型元素的属性，允许在模型元素的规格中创建新的信息。约束扩充了 UML 模型元素的语义，允许添加新的限制条件或修改已有的限制条件。

1. 构造型

构造型就是构造一种新的 UML 元素。例如，我们构造一个元素《exception》，用该元素来表示软件的异常。

表示构造型的符号有三种，图 3-23 就是用 3 种不同的方式来表示异常这种构造型。假设 people 是类名称。

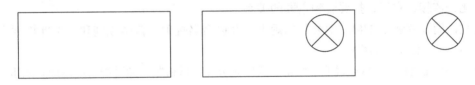

图 3-23　构造型的三种表示方法

(1) 第一种表示方法：创建一种新的 UML 元素符号的方法是，用符号《》把构造名字括起来，这是一种标准表示方法。例如，《exception》就是新构造的元素。

(2) 第二种表示方法：用符号《》把构造名字括起来，并为元素增加一个图标。

(3) 第三种表示方法：直接用一个图标表示新的构造元素。

2. 标记值

标记值是用来为元素添加新特征的。标记值的表示方法是用形如"{标记信息}"的字符串表示。标记信息通常由名称、分隔符和值组成。标记值是对元素属性的表示，因此，标记值是放在 UML 元素中的，例如，name="刘小平"。

3. 约束

约束机制用于扩展 UML 构造块的语义，允许建模者与设计人员增加新的规则和修改现有的规则。约束可以在 UML 工具中预定义，也可以在某个特定需要时再进行添加。约束可以表示在 UML 的规范表示中不能表示的语义关系。在定义约束信息时，应尽可能准确地去定义这些约束信息。

约束使用大括号和大括号内的字符串表达式表示，即约束的表现形式为｛约束的内容｝。约束可以附加在表元素、依赖关系或注释上。

约束一般是在图中直接定义的，但是约束也可以在 UML 工具中预定义，它可以被当作一个带有名称和规格说明的约束，并且在多个图中使用。要想进行这种定义，就需要依赖一种语言来表达约束，这种语言称为对象约束语言(Object Constraint Language，OCL)，它是一种能够使用工具来进行解释的表达 UML 约束的标准方法。对象约束语言的基本内容包含对象约束语言的元模型结构、对象约束语言的表达式结构和各种条件。这些条件包括不变量、前置条件和后置条件。

对象约束语言具有以下 4 个特性。

(1)对象约束语言不仅是一种查询语言，同时是一种约束语言。

(2)对象约束语言是基于数学的，但是却没有使用相关数学符号的内容。

(3)对象约束语言是一种强类型的语言。

(4)对象约束语言也是一种声明式语言。

3.7 本章小结

本章一开始指出了 UML 是由构造块、规则和公共机制三个方面所组成的，然后对这三个方面展开进一步说明。

首先，阐述了事物构造块、关系构造块，它们是 UML 建模元素的主体。其中事物构造块又包括结构事物、行为事物、分组事物和注释事物四种类型；关系构造块详细地描述了关联、泛化、依赖、实现、扩展五种主要的关系。

其次，简要阐述了 UML 中公共的规则，并以命名规则、范围规则和可见性规则为例说明了它们对 UML 模型的影响。

最后，系统地介绍了规格说明、修饰、通用划分和扩展机制。通过构造块添加新的事物，通过标记值添加新的特性，通过约束更好地体现模型，通过扩展机制为 UML 建模能力添加新的功能。

习 题

一、选择题

1. 在类图中，"#"表示的可见性是(　　)。

A. Public　　　　B. Protected　　　　C. Private　　　　D. Package

2. UML 提供一系列的图支持面向对象的分析与设计，其中(　　)给出系统的静态设计视图；(　　)对系统的行为进行组织和建模是非常重要的；(　　)和(　　)都是描述系统动态视图的交互图，其中(　　)描述了以时间顺序组织的对象之间的交互活动，(　　)强调收发消息的对象的组织结构。

A.活动图　B.用例图　C.状态图　D.顺序图　E.部署图　F.协作图　G.类图

二、简述题

1. UML 是由哪三个部分组成的？请分别说明它们的作用。

2. 请列举出 5 个以上 UML 中的基本元素，并说明元素在业务系统中的语义。

3. 规格描述与元素有何区别？有什么作用？

4. 标记值的语义是什么？有什么作用？它的表示法和约束的表示法有什么异同？

5. 构造型的作用是什么？为什么要引入构造型？

6. 约束有两种表示法，它们分别是什么？

7. 说明模型、视图、图、模型元素之间的区别。

8. 用一个实际的例子，绘制出类、对象、用例和协作的图形符号，并说明它们在系统中的作用。

第二篇 对象工程篇

第4章 定义正确的系统

4.1 相关术语和概念

诸多术语和概念，在不同的学科、不同的语境、不同的书籍中具有不同的范畴。例如，系统这个词汇在软件工程学科、系统工程学科、生物学科中都有共同的认知，也存在不同的范畴。因此，在不同的场合，我们需要界定这些术语和概念。在本书中约定概念如下：

系统，在本书中，特指计算机系统，是指硬件和软件的结合体，它提供业务问题的解决方案。

客户，在本书中，特指需要解决问题的人，也是系统开发人员最终将系统成品交付的对象。

需求，在本书中，特指软件系统需求，是客户对于软件系统的期望。系统分析员通常用文档形式确定需求。

系统开发员，是为了解决客户问题，实现需求文档，而构造软件，并在计算机操作系统上实施该软件的程序员。系统分析员，将客户所要解决的问题编制成需求文档，并将该文档转交给开发人员。

软件，是一系列按照特定顺序组织的计算机数据和指令，是计算机中的非有形部分。根据软件的目的可以分为系统软件(如 Windows 10 操作系统)、应用软件(如 Microsoft Office 2016、微信 App)，以及恶意软件(如勒索病毒)。

软件开发，是指根据用户要求建造出软件系统或者系统中的软件部分的产品开发过程。软件开发是一项系统工程，包括需求获取、开发规划、需求分析、系统设计、编程实现、软件测试和运行维护等。

4.2 软件图纸的重要性

系统开发需要人与人之间的交流，包括系统分析员与客户的交流或者系统开发员与系统分析员的交流。这里的交流潜在遇到多种问题。第一种，系统分析员没有正确地理解客户的要求。第二种，客户可能不理解系统分析员编制的文档。第三种，系统分析员写的需求文档语句冗长，内容庞大，难以使用。其结果是系统开发员据此开发的系统难以使用，甚至与客户的最初问题相差甚远。

在系统开发过程中，不仅仅存在交流问题。问题域本身具有复杂性。问题域是指在现实世界中这个软件系统所涉及的业务范围。隔行如隔山，系统分析员和系统开发员有必要对问题域有清晰的把握。计算机技术日新月异，人们把越来越多、越来越复杂的任务交给计算机解决，软件系统所面临的问题比以往更加复杂。这使得系统分析员和系统开发员需要付出更大的努力，才能掌握更庞大和更复杂的问题域。

客户的需求在不断变化。一方面，社会的发展要求软件系统与时俱进。业务范围的变化、客户领导层的更迭、开发经费的变化、开发技术的发展都会对客户的需求产生影响。因此，系统分析员和系统开发员需要以良好的态度来满足客户的需求、以良好的工具来制作需求规约、以良好的开发方法来应变需求的变化。

许多城市的摩天大楼越来越多，如上海陆家嘴的东方明珠、金茂大厦、环球金融中心，它们的建造工程很复杂。如今位于上海陆家嘴的最高楼上海中心大厦，其建造过程更是一个超级工程。这些摩天大楼在破土动工之前，深思熟虑的规划分析设计图纸是非常重要的。软件系统开发与设计也是如此，拿给客户看的系统规划分析和设计，就是该软件系统的"图纸"，在编码实现之前非常重要。UML 是绘制软件"图纸"的良好工具。

4.3 系统的功能需求与非功能需求

IEEE Std 830 是 IEEE 于 1998 年制定的关于软件需求规格说明书的标准，该标准在 2011 年被 ISO/IEC/IEEE 29148:2011 取代，该标准最新的文档是 IEEE 29148-2018[①]。参考 ISO/IEC/IEEE 29148:2018[②]，将需求分为以下几个类别。

(1)功能需求(functional requirement)：和系统主要工作相关的需求，即在不考虑硬件条件约束的情况下，客户希望系统能够执行的业务活动，这些活动可以帮助客户完成任务。

(2)性能需求(performance requirement)：系统整体或者其组成部分应该拥有的性能表现，如 CPU 的使用率、内存的使用率，基于 Web 的系统服务器的吞吐量、负载和响应速率。

(3)可信需求(trusted requirement)：系统完成工作任务的质量，主要包括可靠性程度、可维护性程度、健壮性程度。这里的可靠性又包括容错性、可恢复性等。可维护性又包括可测试性、可修正性、可改变性、可分析性。关于软件质量的功能性特征和非功能性特征，读者可以参考 ISO/IEC 25010:2011 国际标准和 IEEE 给出的软件质量度量标准 IEEE-1061—1998。

(4)对外接口(external interface)：系统和外部环境、其他系统之间需要建立的公共接口，包括硬件接口、软件接口和数据库接口等。

(5)约束(constraint)：进行系统开发时，需要遵守的条约，如编程语言、开发环境、硬件设施、网络设施、文化地域环境等。

除了功能需求之外的其他四类需求，统称为非功能需求(non-functional requirement)。在非功能需求中，可信需求的影响极大。非功能需求是软件产品为满足用户业务需求而必须具有且除功能需求以外的特性。

---

① IEEE Standards Association.IEEE 29148-2011-ISO/IEC/IEEE International Standard-Systems and software engineering-Life cycle processes-Requirements engineering[EB/OL].(2018-10-23)[2018-12-21].https://standards.ieee.org/standard/29148-2018.html.

② ISO. ISO/IEC/IEEE 29148:2018.Systems and software engineering-Life cycle processes-Requirements engineering[EB/OL]. (2018-11-01)[2018-12-21]. https://www.iso.org/standard/72089.html.

通常一个系统的绝大部分需求都是功能需求，它是软件系统需求中最基本和最重要的需求。所有系统开发者需要正确理解客户的功能需求。

如果说功能需求是客户对于软件系统的显示要求，那么，非功能需求属于隐式要求。客户通常在系统开发之前无法清晰准确地告诉开发者他们期望什么样的非功能性特征。但是，系统部署试运行之后，客户可以快速判断系统的哪项非功能属性不满足他们的需求。

国际标准权威组织 The Open Group 于 1993 年开始应客户要求制定系统架构的标准，在 1995 年发表 The Open Group Architecture Framework（TOGAF）企业架构框架，它提供了一种设计、规划、实施和管理企业信息技术架构的方法论[①]。结合 TOGAF，可以更好地完成需求获取和需求管理工作。

自然语言描述的需求，难免存在歧义。这是因为语言文字如汉语言文字常常因为歧义带来很多的困扰。通常在需求分析时，定义一个双方共同理解的词汇表，允许中英文对照，以及运用 UML 来制定需求规约。图 4-1 是需求规约的示意图。在需求规约阶段，我们确定清晰的业务问题，如图 4-1 中 What 和 How 所示。在设计解决方案时，需要设计良好的数据结构，以及良好的动态方法。

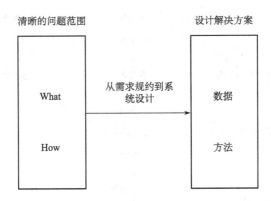

图 4-1 需求规约的示意图

UML 是进行需求规约和系统设计的良好工具，如图 4-2 所示，当回答需求规约的 What 和 How，以及回答解决方案的子系统建模、定义正确的数据结构、工作流如何建模、状态迁移的描述等时，UML 都有相应的图进行绘制。

学习 UML 的各种图，本书倡导从用例图开始，而不是从类图开始。从用例图出发，本书绘制 UML 各类图的拓扑结构图如图 4-3 所示。

我们的最终目标是构建正确的系统，也就是说，系统能够正确地完成我们分析和设计的功能。良好的需求分析与系统设计，能够开发出让用户易于理解和接受的系统。良好的需求分析与系统设计，能很好地促进系统的重用。需求分析和系统设计是确保系统可追溯，可延展的必不可少的开发步骤。读者可以琢磨对象工程中"磨刀不误砍柴工"的道理。

---

① The Open Group. The Open Group Launches the TOGAF® Standard, Version 9.2.（2018-04-16）[2018-07-28]. http://www.opengroup.org/news/press/The-Open-Group-Launches-TOGAF-Standard-Version-9-2.

图 4-2　运用 UML 进行需求规约和系统设计示意图

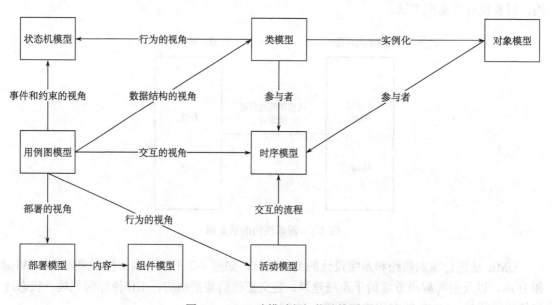

图 4-3　UML 建模过程拓扑结构图

4.4　本 章 小 结

　　UML 是目前需求分析和系统设计的最流行的工业界标准。UML 能够帮助我们定义正确的系统，交给用户他们想要的。为了定义正确的系统，UML 是再合适不过的工具。系统设计的困难通常不在代码上，何况在当今网络如此先进发达的世界。如果编码遇到困难，我们只需要使用百度、必应或者谷歌进行搜索，通常能获得大部分的答案。系统设计的难点在于"设计"。一个好的软件系统的设计，必须要从一开始就尽量追求完美的设计。在本篇接下来的后续章节，读者将从用例图开始，而不是从类图开始，直到部署图和对象约束语言结束。这样的顺序将帮助读者更加自然地学习对象工程的脉络。

习　题

一、简述题

1. 解释"需求"在对象工程中的含义。

2. 简述非功能需求的含义，罗列 3~5 个系统的非功能需求示例。

3. 简述需求分析与系统设计的作用。

4. 简述对象工程中"磨刀不误砍柴工"的道理。

二、资料查阅题

1. 在线查阅资料，了解更多 TOGAF 的方法论。如何结合 TOGAF 到需求获取中，撰写约 500 字的评论。

2. 查找并阅读 1 篇关于软件体系结构的学术论文。

第5章 用 例 图

UML 为建立系统模型提供了一整套建模机制，使用用例图、活动图、顺序图、类图、状态图和部署图等可以从不同的侧面、不同的抽象级别为系统建立模型。用例图主要用于对系统的功能需求建模，它主要描述系统功能，也就是从外部用户的角度来观察系统应该完成哪些功能。绘制用例图，有利于开发人员以一种可视化的方式理解系统的功能需求。需求分析是系统建模的第一步，而用例图是对系统功能的一个宏观描述，因此，画好用例图是系统建模最为重要的一步。

5.1 用例图的基本概念

5.1.1 用例的概念

一个用例是对整个软件系统的一个功能的描述。用例的创始人 Jacobson 提出的用例的概念如下：

A use case is a sequence of transactions in a system whose task is to yield a result of measurable value to an individual actor of the system.

用例是外来词，也有将 use case 翻译为用案、用况，这些均可。

5.1.2 用例图的定义

由参与者(actor)、用例(use case)以及它们之间的关系构成的用于描述系统功能的静态视图称为用例图。其中用例和参与者之间的对应关系又称为通信关联(communication association)，它表示了参与者使用了系统中的哪些用例。用例图主要用于对系统、子系统或类的功能行为进行可视化建模，它显示了系统的用户和用户希望提供的功能，有利于用户和软件开发人员之间进行沟通，是从软件需求分析到最终实现的第一步，也是最重要的一步。

在进行用例建模时，所需要的用例图数量是根据系统的复杂度来衡量的。一个简单的系统中往往只需要一个用例图就可以描述清楚所有的关系。但是，对于复杂的系统，一张用例图显然是不够的，这时候就需要用多个用例图来共同描述，但是一个系统的用例图也不应当过多。

1. 用例图的作用

用例图是需求分析中的产物，主要作用是描述参与者和用例之间的关系，帮助开发人员可视化地了解系统的功能，借助于用例图，系统用户、系统分析人员、系统设计人员、领域专家能够以可视化的方式对问题进行探讨，减少了大量交流上的障碍，便于对问题达成共识。

与传统的软件需求规格说明方法(SRS 方法)相比，用例图可视化地表达了系统的需求，具有直观、规范等优点，克服了纯文字性说明的不足。另外，用例方法是完全从外部来定义系统功能的，它把需求和设计完全分离开来，不用关心系统内部是如何完成各种功能的，系统就好像一个黑匣子。用例图可视化地描述了系统外部的使用者(抽象为参与者)，和使用者使用系统时系统为这些使用者提供的一系列服务(抽象为用例)。并且,用例图清晰地描述了参与者和参与者之间的泛化关系,用例和用例之间的包含关系、泛化关系和扩展关系,以及用例和参与者之间的关联关系,所以从用例图中可以得到对于被定义系统的一个总体印象。

在面向对象的分析设计方法中,用例图可以用于描述系统的功能性需求。每一个用例图都描述了一个完整的系统服务,可以作为开发人员和用户之间只对系统需求进行沟通的一种有效手段。

2. 用例图的组成

用例图是描述用例、参与者及其关系的图,因此用例图的组成要素包括用例、参与者、关系(用例之间的关系、参与者之间的关系、参与者与用例之间的关系)。这三个要素在Rational Rose里面都可以找到相对应的图标。

此外,在项目开发过程中,边界是一个非常重要的概念。我们将系统与系统之间的界限称为系统边界,这是用例图的第四个组成要素。通常所说的系统可以认为是由一系列的相互作用的元素形成的具有特定功能的有机整体。系统又是相对的,一个系统本身也可以是另一个更大系统的组成部分,因此系统与系统之间需要使用系统边界来进行区分,把系统边界以外的同系统相关联的其他部分称为系统环境。

用例图中的系统边界用矩形框来表示,参与者画在边界外面,用例画在边界里面,如图 5-1 所示。但在Rational Rose 中并不能画出系统边界,图 5-1 是用 Visio画出的。系统边界决定了系统的参与者,如果系统边界不一样,它的参与者就会发生很大的变化,例如,对于某高校图书馆系统来说,它的参与者就是该高校的老师和学生,但是如果将边界扩大至整个社会,那么系统的参与者还将包括办理了借阅证的其他高校的学生等。可见在系统开发过程中,系统边界占据了举足轻重的地位,只有搞清楚了系统边界才能更好地确定系统的参与者和用例。

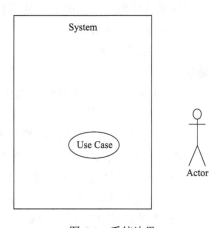

图 5-1　系统边界

5.2　用例图中的参与者

1. 参与者的概念

参与者(Actor)是指存在于系统外部并直接与系统进行交互的人、系统、子系统或类的外部实体的抽象,是用户相对系统而言所扮演角色。每个参与者可以参与一个或多个用例,每个用例也可以有一个或多个参与者。

在用例图中,使用一个人形图标来表示参与者,参与者的名字写在人形图标的下面,如图 5-2 所示。

图 5-2　参与者

需要主意的是,参与者虽然可以代表人或事物,但参与者不是指人或事物本身,而是表示人或事物当时所扮演的角色。例如,小王是银行的工作人员,他参与银行管理系统的交互,这时他既可以作为管理员这个角色参与管理,也可以作为银行用户来取钱,在这里小王扮演了两个角色,是两个不同的参与者，因此不能将参与者的名字表示成参与者的某个实例，例如，小王作为银行用户来取钱，但是参与者的名字还是银行用户而不能是小王。

2. 参与者的分类

很多初学者都把参与者理解为人，这是错误的。参与者代表的是一个集合，不仅可以由人承担，还可以是其他系统、硬件设备，甚至是时钟。对参与者主要有以下两种分类方法。

1) 按参与者本身的性质分

(1) 其他系统：当系统需要与其他系统交互时，如自动柜员机(ATM)系统中，银行后台系统就是一个参与者。

(2) 硬件设备：如果系统需要与硬件设备交互时，当开发集成电路卡(IC)门禁系统时，IC卡读写器就是一个参与者。

(3) 系统时钟：有时需要在系统内部定时地执行一些操作，如检测系统资源的使用情况、定期生成统计报表等。这些操作并不是由外部的人或系统触发的，它是由一个抽象出来的系统时钟或者定时器参与者来触发的。当系统需要定时触发时，时钟就是参与者。例如，开通手机流量包月服务，当所定制的流量剩余不足 5MB 时，系统就会发短信提示用户。

2) 按参与者的重要性分

(1) 主要参与者：从系统获得可度量价值的用户，他的需求驱动了用例所表示的行为或功能。

(2) 次要参与者：在系统中提供服务，并且不能脱离主要参与者而存在。

3. 参与者的识别

需求获取的第一步是标识参与者。这一服务定义了系统边界，并从开发者要考虑的系统中找出所有的观察点。寻找参与者可以从以下问题入手：

(1) 哪一个用户执行系统的主要功能？

(2) 系统是由谁来维护和管理的，以保证系统处于工作状态？

(3) 系统支持哪些用户完成日常的工作？

(4) 系统需要从哪些人或其他系统中获得数据？

(5) 系统会为哪些人或者其他系统提供数据？

(6) 与该系统进行交互的外部硬件和软件系统有哪些？

(7) 谁对本系统产生的结果感兴趣？

一旦参与者被标识出来后，需求获取的下一步活动是决定每一个参与者将访问的功能。

5.3 用例图中的用例

1. 用例的概念

用例(Use Case)是参与者可以感受到的系统的服务或功能单元。它定义了系统是如何被参与者使用的，描述了参与者为了使用系统所提供的某一完整功能而与系统之间发生的一段对话。用例最大的优点就是站在用户的角度来描述系统的功能。它把系统当作一个黑箱子，并不关心系统内部如何完成它所提供的功能，表达了整个系统对外部用户可见的行为。

2. 用例的表示

UML 中通常以一个椭圆符号来表示用例。每个用例在其所属的包里都有唯一的名字，即用例的名称，用例的名称有以下两种表示方法。

(1)简单名：没有标识用例所属的包，如图 5-3(a)所示。

(2)路径名：在用例名前标识了用例所属的包，如图 5-3(b)所示。

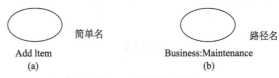

图 5-3　用例的表示

3. 用例的识别

任何用例都不能在缺少参与者的情况下独立存在。同样，任何参与者也必须要有与之关联的用例，所以识别用例的最好方法就是从分析系统参与者开始，主要是看标识出的各参与者如何使用系统，需要系统提供什么样的服务。可以通过回答以下问题来识别用例：

(1)每个参与者希望系统提供什么功能？

(2)系统是否存储和检索信息？如果是，由哪个参与者触发？

(3)参与者是否会将外部的某些事件通知给系统？

(4)系统中发生的事件是否通知参与者？

(5)哪些外部时间触发系统？

还可以通过一些与参与者无关的问题来发现用例，例如，系统需要解决什么样的问题、系统的输入输出信息有哪些？

需要注意的是，用例图的目的是帮助人们了解系统功能，便于开发人员与用户之间的交流，所以确定用例的一个很重要的标准就是用例应当便于理解。对于同一个系统，不同的人对于参与者和用例可能会有不同的抽象，这就需要在多种方案中选出最好的一个。

4. 用例的粒度

用例的粒度指的是用例所包含的系统服务或功能单元的多少。用例的粒度越大，用例所包含的功能越多，反之则包含的功能越少。通俗地讲，用例的粒度就是用来描述用户目标大小的程度。从大到小可将用例分成 3 个层次，即概述级、用户目标级和子功能级。下面以电子商务网站后台管理员商品管理为例，说明用例的 3 个级别。

(1)概述级是指参与者把整个系统看成一个用例，如图 5-4(a)所示。

(2)用户目标级是对概述级的进一步细化，如图 5-4(b)所示。

(3)子功能级是对用户目标级用例的进一步细化，如图 5-4(c)所示。

对于同一个系统的描述，不同的人可能会产生不同的用例模型。如果用例的粒度很小，得到的用例数就会太多。反之，如果用例的粒度很大，那么得到的用例数就会很少。如果用例数目过多，便会造成用例模型过大和引入设计困难大大提高；如果用例数目过少，便会造成用例的粒度太大，不便于进一步的充分分析。

因此，用例的粒度对于用例来说很重要，它不但决定了用例模型级的复杂度，而且也决定了每一个用例内部的复杂度。在确定用例粒度时应根据每个系统的具体情况，具体问题具体分析，在尽可能保证整个用例模型的易理解性的前提下决定用例的大小和数目。

(a) 概述级

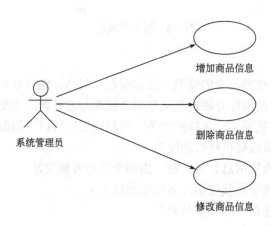

(b) 用户目标级

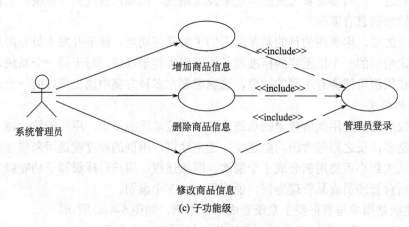

(c) 子功能级

图 5-4　用例的粒度

5. 用例的描述

用例图只是在总体上大致描述了系统所提供的各种服务，让用户对系统有一个总体的认识。但对于每一个用例还需要有详细的描述信息，以便让其他对于整个系统有一个更加详细的了解。用例描述有两种格式：一种是纯文本格式，另一种是表格形式。如表 5-1 所示就是一个经典的表格行使用例描述模板。

(1)前置条件：执行用例之前系统必须所处的状态。例如，前置条件是要求用户有访问的权限或是要求某个用例必须已经执行完。

(2)后置条件：用例执行完毕后系统可能处于的一组状态。例如，要求在某个用例执行完后，必须执行另一个用例。

表 5-1　用例描述模板

用例编号	为用例制定一个唯一的编号，通常格式为 UCxx	
用例名称	应为一个动词短语，让读者一目了然地知道用例的目标	
用例概述	用例的目标，一个概要性的描述	
范围	用例的设计范围	
主要参与者	该用例的主要参与者，在此列出名称，并简要地描述它	
次要参与者	该用例的次要参与者，在此列出名称，并简要地描述它	
项目相关人 利益说明	项目相关人	利益
	项目相关人员名称	从该用例获取的利益
	……	……
前置条件	即启动该用例所应该满足的条件	
后置条件	即该用例完成之后，将执行什么动作	
成功保证	描述当前目标完成后，环境变化情况	
基本事件流	步骤	活动
	1	在这里写出触发事件到目标完成以及清除的步骤
	2	……(其中可以包含子事件流，以子事件流编号来表示)
扩展事件流	1a	1a 表示是对 1 的扩展，其中应说明条件和活动
	1b	……(其中可以包含子事件流，以子事件流编号来表示)
子事件流	对多次重复的事件流可以定义为子事件流，这也是抽取被包含用例的地方	
规则与约束	对该用例实现时需要考虑的业务规则、非功能需求、设计约束等	

(3)基本事件流：是对用例中常规、预期路径的描述，也称为 Happy day 场景，这是大部分事件所遇到的场景，它将体现系统的核心价值。

(4)扩展事件流：主要是对一些异常情况、选择分支进行描述。

表 5-2 所示的是一个电子商务网站用户登录的用例描述的实例。

表 5-2　电子商务网站用户登录的用例描述

用例编号	UC001
用例名称	购物用户登录
用例描述	购物用户根据所注册的用户名和密码，登录到电子商务网站
参与者	购物用户
前置条件	电子商务网站正常运行时间
后置条件	如果购物用户登录成功，该购物用户可搜索商品并购买商品；如果购物用户登录未成功，则该用户不能进行商品的购买
基本事件流	1.购物用户进入电子商务网站 2.购物用户输入用户名和密码 3.购物用户提交输入的信息 4.系统对购物用户的账号和密码进行有效性检查 5.系统记录并显示当前登录用户 6.购物用户搜索商品并购买商品 7.系统允许购物用户的购买操作

用例编号	UC001
扩展事件流	4a.购物用户的账号错误
	4a1.系统弹出账号错误或账号已关闭警告信息
	4a2.购物用户离开或重新输入账号
	4b.购物用户的密码错误
	4b1.系统弹出密码错误警告信息
	4b2.购物用户离开或重新输入密码

5.4 用例图中的关系

用例图中的关系是用例图中最为重要的元素，正确描述参与者和参与者之间、用例和用例之间、参与者和用例之间的关系是 UML 建模的核心步骤。

5.4.1 参与者与参与者之间的关系

由于参与者实质上也是类，所以它拥有与类相同的关系描述，即参与者与参与者之间主

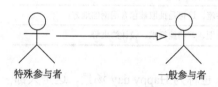

特殊参与者　　　　　　　一般参与者

图 5-5　参与者之间的泛化关系的表示

要是泛化关系(或称为继承关系)。泛化关系的含义是把某些参与者的共同行为提取出来表示成通用行为，并描述为超类。泛化关系表示的使参与者之间的一般/特殊关系，在 UML 图中使用带空心三角箭头的实现表示泛化关系，如图 5-5 所示，发出箭头的一方为特殊参与者，箭头指向一般参与者，特殊参与者继承了一般参与者的特性并增加了新的特性。

例如，一个网上订购系统，可以有网上客户、电话客户、直接客户等。可以看出，他们有共同的行为特征，这就可以用到面向对象的抽象，抽象出更为一般化的参与者——客户。通过泛化来描述多个参与者之间的共同行为，不同的参与者以独特的方式来使用系统，如图 5-6 所示。

在需求分析中很容易碰到用户权限的问题，对于一个公司来说，普通职工有权限进行一些常规操作，而财务经理、销售经理和人事经理在常规操作之外还有权限进行财务管理、销售管理和人事管理，公司管理系统用例图如图 5-7 所示。

在这个例子中可以发现，财务经理、销售经理和人事经理都是一种特殊的职员，他们拥有普通职员所拥有的全部权限，此外他们还有自己独有的权限。因此，可以将普通职员和财务经理、销售经理、人事经理之间的关系抽象

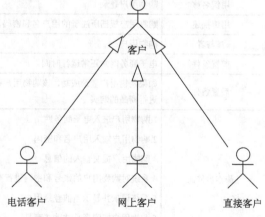

图 5-6　网上订票系统参与者之间的泛化关系

成泛化关系。

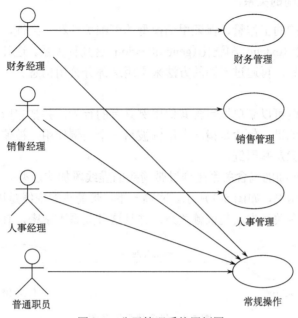

图 5-7　公司管理系统用例图

泛化后的公司管理系统用例图如图 5-8 所示，普通职员是父类，财务经理、销售经理和人事经理是子类。通过泛化关系可以有效地减少用例图中通信关联的个数、简化用例模型，从而便于理解。

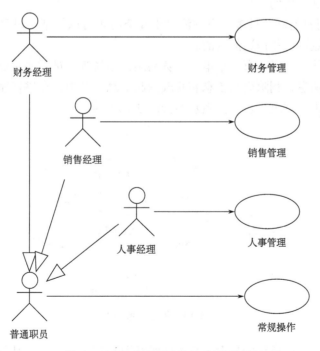

图 5-8　泛化后的公司管理系统用例图

5.4.2　用例和用例之间的关系

为了减少模型维护的工作量、保证用例模型的可维护性和一致性，可以在用例之间抽象出包含(include)、扩展(extend)和泛化(generalization)这几种关系。这几种关系都是从现有的用例中抽取出公共信息，再通过不同的方法来重用这部分公用信息。

1. 包含

包含关系是指用例可以简单地包含其他用例具有的行为，并把它所包含的用例作为自己行为的一部分。简单地讲，包含是指一个用例被另一个用例使用，被使用的用例就是包含用例，使用包含用例的就是基用例。

在 UML 中，用例间的包含关系是通过带箭头的虚线段加构造型<<include>>来表示，箭头由基用例指向包含用例，如图 5-9 所示。回顾一下，带箭头的虚线是用来描述依赖关系的。因此，用例之间的包含关系本质是依赖关系，并且这种关系不紧密，具有偶然性和临时性。

图 5-9　包含关系示意图

在处理包含关系时，具体的做法就是把几个用例的公共部分单独抽象出来成为一个新的用例。主要有两种情况需要用到包含关系。

(1) 多个用例用到同一段的行为，则可以把这段共同的行为单独抽象成一个用例，然后让其他用例来包含这一用例。

(2) 当某一个用例的功能过多、事件流过于复杂时也可以把某一段事件流抽象成为一个被包含的用例，以达到简化描述的目的。

下面看一个具体的例子，有一个电子商务网站，系统管理员需要对商品信息进行维护管理，包括添加商品信息、删除商品信息和修改商品信息。其中，在进行添加、删除、修改商品信息时都需要先进行登录，包含关系示例如图 5-10 所示。

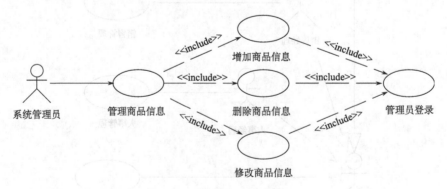

图 5-10　包含关系示例

这个例子体现了上面所说的包含关系的两种情况。首先，管理商品信息这个用例功能太多，因此我们抽象出了增加商品信息、删除商品信息、修改商品信息这三个包含用例，简化了用例模型；其次，将共同的一段行为抽象出来，形成一个新的用例——管理员登录。增加商品信息、删除商品信息和修改商品信息这三个用例都会包含这个新抽象出来的用例。如果以后需要对管理员登录进行修改，则不会影响到增加商品信息、删除商品信息、修改商品信息这三个用例，并且由于是一个用例，不会发生同一段行为在不同用例中描述不一致的情况。

通过上面这个例子可以看出包含关系有两个优点。

(1)提高了用例模型的可维护性，当需要对公共需求进行修改时，只需要修改一个用例而不必修改所有与其有关的用例。

(2)不但可以避免在多个用例中重复描述同一段行为，还可以避免在多个用例中对同一段行为描述的不一致。

2. 扩展

在一定条件下，把新的行为加入到已有的用例中，获得的新用例称为扩展用例，原有的用例称为基用例，从扩展用例到基用例的关系就是扩展关系。在 UML 中，扩展关系是通过箭头的虚线段加构造型<<extend>>来表示的，箭头方向是从扩展用例指向基用例，如图 5-11所示，它表示的是基用例在某个条件成立时合并执行扩展用例。基用例独立于扩展用例而存在，只是在特定的条件下，它的行为可以被另一个用例所扩展。

图 5-11　扩展关系示意图

扩展关系和包含关系具有以下不同点。

(1)在扩展关系中，基用例提供了一个或者多个插入点，扩展用例为这些插入点提供了需要插入的行为。而在包含关系中插入点只能有一个。

(2)基用例的执行并不一定会涉及扩展用例，扩展用例只有在满足一定条件下才会被执行。而在包含关系中，当基用例执行后，包含用例是一定会被执行的。

(3)即使没有扩展用例，扩展关系中基用例本身也是完整的，而对于包含关系，基用例在没有包含用例的情况下是不完整的。

下面看一个具体的扩展关系示例，如图 5-12 所示为图书馆管理系统用例图的部分内容。在本用例中基础用例是"还书"，扩展用例是"交纳罚金"。在一切顺利的情况下，只需要执行"还书"用例即可。但是如果借书超过期限或者书有所破损，借书用户就要交纳一定的罚金。这时就不能执行用例的常规动作，如果去修改"还书"用例，势必增加系统的复杂性。这时就可以在基用例"还书"中增加插入点，这样在超期破损的情况下就执行扩展用例"交纳罚金"。

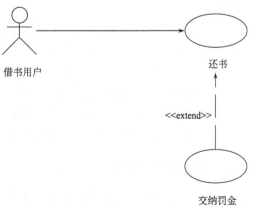

图 5-12　扩展关系示例

扩展关系往往被用来处理异常或者构建灵活的系统框架。使用扩展关系可以降低系统的复杂度，有利于系统的扩展、提高系统的性能，使系统显得更加清晰、易于理解。

3. 泛化

用例的泛化关系和类图中的泛化关系是一样的。用例的泛化就是指子用例继承了父用例所有的结构、行为和关系，子用例是父用例的一种特殊形式。此外，子用例还可以增加、覆盖和改变父用例的行为。在 UML 中，用例的泛化关系通过一个从子用例指向父用例的空心三角箭头来表示，如图 5-13 所示。

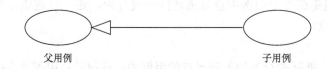

图 5-13　泛化关系示意图

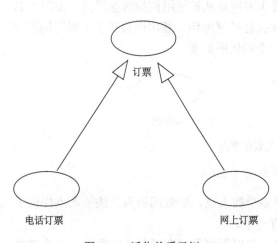

图 5-14　泛化关系示例

当发现系统中有两个或者多个用例在行为、结构和目的方面存在共性时，就可以使用泛化关系。通常是抽象出一个新用例来描述这些共有的部分，这个新的用例就是父用例。下面看一个具体的泛化关系示例，如图 5-14 所示为火车票订票系统的用例图，预定火车票有两种方式：一种是通过电话预定，另一种是通过网上预定。在这里，电话订票和网上订票都是订票的一种特殊方式，因此，"订票"为父用例，"电话订票"和"网上订票"为子用例。

虽然用例的泛化关系和包含关系都可以用来重复使用多个用例中的公共行为，但是它们还是有很大的区别的。

（1）在用例的泛化关系中，所有的子用例都有相似的目的和结构，注意它们是整体上的相似。

（2）在用例的包含关系中，基用例在目的上可以完全不同，但是它们都有一段相似的行为，它们的相似是部分相似不是整体相似。用例的泛化关系类似于面向对象中继承，它把多个子用例中的共性抽象成一个父用例，子用例在继承父用例的基础上可以进行修改。但是子用例和子用例之间又是相互独立的，任何一个子用例的执行不受其他子用例的影响，而用例的包含关系是把多个基用例中的共性抽象为一个包含用例，可以说包含用例就是基用例中的一部分，基用例的执行必然引起包含用例的执行。

5.4.3　参与者与用例之间的关系

参与者与用例之间是关联关系，表示了参与者与用例之间的通信。在 UML 中，用一条实线箭头表示，由参与者指向用例，如图 5-15 所示。

图 5-15 参与者与用例之间的关联关系

图 5-16 所示是一个超市收银系统部分用例图。该系统的参与者是收银员，实现的功能是结账。在执行结账用例时，需要先执行扫描商品信息这个包含用例；如果客户有会员卡，还需要执行累计消费积分这个扩展用例；此外，结账用例包含现金结账和信用卡结账这两个子用例，因为现金结账和信用卡结账是两种特殊的结账方式。

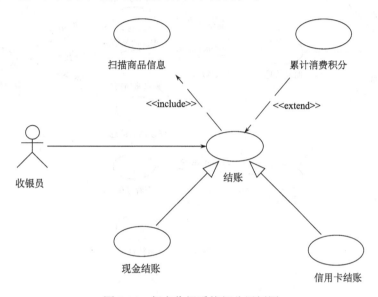

图 5-16 超市收银系统部分用例图

5.5 如何阅读用例图

对用例的阅读，首先要明确用例图中的参与者，然后再识别基础用例，以及包含用例和扩展用例，最后明确参与者与用例之间的关系。以图 5-17 电子商务网站系统后台用例图为例。

这张用例图的参与者为系统管理员，并且定义了 5 个基用例，即管理员登录、用户管理、商品管理、订单管理和查看留言评论。

(1)管理员进入后台登录界面，输入登录信息登录系统。

(2)在管理员进入系统之后，可以对用户信息进行管理，包括查看用户信息、修改用户信息和删除用户信息。

(3)管理员对商品进行管理，包括增加商品信息、删除商品信息、修改商品信息，在执行增、删、改商品信息时，将启动包含用例查看商品列表，来检查商品信息是否更新成功。

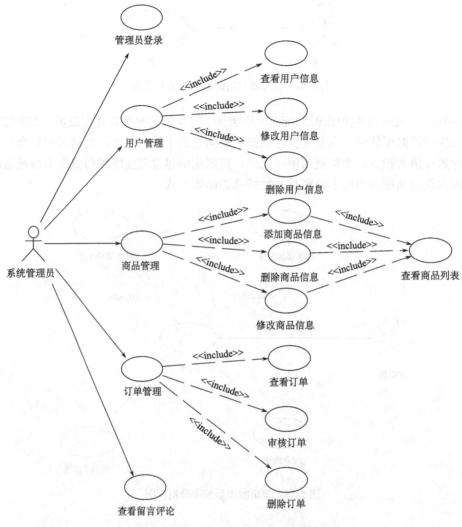

图 5-17 电子商务网站系统后台用例图

(4)当前台用户提交商品订单后,系统管理员就能够查看提交的订单,并且进行审核。如果用户取消订单或订单有误,则系统管理员可以删除该无效订单。

(5)当交易完成之后,用户在前台对该交易过程进行评价后,系统管理员可以在后台进行查看,并可以查看用户的留言。

5.6 典型示例:图书管理系统

用例图的构建可以分为4步:

(1)需求分析。

(2)识别参与者。

(3)识别用例。

(4)识别参与者与用例、用例与用例之间的关系,绘制用例图。

以图书管理系统为例来介绍怎样构建用例图。

(1)需求分析。该图书管理系统主要实现借阅者借阅图书。借阅者能够通过该系统进行借阅图书、查询书籍信息、预定图书和归还图书等操作。这些操作都是需要图书管理员来进行处理的。而图书、借阅者等信息则需要系统管理员进行维护与更新。

(2)识别参与者。通过需求分析，可以确定图书管理系统包含的参与者包括：借阅者、图书管理员和系统管理员。

(3)识别用例。

①借阅者能够通过该系统进行如下活动。

查找图书：借阅者可以通过图书名称等查找图书的详细信息。

登录系统：借阅者可以通过用户名和密码登录系统，查询图书信息、个人信息和进行图书预定。

查询个人信息：每一个借阅者口可以通过系统终端在登录后查询自己的信息，但是不允许在未授权的情况下查询其他人的信息。

预定图书：在登录系统后，借阅者可以预定相关的书籍。

借阅图书：借阅者可以通过图书管理员借阅相关书籍。

归还图书：借阅者通过图书管理员归还书籍，如果未按时归还，需缴纳罚金。

②图书管理员能够通过该系统进行如下活动。

处理借阅：借阅者可以通过图书管理员借阅书籍。当图书管理员处理借阅时，需要检查用户的合法性，如果不合法，不允许借阅图书。如果之前该图书已经被该借阅者预定，需要删除该图书的预定信息。

处理归还：借阅者可以通过图书管理员归还书籍。当借阅者借阅的书籍超过一定的期限时，图书管理员需要收取罚金。

③系统管理员通过该系统进行如下活动。

查询书籍信息：系统管理员有权限去查询各种图书信息。

添加书籍：系统管理员完成书籍的添加，图书添加时要输入书籍的详细信息。

修改书籍：书籍的信息可以被系统管理员修改。

删除书籍：系统管理员完成书籍的删除，图书删除时书籍的所有信息都将被删除。

查询读者信息：系统管理员有权限去查询读者信息。

添加读者：系统管理员完成读者的添加，读者添加时要输入读者的详细信息。

删除读者：系统管理员完成读者的删除，读者删除时读者的所有信息都将被删除。

修改读者信息：读者的信息可以被系统管理员修改。

添加书目：系统管理员完成书目添加，书目被添加时要输入书目的描述信息。

删除书目：系统管理员完成书目删除，书目被删除时所有关于该书目的图书信息都将被清空。

(4)识别借阅者、图书管理员和系统管理员与用例之间的关系，分别绘制借阅者用例图(图 5-18)、图书管理员用例图(图 5-19)和系统管理员用例图(图 5-20)。

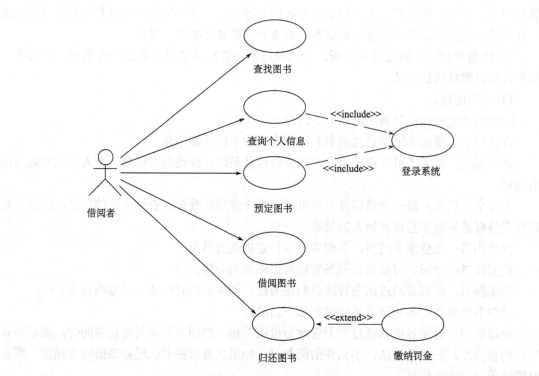

图 5-18　借阅者用例图

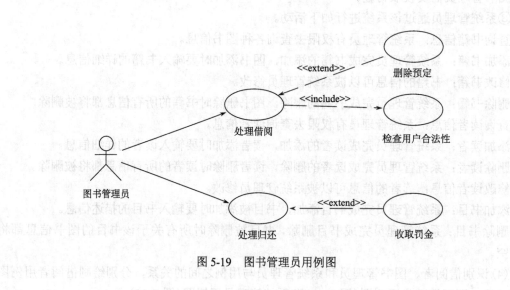

图 5-19　图书管理员用例图

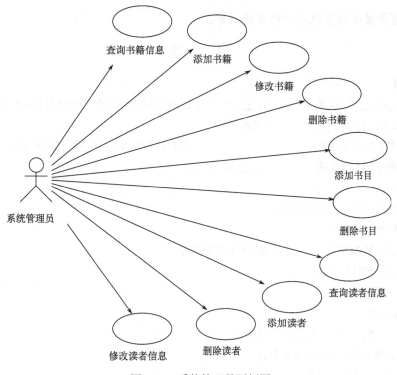

图 5-20 系统管理员用例图

5.7 本章小结

本书倡导从用例图开始学习 UML 图,这样能够更加清晰理解对象工程的整个分析和设计的过程。

在进行软件开发时,无论是面向对象的方法还是采用传统的方法,首先要做的就是了解需求。用例模型用于需求分析阶段,它描述了待开发系统的功能需求,并驱动了需求分析之后各个阶段的开发工作。用例图是从用户的角度来描述系统功能的,它描述了用例、参与者以及它们之间的关系,所以在进行需求分析时,使用用例图可以更好地描述系统功能。

本章介绍了用例图的基本内容,并给出了一个实例来说明在实际的需求分析中如何应用用例图。用例图强调与用户的交互性,强调用户的目标,它是一个很好的捕获用户需求的工具。

▶▶ 小提示

在中文环境中,对 use case 的翻译不仅仅有用例,还有用况,用案。对于 use case diagram 的翻译包括用例图、用况图、用案图。这些翻译均是我们能够接受的。

用例是用来描述潜在的客户所看到的、所使用的系统的 UML 组件。在系统分析员与客户的交流过程中,询问他们期望看到什么样的系统,然后把他们的描述用文字记录下来,往往是行不通的。对于用户的描述,我们必须用一种结构组织起来,用例图是完成这个任务的良好选择,这种结构简单易读。绘制用例图不能一蹴而就,需要经过由浅入深、由顶层到细化的过程，逐渐精确地呈现用户的系统需求。

习　题

一、填空题

1. 由_____和_____以及_____构成的用于描述系统功能的动态图称为用例图。

2. 在 UML 中，用例用一个_____来表示。

3. 用例图中的系统边界用_____来表示，_____画在边界外面，_____在边界里面。

4. 用例间的主要关系包括_____、_____和_____。

二、简述题

1. 试述用例与用例图之间的区别。

2. 如何识别参与者？

3. 举例说明用例图中包含关系、扩展关系和泛化关系。

4. 简述绘制用例图的步骤。

5. 如何阅读用例图？

三、分析设计题

现有一个产品销售系统，其总体需求如下：

(1) 系统允许管理员生成存货清单报告。

(2) 管理员可以更新存货清单。

(3) 销售员记录正常的销售情况。

(4) 交易可以使用信用卡或支票支付。

(5) 每次交易后都需要更新存货清单。

分析其总体需求，并绘制出其用例图。

第6章 活 动 图

活动图是一种描述业务过程以及工作流的 UML 图。它可以用来对业务过程以及工作流建模，也可以描述用例的细枝末节，甚至对程序实现进行建模。活动图与流程图的最主要的区别在于，活动图能够标识活动的并发行为。

活动图是 UML 用于对系统的动态行为建模的一种常用工具，它描述活动的顺序，展现从一个活动到另一个活动的控制流。活动图在本质上是一种流程图。本章将详细介绍活动图的相关知识，并对活动图的各种符号表示以及相应的语义进行逐一讨论。

6.1 活动图概述

6.1.1 活动图的基本概念

活动图是描述系统或业务的一系列活动构成的控制流，它描述一系列活动之间转换的整个过程。活动图中活动的改变不需要事件触发，源活动执行完毕后自动触发转移，转到下一个活动。

活动图本质上是一种流程图，其中大多数的活动都处于活动状态，它描述活动到活动的控制流。用来建模工作流时，活动图可以显示用例内部与用例之间的路径；活动图还可以向读者说明有效的用例需要满足什么条件，以及用例完成后系统保留的条件或者状态。在建模活动图时，常常会发现前面没有想到的附加的用例。活动图在用例图之后进行绘制，提供了系统分析阶段中对系统功能的进一步充分描述。活动图允许用户了解系统的执行过程，以及如何根据不同的条件和刺激改变执行方向。因此，活动图可以用来为用例建模工作流，更可以理解为用例图具体的细化，在使用活动图为一个工作流建模时，一般采用以下步骤。

(1) 识别该工作流的目标。也就是说该工作流结束时触发了什么？应该实现什么目标？

(2) 利用一个开始状态与一个终止状态分别描述该工作流的前置状态和后置状态。

(3) 定义与识别出实现该工作流的过程内容所需的所有活动和状态，并按逻辑顺序将它们放置在活动图中。

(4) 定义并画出活动图创建或修改的所有对象，并用对象流将这些对象和活动连接起来。

(5) 通过泳道定义谁负责执行活动图中相应的活动和状态，命名泳道并将合适的活动和状态置于每个泳道中。

(6) 用转移将活动图上的所有元素连接起来。

(7) 在需要将某个工作流划分为可选流的地方放置判定框。

(8) 查看活动图是否有并发的工作流。如果有，就使用分叉和汇合。

上述步骤中的一些概念如活动、状态、泳道、分叉和汇合等，将会在本章后面详细讲解，这里读者只需了解即可。

活动图的优点在于它是最适合支持并发行为的，因而也是支持多线程编程的有力工具。当出现下列情况时可以使用活动图。

(1) 分析用例。能直观清晰地分析用例，了解应当采用哪些动作，以及这些动作之间的依赖关系。一张完整的活动图是所有用例的集成图。

（2）理解牵涉多个用例的工作流。在不容易区分不同用例而对整个系统的工作过程又十分清晰时，可以先构造活动图，然后用拆分技术派生用例图。

（3）使用多线程应用。采用分层抽象，逐步细化的原则描述多线程。

活动图的缺点也很明显，即很难清晰地描述动作与对象之间的关系，虽然可以在活动图中标识对象名或者使用泳道定义这种关系，但仍然没有使用交互图简单直接。关于交互图，将在第 8 章为读者阐述。此外，当出现下列情况时不适合使用活动图。

（1）显示对象间的合作。在这种情况下，使用交互图更简单、直观。

（2）显示对象在生命周期内的执行情况。活动图可以表示活动的激活条件，但不能表示一个对象的状态变换条件。因此，当要描述一个对象整个生命周期的执行情况时，应当使用状态图。关于状态图，将在第 10 章为读者阐述。

6.1.2　活动图的主要元素

在构造一个活动图时，大部分的工作在于确定动作之间的控制流和对象流。除此之外，活动图还包含了很多其他元素，本节简要介绍其中的主要元素的概念，在本章后面将做更为详细的介绍。活动图的主要元素有以下几种。

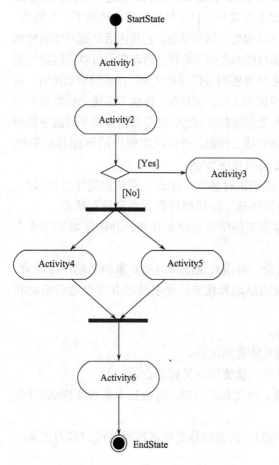

图 6-1　典型的活动图示意图

（1）对象流，由一个节点产生的对象或者数据，由其他节点使用。

（2）控制流，表示活动节点间执行的序列。

（3）控制节点，用于构建控制流和对象流，包括表示流的开始和终止节点、判断和合并、以及分叉和汇合等。

（4）对象节点，对象节点流入和流出被调用的行为，表示对象或者数据。

（5）结构化的控制流结构，如循环和分支等。

（6）分区和泳道，依照各种协作方式来组织活动，如同现实世界中的各个机构或角色各司其职。

（7）可中断区间和异常，表示控制流偏离正常执行的轨道。

活动图的核心符号是活动，两个活动的图标之间用带箭头的直线连接。在 Rational Rose 工具中绘制 UML 活动图，其中活动用圆矩形来表示。注意圆矩形是指左右两侧类似于运动场两侧跑道的矩形，而圆角矩形是指四个角呈现弧形的矩形。如果一个活动引发一个活动，两个活动的图标之间就用带箭头的直线连接；活动图也有起点和终点；活动图还包括分支与合并、分叉和汇合等模型元素。图 6-1 是一个典型的活动图示意图，图中含有状态、判定、分叉和汇合。当一个状态中的活动完成后，控制自动进入下一个状态。整个活动图起始于起始状态，终止于结束状态。

6.1.3 了解活动与动作

在构造活动图时活动和动作是两个最重要的概念，因此本节将重点介绍它们帮助读者理解活动图。

1. 活动

在活动图中每次执行活动时都包含一系列内部动作的执行，其中每个动作可能执行 0 次或者 N 次。这些动作往往需要访问数据、转换或者测试数据。这些动作需按一定的次序执行。一个活动通过控制流和对象流来协调其内部行为的执行。当出现如下原因时一个活动开始执行。

(1)前一个活动已执行完毕。

(2)等待的对象或数据在此时变为可用。

(3)流外部发生了特定事件。

一个活动图中，一组活动节点用一系列活动边连接起来。活动边是一种有方向的流，可说明条件、权重等内容。活动边可根据所连接的节点种类分为如下的两类。

(1)控制流。连接可执行节点和控制节点的边，简称控制边。

(2)对象流。连接对象节点的边，简称对象边。

流意味着一个节点的执行可能影响其他节点的执行，而其他节点的执行也可能影响当前节点的执行，这样的依赖关系可以表示在活动图中。

活动节点包含以下几种。

(1)动作节点。可执行算数计算、调用操作、管理对象内部数据等。

(2)控制节点。包含开始和终止节点、判断与合并等。

(3)对象节点。表示活动中所处理的一个或者一组对象，也包括活动形参节点和引脚。

2. 动作

一个活动中可以包含各种不同种类的动作，常见的动作分类如下。

(1)基本功能。如算数运算符。

(2)行为调用。如调用另一个活动或者操作。

(3)通信动作。如发送一个信号或者等待接收某一个信号。

(4)对象处理。如对属性值或者关联值的读写。

活动中一个动作表示一个单步执行，即一个动作不能再分解，但一个动作的执行可能导致许多其他动作的执行。例如，一个动作调用一个活动，而此活动又包含了多个动作。这样，在调用动作完成之前，被调用的多个动作都要按次序执行完成。

6.2 活动图的基本组成元素

活动图的元素包括初始节点、终点、活动节点、转移、分支、分叉与汇合。其中，转移、分支、分叉与汇合把多个活动节点连接在一起。图 6-2 给出活动图中各元素的名称表示。

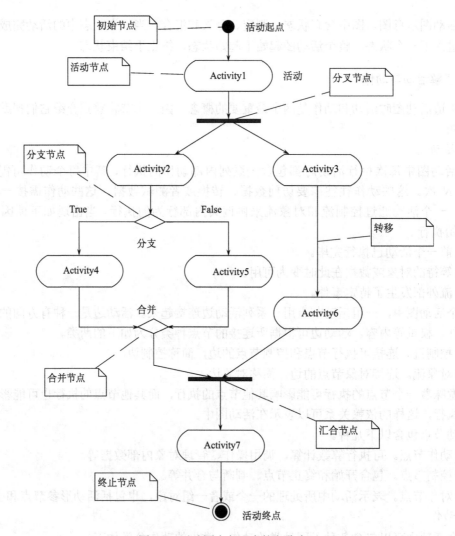

图 6-2　活动图中各元素的名称表示

在 6.1.2 节中简单罗列了活动图的主要组成元素，本节将详细介绍其中的活动状态、动作状态、转移、判定、开始和结束状态。

6.2.1　活动状态

活动也称为动作状态，是活动图的核心符号，它表示工作流过程中命令的执行或活动的进行。当活动完成后，执行流程转入到活动图的下一个活动。活动状态具有以下的特点。

(1)活动状态可以分解成其他子活动或者动作状态。

(2)活动状态的内部活动可以用另一个活动图来表示。

(3)和动作状态不同，活动状态可以有入口动作和出口动作，也可以有内部转移。

(4)动作状态是活动状态的一个特例，如果某个活动状态只包括一个动作，那么它就是一个动作状态。

在 Rational Rose 中，一个活动用一个圆矩形来表示，一个状态用一个圆角矩形来表示，二者的表示存在区别。而在 Visio 中，一个活动与状态的表示相似，都是用一个圆角矩形表示。图 6-3 显示了一个 Rational Rose 绘制的活动状态。活动指示动作，因此在确定活动的名称时应该恰当地命名，选择准确地描述所发生的动作的词，如登录系统、启动系统或关闭系统等。

图 6-3　活动状态示例

UML 中的一个活动又可以由多个子活动构成，来完成某个庞大的功能。各个子活动之间的关系相同，在进行分解子活动时，有两种描述方法。

(1)子活动图位于父活动图的内部。该描述方法是将子活动图放置在父活动图的内部，该描述方法的优点是建模人员可以很方便地在一个图中看出工作流的所有细节。但是，建议嵌套层数小于三层，否则阅读该图会有一定的困难。子活动图示意图见图 6-4。

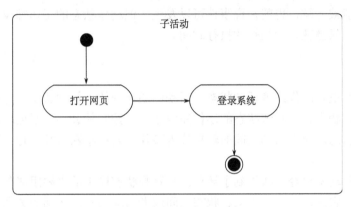

图 6-4　子活动图示意图

图 6-5　用一个独立的
活动图表示子活动

(2)单独绘制子活动图。使用一个活动表示子活动图的内容，在活动图外重新绘制子活动图的详细内容。该描述方法的好处在于可简化工作流图的表示，图 6-5 用一个独立的活动图表示子活动。

6.2.2　动作状态

在用活动图描述控制流中，计算属性赋值表达式或者调用对象的操作或者发送信号给对象或者创建、销毁对象，所有这些可执行、不可分的计算都称为动作状态。因为它们是系统的状态，每个都代表了一个动作的执行。动作状态是指原子的、不可中断的动作，并在此动作完成后通过完成转移转向另一个状态。动作状态有如下特点。

(1)动作状态是原子的，它是构造活动图的最小单位。

(2)动作状态是不可中断的。

(3)动作状态是瞬时的行为。

(4)动作状态可以有入转换，入转换既可以是动作流，也可以是对象流。动作状态至少有一条出转换，这条转换以内部的完成为起点，与外部事件无关。

(5)动作状态与状态图中的状态不同，它不能有入口动作和出口动作，更不能有内部转移。

(6)在一张活动图中，动作状态允许多处出现。

如图 6-6 所示，图中的几个状态都是动作状态。

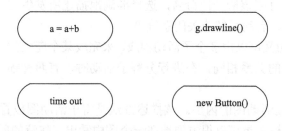

图 6-6　动作状态示意图

动作状态不能被分解，也就是说事件可以发生，但动作状态的工作却没有被打断。完成动作状态中的工作只需花费相当短的执行时间。

6.2.3　转移

一个活动图有很多动作或者活动状态，活动图通常开始于初始状态，然后自动转换到活动图的第一个动作状态，一旦该状态的动作完成之后，控制就会不加延迟地转换到下一个动作状态或者活动状态。所有活动之间的转换称为转移。转移不断重复进行，直到碰到一个分支或者终止状态。

本章前面的活动图已经多次用到了转移。转移是状态图中的重要组成部分，是活动图中不可缺少的内容，它指定了活动之间、状态之间或者活动与状态之间的关系。转移用来显示从某种活动到另一种活动或状态的控制流，它们连接状态与活动、活动之间或者状态之间。转移的标记符是执行控制流方向的实线开放箭头。图 6-7 为转移示意图。

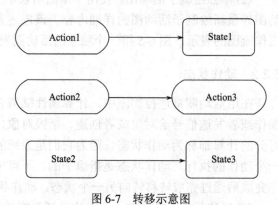

图 6-7　转移示意图

有时候仅当某件确定的事情已经发生时才能使用转移，这种情况下可以将转移条件赋予转移来限制其使用。转移条件位于方括号中，放在转移箭头的附近，只有转移条件为真时才能到达下一个活动。图 6-8 为带有条件的转移示意图。

图 6-8 中如果要实现从活动睡觉转移到活动起床，就必须满足转移条件闹钟响了。只要转移条件为真，转移才会发生。在实际应用中，带有条件的转移使用非常广泛，后面的章节将详细介绍转移条件的相关知识。

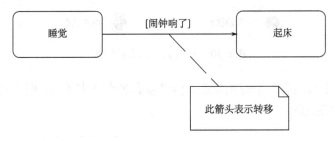

图 6-8　带有条件的转移示意图

6.2.4　判定

一个活动最终总是要到达某一点，如果一个活动可能引发两个以上不同的路径，并且这些路径是互斥的，此时就需要使用判定来实现。

在 UML 中判定有两种表示方式：一种方式是从一个活动直接引出可能的多条路径。另一种方式是将活动转移引到一个菱形图标，然后从这个菱形的图标中再引出可能的路径。无论用哪种方式，都必须在相关的路径附近指明标识执行该路径的条件，并且条件表达式要用中括号括起来。图 6-9 所示为使用判定示例图。

图 6-9 表示在餐厅里店员根据顾客的需要提供食品，条件选项分别有需要咖啡、需要牛奶和需要果汁的情况。根据条件转移到不同的活动为顾客提供相应的饮品。此结构类似于大多数编程语言中的 Switch 语句或 If-Else 组合语句的效果。

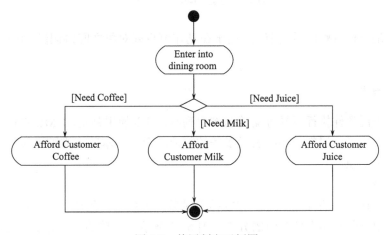

图 6-9　使用判定示例图

6.2.5　开始和结束状态

状态通常使用一个表示系统当前的状态的词或短语来标识。状态在活动图中为用户说明转折点的转移或者用来标记工作流以后的条件。

前面学习了活动状态和动作状态，除了它们 UML 还提供了两种特殊的状态，即开始状态和结束状态。开始状态是以实心黑点表示，结束状态以带有圆圈的黑点表示，如图 6-10 所示。

● 开始状态   ◉ 结束状态

图 6-10   开始状态和结束状态

在一个活动图中只能有一个开始状态，但可以有多个结束状态。图 6-11 演示了开始状态和结束状态一对多的关系。

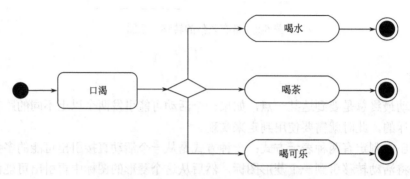

图 6-11   包含多个结束状态的活动图示意图

从图 6-11 中我们可以看出，该活动图仅包含一个开始状态，但是对应了 3 个结束状态。从开始状态进入到"口渴"状态之后无论转移到哪个活动都将结束控制流。

6.3   控 制 节 点

控制节点是一种特殊的活动节点，用于在动作节点或对象之间协调流，包括分支和合并、分叉和汇合等。

6.3.1   分支和合并

当想根据不同条件执行不同分支的动作序列时，可以使用判定。UML 中使用菱形作为判定的标记符，它除了标记判断还能表示多条控制流的合并。本节将详细讲解有关判定进行分支和合并的相关知识。

1. 分支节点

分支可以进行简单的真/假测试，并根据测试条件使用转移到达不同的活动或状态。在活动图中可以使用判断来实现控制流的分支，图 6-12 演示了简单的两个分支以测试真/假条件。

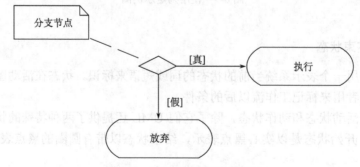

图 6-12   真/假测试条件示意图

在实际应用中，当从一个活动节点到另一个活动节点的转移需要条件时，常用分支与监护条件来表示活动的分支结构。分支是用空心菱形表示的，它有一个进入转移(箭头从外指向分支符号)，一个或多个离开转移(箭头从分支符号指向外)。而每个离开转移上都会有一个监护条件，这些条件应当是互斥的，以保证只有一条离开转移能够被触发。

分支根据条件对控制流继续的方向做出决策，使用分支使得工作更加简洁，尤其是带有大量不同条件的大型活动图。所有条件控制点都从此分支，控制流转移到相应的活动或状态，这样用户就可以通过做出决策明确动作的完成。

使用分支节点增加了一些方便，因为它提供了彼此间的条件转移，起到节省空间的作用。图 6-13 演示了判定标记符在活动图中表示分支的使用。

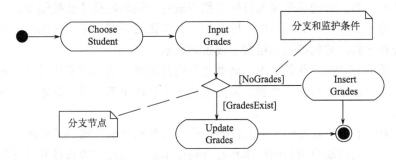

图 6-13　保存学生成绩活动图示意图

图 6-13 是教师保存学生成绩的一个活动图，其中判定标记符的作用是根据条件分支控制流。在输入成绩时，根据成绩是否已经被记录来转移到不同的活动。如果成绩已经被记录，则转移到更新成绩的活动；如果没有成绩，那么将插入成绩。

2. 合并节点

合并将两条路径连接到一起，合并成一条路径。前面使用菱形用作判断，并根据条件转向不同的活动或状态。这里菱形被用作合并节点，用于合并不同的路径。我们可以将合并节点当成一个省力的工作，它将两条路径重合部分建模为同一步骤序列。

在实际应用中，菱形标记符不管是用作判断还是作为合并控制流，在活动图中都使用得十分广泛，几乎每个活动图中都会用到。图 6-14 显示了活动图中使用判定标记符表示合并节点的情况。

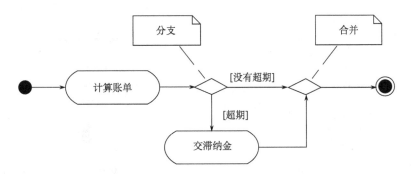

图 6-14　使用判定进行合并的活动图示意图

图 6-14 显示的是计算信用卡账单的活动，如果交易超过规定的免息期未全额还款，将产生滞纳金。如果没有超期的交易金额则直接进行下面的活动，直到结束状态。这里的第一个判定标记符用来表示判断，第二个判定标记符用来合并控制流。

6.3.2 分叉和汇合

活动图中可以包含并发线程的分叉控制。一个转移分解成多个转移导致并发动作执行。并发线程既可以顺序执行，也可以并发执行。

并发的行为可以用分叉和汇合来描述。分叉有一个输入转换和多个输出转换，当分叉输入转换被触发时，其所有的输出转换并发；汇合描述多个并发进程的同步，有多个输入转换和一个输出转换，当汇合的多个输入转换全部完成时，输出转换才会被触发。

分叉和汇合在活动图中必须匹配，即有一个分叉则必须有一个对应的汇合将从该分叉出去的线程汇合在一起，它们都是用粗实心线条来表示。

例如，在图 6-15 中，"获得订单"活动之后的分叉表示活动"安排付款"和"调货"可以并发进行，两个活动之后的汇合表示需要等到两个活动全部完成之后才可以继续进行下一个活动"交货"。

图 6-16 中用了一个分叉和一个汇合描述进入火车站候车厅前的活动图。首先到达火车站，此时要求分别安检随身携带的行李和检查乘车车票，这两项检查是并发进行的，当两个活动都完成时同时到达下一个状态后，才能有进入候车厅动作。

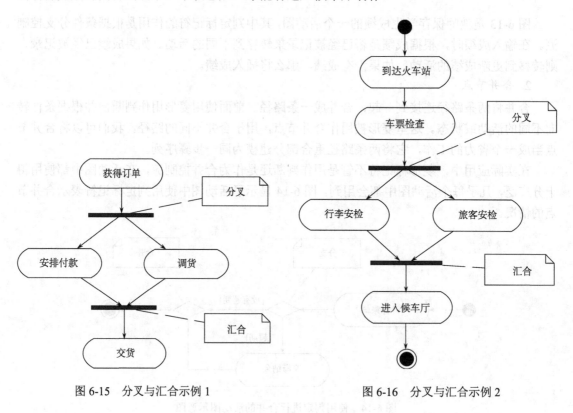

图 6-15　分叉与汇合示例 1　　　　图 6-16　分叉与汇合示例 2

6.4 其他元素

除了前面讲到的活动图元素标识符，活动图还具有其他的一些元素，像事件和触发器、泳道、对象流、信号等，它们也是活动图中不可缺少的标记符。这些元素和基本元素一起构建了活动图的丰富内容，综合使用它们能增强绘图技术，丰富活动图的表达能力。

6.4.1 事件和触发器

事件（event）与触发器（trigger）的用法和控制点相似，区别是触发器不是通过表达式控制工作流，而是被触发来把控制流移到对应的方向。事件非常类似于对方法的调用，它是动作发生的指示符，可以包含一个或多个参数，参数放在事件名后的括号中，图 6-17 演示了事件的使用方法。

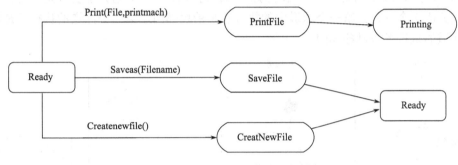

图 6-17　事件的使用方法示意图

在该图中控制流根据事件进入 3 个方向，事件触发控制流离开"准备"进入相应的活动。第一个事件 Print() 具有两个参数（File 和 printmach），进行打印文件的活动；第二个事件 Saveas() 只有一个参数（Filename），进行保存文件的活动；第三个事件 Createnewfile() 没有任何参数，进行创建新文件的活动。

6.4.2 泳道

活动图指定了某个操作时活动和动作状态的发生顺序，但是不能指定该活动或者状态属于谁，因而在概念层无法描述每个活动由谁来负责，在说明层和实现层无法描述每个活动由哪些类来完成。虽然可以在每个活动上标记出其所负责的类或者部门，但难免带出诸多麻烦。泳道的引用解决了这些问题。泳道这个概念来源于现实世界的泳道，如图 6-18 所示。

泳道表明每个活动是由哪些人或哪些部门负责完成的，它将活动图中的活动划分为若干组，并把每一组指定给负责这组活动的业务组织即对象。泳道区分了负责活动的对象，明确地表示了哪些活动是由哪些对象进行的。泳道是为组织活动图而对活动进行的分组，用来划分状态图的状态，每个泳道代表整个活动的部分高级职责，整个活动可能最后由一到多个泳道实现。

使用泳道可以把活动按照功能或所属对象的不同来进行组织。属于一个对象的所有活动都放在同一个泳道内，对象的名字放在泳道的顶部。

图 6-18　现实世界的泳道

例如，在图 6-19 的活动图中，活动的执行者包括销售部门、客户服务和财务部门，因此可以将其分成 3 个泳道。第一个泳道中的执行者是销售部门，第二个泳道的执行者是客户，第三个泳道的执行者是财务部门。

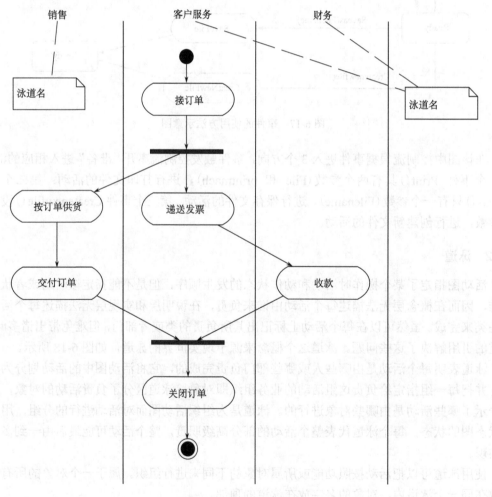

图 6-19　UML 中的泳道

泳道用垂直实线绘出，垂直线分隔的区域就是泳道。在泳道上方可以读出泳道的名字或对象所属类的名字，该对象所属类负责泳道内的全部活动。从图 6-19 中可以看出，每个活动节点，分支必须只属于一个泳道，而转移，分叉与汇合是可以跨泳道的。

使用泳道的活动图可以方便读者了解执行动作的对象，从带泳道的活动图中，不仅可以看出动作的过程与动作的执行者，还可以了解这些对象之间的合作。

6.4.3　对象流

用活动图描述某个对象时，可以将涉及的对象放到活动图中，并用一个依赖将其连接到活动或状态上，对象的这种使用方法就构成了对象流。对象流用带有箭头的虚线表示。如果箭头从动作状态出发指向对象，则表示动作对对象施加了一定的影响。如果箭头从对象指向动作状态，则表示该动作使用了对象流所指向的对象。

在活动图中，对象流标记符用带箭头的虚线表示。如果箭头从活动出发指向对象，则表示该活动对对象施加了一定的影响，施加的影响包括创建、修改和撤销等；如果箭头是从对象指向活动，则表示对象在执行该活动。如图 6-20 所示为对象流示意图，它连接了对象和活动。

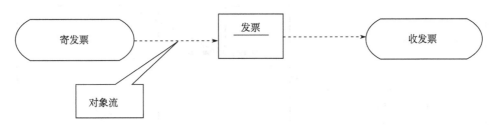

图 6-20　对象流示意图

对象流中的对象具有以下特点。

(1) 一个对象可以由多个动作操纵。

(2) 一个动作输出的对象可以作为另一个动作输入的对象。

(3) 在活动图中，同一个对象可以多次出现，它的每一次出现表明该对象正处于对象生存期的不同时间点。

图 6-21 表示了订单处理活动流程，其中标识了一些关键的对象流，使重要的对象得以清晰地表现出来。

6.4.4　信号

在交互图中，利用信号可以增加活动图的可读性。信号是表示两个对象之间进行异步通信的方式，当一个对象接收到一个信号时，将触发信号事件。

在活动图中，有三种信号元素，它们分别是时间信号、发送信号和接收信号，其表示方法如图 6-22 所示。

(1) 时间信号：时间信号是用来表示随着时间的流逝而自动发出的信号，时间信号表示当时间到达某个特定的时刻时，就会触发时间事件。例如，每天 10 点时，闹钟开始响铃，10 点钟发出响铃的信号就是时间信号。

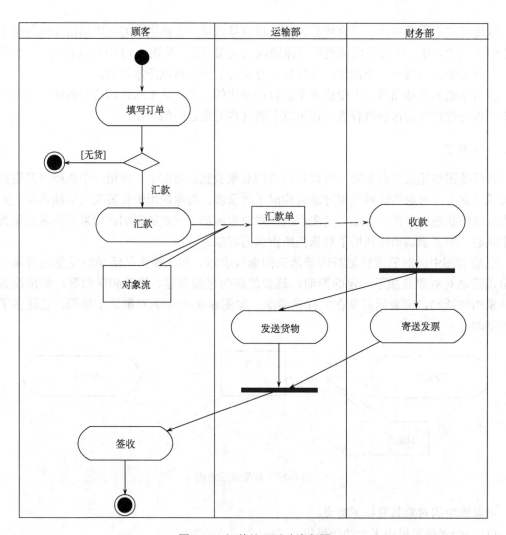

图 6-21 订单处理活动流程图

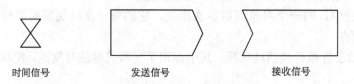

时间信号   发送信号   接收信号

图 6-22 三种信号的表示方法

(2)发送信号：就是发出一个异步消息，对于发送者而言，就是发送信号；对于接收到这种消息的目标而言，就是接收信号。

(3)接收信号：就是接收者收到的一个外部信号。

例如，小张去必胜客饭店吃饭，发现要排队等待，他决定如果 15 分钟还轮不到，就到隔壁的肯德基吃饭，这时就可以通过上述的符号来表示小张吃饭的活动。图 6-23 中假设小张排在最前面。

在小张这个泳道中，两个控制流中只有一个控制流会执行。在时间信号发生之间，收到当必胜客饭店发出"有空位"信号，小张接收到"有空位"信号时，小张才会执行"进入必胜客"的活动；否则小张会执行"进入肯德基"的活动。

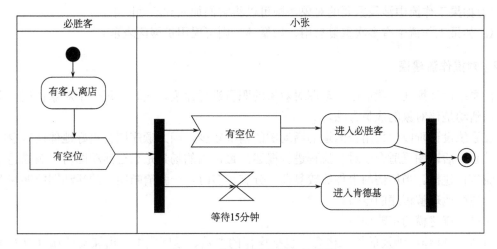

图 6-23 信号在活动图中的应用

6.5 活动图的应用

活动图可以用来为系统的动态方面建模，这些动态方面包括系统中的任意一种抽象(包括类、接口、组件、节点)的活动。活动图的上下文可以是系统、子系统、操作或是类。此外，活动图还可以用来描述用例脚本。

活动图主要应用对两个方面建模：一是在业务分析阶段，对工作流程进行建模；二是在系统分析和设计阶段，对操作流程进行建模。

6.5.1 对工作流建模

活动图用于业务建模时，每一条泳道表示一个职责单位，该图能够有效地体现出所有职责单位的工作职责、业务范围及之间的交互关系、信息流程。

对工作流建模的策略如下。

(1)为工作流建立一个焦点，除非你所涉及的系统很小，否则不可能在一张图中显示出系统中所有的控制流。一个较好的策略是用例图中的每个用例作为一个焦点。

(2)选择对全部工作流中的一部分有高层职责的业务对象，并为每个重要的业务对象创建一条泳道。

(3)识别工作流初始节点的前置条件和活动终点的后置条件，这可有效地实现对工作流的边界进行建模。

(4)从该工作流的初始节点开始，说明随时间发生的动作和活动，并在活动图中把它们表示成活动节点。

(5)将复杂的活动或多次出现的活动集合归到一个活动节点，并通过辅助活动图或子活动图来表示它们。

(6)找出连接这些活动节点的转移，首先从工作流的顺序开始，然后考虑分支和合并，接着再考虑分叉和汇合。

(7)如果工作流中涉及重要的对象，则可以将它们加入到活动图中。

(8)如果工作流中有多次重复启用，如循环，则可采用扩展区表示。

6.5.2 对操作流建模

在系统设计期间，我们用活动图对对象的职责进行建模，这时，每一个对象占据一个泳道，而活动是该对象的成员方法。

在系统设计阶段，采用带泳道的活动图的情况较少，因为顺序图会更好地体现对象间的交互关系。活动图更适合于对其流程进行概述，最常用的场景是通过活动图对用例描述中的事件流进行建模。当用例的事件流较复杂，分支较多时，一张清晰明了的活动图能够帮助开发人员更好地理解程序的逻辑。

对操作流建模的策略如下。

(1)收集操作所涉及的抽象概念，包括操作的参数、返回类型、所属类的属性以及某些邻近的类。

(2)识别该操作的初始节点的前置条件和活动终点的后置条件，并且识别在操作过程中必须保持的信息。

(3)从该操作的初始节点开始，说明随着时间发生的活动，并在活动图中将它们表示为活动节点。

(4)如果需要，使用分支来说明条件语句及循环语句。

(5)仅当这个操作属于一个主动类时，才在必要时使用分叉和汇合来说明并发的控制流程。

6.6 构建活动图

在进行活动图的构建时，建议从详细程度较低的高层活动图开始，这样的活动图通常跨越几个业务用例。因为这样的活动图能很好地概述客户和业务伙伴与业务系统之间的交互关系。然后再通过细化，使用活动图来描述步骤更加详细的业务用例。如果某个用例是由几个活动场景组成的，那么每个场景都应该使用一个活动图表示。下面我们以构建旅客登机过程的活动图为例。

6.6.1 过程分析

活动图具有广泛的应用，它是一种比较直观易懂的模型，本节将介绍绘制活动图的大概思路，重点分析如何创建活动图。构建活动图首先需要找到业务过程的活动，可以通过以下的问题来帮助寻找业务过程中的活动。

(1)该业务过程需要完成哪些工作步骤。

(2)每个参与者都将执行哪些操作。

(3)有没有哪些事件启动了哪些工作步骤。

明确了业务过程中的活动，接着就开始着手绘制活动图，绘制活动图的几个关键步骤如下。

(1)绘制时首先决定是否采用泳道，主要根据活动图中是否要体现出活动的不同实施者。

(2)应尽量使用分支与合并、分叉与汇合等基本的建模元素描述活动控制流程。

(3)如果需要，加入对象流以及对象的状态变化，利用一些高级的建模元素(如顺序活动图、并发活动图、在活动图中标识发送信号与接收信号、用扩展区来标识活动的循环执行等)来表示更丰富的信息。

(4)活动图的建模关键是表示出控制流，其他的建模元素都是围绕这一宗旨所进行的补充。

在旅客登机的过程中，旅客进入候机大厅后，首先要输入自己的身份证号码，得到登机牌。如果有行李则需要办理行李托运手续。通过安检后就可以登机了。根据这个过程我们可以得到下面的一些主要的活动。

(1)领取登机牌：旅客进入候机大厅后，输入自己的身份证号码，领取登机牌。

(2)办理行李托运：如果旅客随身携带的行李超重，则需要办理行李托运手续，托运行李。

(3)通过安检：旅客凭登机牌进行安全检查，通过安检后可以准备登机。

(4)旅客登机：旅客按照指示，到指定入口处登机。

(5)行李装载：将旅客的行李装载到飞机上。

(6)飞机起飞：飞机完成旅客和行李货物的装载，从机场起飞。

6.6.2 活动连接

得到业务过程中的主要活动后，就需要进一步考虑这些活动的执行顺序，如有没有并发的活动等，下面的问题有助于理解业务控制流。

(1)所有活动的执行顺序。

(2)执行某个活动时需要满足什么条件。

(3)哪里有必要的分支。

(4)哪些操作是并发发生的。

(5)业务过程中，是否必须首先完成某些操作，才能执行其他操作。

通过分析上面的问题，发现在旅客进行行李托运时会出现一个决策点，而在旅客安检前会出现一个合并。旅客登机与行李装载是分叉和汇合。

6.6.3 活动图描述

根据前面分析出的活动以及各活动的控制流，可以设计出一个旅客登机过程活动图，如图 6-24 所示。

图 6-24 的活动图中描述了旅客登机的全过程。当旅客到达机场后，首先需要领取登机牌，然后根据自己携带行李的重量确定是否需要托运行李，最后通过安检登机。这个过程比较简单，在实际的应用系统开发过程中使用活动图描述的过程往往都比较复杂，涉及的活动比较多。

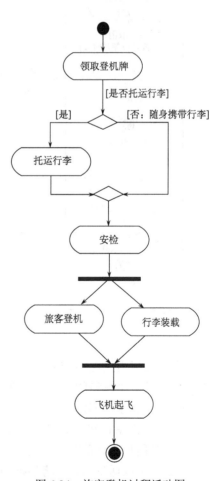

图 6-24 旅客登机过程活动图

活动图的详细程度也是因人而异的，这是一件很主观的事情。主要需要根据用户的需求来决定其详细程度，无须给出一个通用的准则，这一点需要读者在实际应用中根据不同的情况进行选择。

6.7　阅读活动图

下面以订单处理活动为例，说明如何阅读活动图。图 6-25 是订单处理活动图。

在阅读活动图的时候，重点在于把握三项内容：活动、动作和工作流。下面来阅读如图 6-25 所示的订单处理活动图。

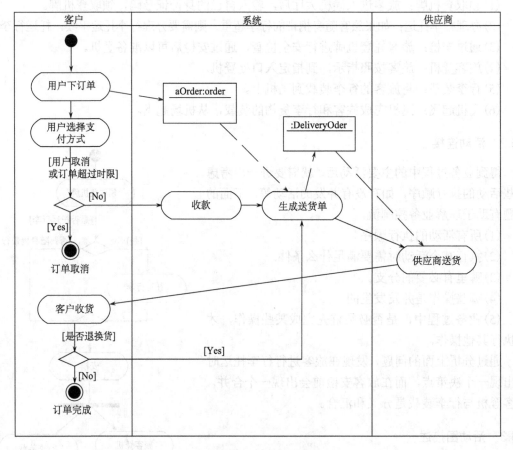

图 6-25　订单处理活动图

我们可以看到图 6-25 中有三个泳道，第一个泳道的执行者是客户，第二个泳道的执行者是系统，第三个泳道的执行者是供应商，因此我们可以判断"订单处理"这一活动的执行者可分为客户、系统和供应商。

此外，在图 6-25 中，还标识了一些关键的对象流，对象的状态也在图中做了标识。

（1）当用户下订单时，将创建一个 Order 类的实例，用来存放订单的信息。

（2）当生成送货单时，将根据 Order 类的实例创建多个 DeliverOrder（送货单）的实例。

当然，在这张活动图中实际上还蕴藏着许多对象流的状态，例如：

（1）当收款后，Order 类的实例的状态就变成了已付款。

（2）当修改订单项状态后，Order 类中部分订单项的状态就变成了已送货。

（3）当用户取消或订单超过时限时，Order 类的状态就将成为 Cancel。

在实际应用中，绘制活动图时并不一定需要将所有的对象流都标识出来，这样会使活动图变得复杂、混乱。在实际建模中，只对重要的对象进行描述。

6.8 本 章 小 结

在 UML 中，活动图是为系统动态方面建模的 7 个图之一。其他 6 个图还包括用例图、顺序图、通信图、交互概述图、定时图和状态图。活动图主要是一个流图，它描述了从活动到活动的控制流，它还可以用来描述对象在控制流的不同点从一个状态转移到另一个状态时的对象流。本章首先介绍了活动图的基本概念，接着进一步讲解了活动状态、动作状态、转移、判定等活动图的基本组成元素；逐步引出了泳道、对象流等控制流逻辑。

本章概括地介绍活动图在工作流建模和操作流建模方面的应用要点，结合典型示例，详细地阐述如何创建活动图和阅读活动图。

▶▶ 小提示

并发和并行是很有意思的两个词，英文分别译为 concurrent 和 parallel。在本书的活动图章节中，我们接触了并发的概念。它和并行这个概念是有严格的区别的，然而，这两个概念在一些书籍等文献中被错误地使用。这里通过举一些案例，让读者更清晰地去区分。

以在厨房做晚饭作为场景。晚上 6:00 这个时刻是做饭活动的开始，晚上 6:30 这个时刻是做饭活动的结束，即完成做饭活动，可以吃饭。这个过程我们常常统筹安排时间来做晚饭，例如，我们把米洗好放在电饭锅中启动煮饭，利用煮饭的这个时间段，我们可以进行炒菜。至 6:30 之前，这两件事情都完成。当我们强调在 6:00～6:30 的时间段内，这两件事情都完成，它们就是整个做晚饭流程中的并发活动。

在计算机操作系统这门课程中，也存在并行和并发的概念。如果学习过计算机操作系统，那么在这里面会谈到处理器管理。对于单核处理器来说，使用分时机制，让多任务多进程并发执行，由于时间片切分得非常小，并且各任务根据优先级轮流抢占 CPU 时，给用户的感觉似乎是并行的，但注意其本质是并发，不是并行。而对于当前计算机大多使用的多核处理器来说，由于同一个时刻，不同任务可以在不同 CPU 上同时运行，因而是真正意义上的并行计算。并行从某种意义上是并发的一个子集，它是一种并发。

习 题

一、填空题

1. UML 中活动图的核心元素是_____，它使用圆角矩形表示。

2. 在一个活动图中可以有一个开始状态，有_____个结束状态。

3. 在活动图中使用_____来描述并发的行为。

4. 活动图中的活动结点有 3 种类型，其中_____节点可以包含开始状态。

二、选择题

1. 下列不属于活动图的组成元素的是(　　)。

    A.泳道　　　　　　B.生命线　　　　　　C.动作状态　　　　D.活动状态

2. 在活动图中(　　)明确地表示了哪些活动是由哪些对象进行的。

    A.汇合　　　　　　B.对象流　　　　　　C.泳道　　　　　　D.转移

3. 活动图中的动作不可以执行如下哪个动作? (　　)

    A.创建实例　　　　B.执行加法运算　　　C.发送一个信号　　D.关联属性值

4. 下列说法不正确的是(　　)。

    A.分支将转换路径分成了多个部分，每一个部分都有单独的监护条件和不同的结果

    B.一个组合活动在表面上看是一个状态，但其本质却是一组子活动的概括

    C.活动状态是原子性的，用来表示一个具有子结构的纯粹计算的执行

    D.对象流中的对象表示的不仅仅是对象本身，还表示了对象作为过程中的一个状态存在

三、简述题

1. 什么是活动图? 活动图的作用是什么?

2. 简述并行和并发的区别。

3. 简要介绍分叉和汇合。

4. 活动图的组成要素有哪些?

5. 简要说明活动图中使用泳道的益处。

6. 请描述合并和汇合的区别。

四、分析设计题

1. 在"课程中心网系统"中，学生登录后可以下载相关的课件。在登录时，系统需要验证用户的登录信息，如果验证通过系统会显示所有的可选服务。如果验证失败，则登录失败。当用户看到系统显示的所有可选服务后，可以选择下载课件服务，然后下载需要的课件。下载完成之后用户退出系统，系统会自动注销相应的用户信息。请画出学生下载课件的活动图。

2. 在"课程中心网系统"中，系统管理员登录后可以处理注册申请或者审核课件。在处理注册申请后，需要发送邮件通知用户处理的结果；在审核完课件之后，需要更新页面的信息以保证用户能看到最新的课件，同时系统更新页面。当完成以上工作后，系统管理员退出系统，系统则注销系统管理员的账号。请画出系统管理员的工作活动图。

第7章 类图与对象图

用对象工程的思想分析和设计系统，能够把复杂的系统简单化、直观化，这有利于用面向对象的程序设计语言实现系统，并有利于未来对系统的维护。构成面向对象模型的基本元素有类、对象以及类与类之间的关系等。类图和对象图属于结构模型视图或者静态视图，用于描述系统的结构或静态特征。

类图是最广泛的一种模型，它用来描述系统中各个对象的类型以及其间存在的各种静态关系。在面向对象的处理中，类图提供了定义和使用对象的主要规则。同时，类图不仅是正向工程(将模型转换为代码)的主要资源，也是逆向工程(将代码转换成模型)的生成物。因此，类图是任何面向对象系统静态建模的核心。类图随之也成了最常用的 UML 图。

对象是类的实例化，用来描述特定时刻实际存在的若干对象以及它们之间的关系。因此对象图具有与类图相同的标识，当然对象图中也有一些不同的标识。

本章主要介绍类、类图、对象、对象图以及关系等内容。

7.1 类图与对象图的基本概念

系统的静态模型描述的是系统所操纵的数据块之间持有的结构上的关系。它们描述数据如何分配到对象之中，这些对象如何分类，以及它们之间可以具有什么关系。静态模型并不描述系统的行为，也不描述系统中的数据如何随着时间而演进，这些方面由其他动态模型描述。

类图和对象图是用于描述系统静态结构的两种重要手段。类图从抽象的角度描述系统的静态结构，特别是模型中存在的类、类的内部结构以及它们与其他类之间的相互关系。而对象是类的实例化表示，对象图是系统静态结构的一个快照。

7.1.1 类图与对象图的定义

在 UML 中，类图是最常见的图，利用类图，可以显示出类、接口以及它们之间的静态结构和关系，常用类图来描述系统的静态结构。类图是对系统中的各个概念进行建模，是描述类、接口以及它们之间关系的图，它描述了系统中各个类的静态结构，是一种静态模型。一个类图根据系统中的类以及各个类之间的关系来描述整个系统的静态视图。类图作为一种系统说明书，它规定可以存在什么类型的对象，这些对象封装什么数据，以及系统中的对象如何彼此关联在一起。

图 7-1 是一个类图的示例，目的在于使读者对类图有一个直观的了解，并起到一个引导的作用，下面要介绍的内容将会逐步解开读者在看到这张图时所遇到的疑惑。

对象图描述系统在某一个特定时间点上的静态结构，是类图的实例和快照，即类图中的各个类在某一个时间点上的实例及其关系的静态写照。对象图所建立的对象模型描述的是某种特定的情况，而类图所建立的模型描述的是通用的情况。类图与对象图的区别如表 7-1 所示。

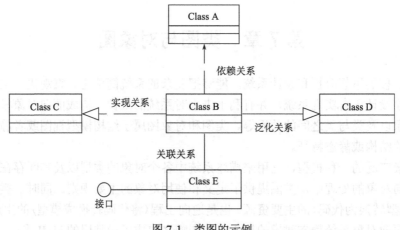

图 7-1 类图的示例

表 7-1 类图与对象图的区别

类图	对象图
类具有 3 个分栏：名称、属性和操作	对象只有两个分栏：名称和属性
在类的名称分栏中只有类名	对象的名称形式为 "对象名：类名"，匿名对象的名称形式为 "：类名"
类的属性分栏定义了所有属性的特征	对象则只定义了属性的当前值，以便用于测试用例或例子中
类中列出了操作	对象图中不包括操作，因为对于属于同一个类的对象而言，其操作是相同的
类使用关联连接，关联使用名称、角色、多重性以及约束等特征定义。类代表的是对对象的分类，所以必须说明可以参与关联的对象的数目	对象使用链连接、链拥有名称、角色，但是没有多重性。对象代表的是单独的实体，所有的链都是一对一的，因此不涉及多重性

7.1.2 类图与对象图的作用

由于静态视图主要被用于支持系统的功能性需求，即系统提供给最终用户的服务，而类图和对象图的作用是对系统的静态视图进行建模。当对系统的静态视图进行建模时，通常利用以下三种方式来使用类图。

1. 为系统词汇建模

在进行系统建模时，通常首先构造系统的基本词汇，以描述系统的边界。在对词汇进行建模时通常需要判断哪些抽象是系统的一部分，哪些抽象位于系统边界之外。

2. 对协作建模

协作是由一些共同工作的类、接口和其他模型元素所构成的一个整体，这些整体提供的一些合作行为强于所有这些元素的行为的和。系统的分析者可以通过类图将这种简单的协作进行可视化和表述。

3. 对数据库模式建模

在很多情况下，都需要在关系数据库中静态地存储信息。这时可以使用类图对数据库模式进行建模。

对象图作为系统在某一时刻的快照，是类图中的各个类在某一个时间点上的实例及其关系的静态写照，可以通过以下两个方面来说明它的作用。

(1)说明复杂的数据结构：使用对象图描绘对象之间的关系可以帮助说明复杂的数据结构在某一时刻的快照，从而有助于对复杂数据结构进行抽象。

(2)表示快照中的行为：通过一系列的快照，可以有效地表达对象的行为。

7.2　类图的概述

7.2.1　类的简介

在深入了解类的意图后，我们应该了解一下类的组成。我们知道类是对一组具有相同属性、操作、关系和语义的对象的描述。这些对象包括了现实世界中的物理实体、商业实体、逻辑事物、应用事物等，甚至也包括了纯粹概念性的事物，它们都是类的实例。关系是类之间的，语义是蕴藏的。对于一个类而言，它的关键特性是属性(成员变量)和操作(成员方法)。

类的 UML 表示是一个矩形，垂直地分为三个区域，分别是类的名称(name)、类的属性(attribute)和类的操作(operation)。图 7-2 显示如何使用一个 UML 类建模一个订单。顶部区域显示类的名字，中间的区域列出类的属性，底部的区域列出类的操作。正如我们所能见到的，这个类的名字是 Order，在中间区域可以看到 Order 类的 4 个属性：orderDate、destArea、price 以及 paymentType。在底部区域中 Order 类有 dispatch()和 close()两个操作。

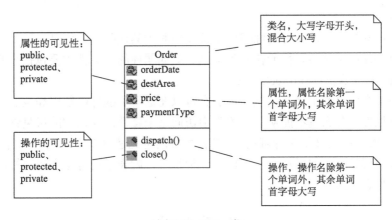

图 7-2　Order 类

当在一个类图上画一个类元素时，必须要有顶端的区域，下面的两个区域是可以选择的或者是可以隐藏的(当类图描述仅仅用于显示分类间关系的高层细节时,下面的两个区域是不必要的)。

1. 类的名称

类的名称是每个类中所必须有的构成元素，用于同其他的类相区别。类的命名应该来自系统的问题域，并且应该尽可能的明确、无歧义。因此，类的名字应该是一个名词，并且不应该有前缀或后缀。

类名是一个文本串，表示方法有两种。

(1)简单名(simple name)。如图 7-3 所示的 shape，它就只有一个单独的名称。

(2)全名也称路径名(path name)，就是在类名前面加上包的名字(在后面包图章节中还将详细论述包的作用)。例如，Banking::CheckingAccount，其中 Banking 是包名，CheckingAccount 是包 Banking 中的一个类。

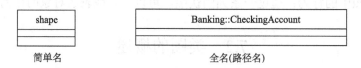

图 7-3　类名的两种表示方法

对于类的命名规范，UML 中并没有明确定义，只要是由字符、数字、下划线组成的唯一的字符串即可。但在实际应用中，有一个普遍采用的命名原则是采用 CamelCase 格式(大写字母开头，混合大小写，每个单词一大写开始，避免使用特殊符号)，尽可能地避免使用缩写。

2. 类的属性

属性是类的一个特性，也是类的一个组成部分，描述了在软件系统中所代表的对象具备的静态部分的公共特性抽象，这些特征是这些对象所共有的。类的属性节(中部区域)列出了类的每一个属性。根据需要，每个属性可以包括属性的可见性、属性名、类型、初始值和属性字符串。在 UML 中，类的属性的语法格式如下：([ ]内的部分是可选的)

[可见性] 属性名称 [:属性类型] ['['多重性[次序]']'] [=初始值] [{特性}]

1) 可见性

属性具有不同的可见性。可见性描述了该属性对于其他类是否可见，以及是否可以被其他类引用，而不仅仅是被该属性所在的类可见。类的属性的可见性主要包括公有性(public)、私有性(private)和受保护性(protected)3 种。

如果类的某个可见性是公有可见性，那么可以在这个类的外部使用和查看该属性；如果属性是私有可见性，那么就不能从其他的类中访问这个属性；受保护的可见性，常常与泛化一起使用。在 UML 中定义了 3 种可见性，其他种类的可见性可以由编程语言自己定义。UML 中不存在默认的可见性，如果没有显示任何一种符号，就表示没有定义该属性的可见性。类属性的可见性见表 7-2。

表 7-2　类属性的可见性

可见性	规则	标准表示方法
public	允许在类的外部使用和查看该属性	+
private	只有类本身才能够访问，外部访问一律访问不到	−
protected	经常和泛化关系等一起使用，允许子类访问父类中受保护类型的属性	#

2) 属性名

每个属性必须有一个名字和类中的其他属性相区别。通常，属性名由描述所属类的特性的名词或名词短语组成。按照 UML 约定，属性名称的第一个字母要小写，具体可见图 7-2 Order 类中的 price 属性。如果属性名包含了多个单词，这些单词要合并而不出现空格，并且除第一个单词外其余单词的首字母要大写，如 orderDate、priceType 等。

3）类型

属性具有类型，用来说明该属性是什么数据类型。像整型、布尔型、实型和枚举类型等，这些简单类型在不同的编程语言中有不同的定义。但在 UML 中，类的属性可以使用任意类型，包括系统中的其他类。如在业务类图中，属性类型通常与单位相符，这对于图的不同读者群是有意义的(如分钟、美元等)。然而，用于生成代码的类图，要求类的属性类型必须限制在由程序语言提供的类型之中。

4）初始值

设定初始值有两个好处：保护系统的完整性，防止漏掉取值或被非法的值破坏系统的完整性；为用户提供易用性。例如，在银行账户应用程序中，一个新的银行账户会以零为初始值。注意初始值设为零与设为空是不同的。

5）属性字符串

属性字符串是用来指定关于属性的一些附加信息，如某个属性应该在某个区域内是有限制的。任何希望添加到属性定义中但又没有合适的地方可以加入的规则都可以放在属性字符串中。

3. 类的操作

操作是类所提供的服务，用于修改、检索类的属性或执行某些动作。操作通常也称为函数或方法，它们位于类的内部，并且只能作用于该类的对象上。操作的语法格式如下([ ]内的部分是可选的)：

[可见性] 操作名([参数列表])[:返回类型] [{特性}]

其中的可见性，与属性的可见性类似。操作名是用来描述所属类的行为的动词或动词短语，其命名规则和属性名的情况类似。

7.2.2　接口和抽象类

1. 接口

对 Java 或 C#等高级语言熟悉的读者一定知道：一个类只能有一个父类(即该类只能继承一个类)，但是如果用户想要继承两个或两个以上的类时应该怎么办？可以使用接口(interface)来实现。

接口是在没有给出对象的实现和状态的情况下对对象行为的描述。通常在接口中包含一系列的操作，并且它没有对外界可见的关联。可以通过一个或多个类(构件)实现一个接口，并且在每个类中都可以实现接口中的操作。

接口是一种特殊的类，所有接口都是有构造型<<interface>>的类。一个类可以通过实现接口支持接口所指定的行为。在程序运行时，其他对象可以只依赖于此接口，而不需要知道该类对接口实现的其他任何信息。一个拥有良好接口的类具有清晰的边界，并成为系统中的职责均衡分布的一个部分。

在 UML 中，接口可以使用构造型的类来表示，也可以使用一个带有名称的小圆圈来表示，并且可以通过一条 Realize(实现关系)线与实现它的类相连接，如图 7-4 所示。

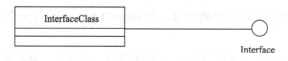

图 7-4　接口的示例

2. 抽象类

当某些类有一些共同的方法或属性时，可以定义一个抽象类来抽取这些共性，然后将包含这些共性方法和属性的具体类作为该抽象类的继承。例如，前面提到过的银行账户Account 类。但要注意的是：抽象类是一些不能被直接实例化的类，也就是说不能创建一个属于抽象类的对象，因为抽象类的方法往往只是一些声明，而没有具体实现，因此不能对抽象类实例化。

在 UML 中，抽象类和抽象方法的表示方法是把它们的名字用斜体表示。但由于斜体字在草图中不易表现，一般推荐使用《abstract》构造型来表示。如图 7-5 所示。

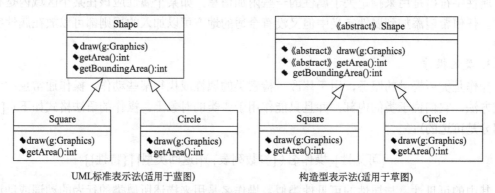

图 7-5　抽象类的表示方法

可以发现抽象类 Shape 中定义了 3 个方法，其中 draw () 和 getArea () 是抽象方法。getBoundingArea () 是具体方法。在 Square 和 Circle 两个类中没有定义 getBoundingArea ()，却定义了 draw () 和 getArea () 方法，根据继承的语义，子类可以从父类中继承属性和方法，这里就体现了面向对象中的一个重要机制——多态。

多态就是多种形态，多态操作是具有多种实现的操作。

在这个例子中，Shape 定义的 draw () 和 getArea () 是抽象操作，它针对不同的具体图形而言，实现是不同的，但都包含这些操作。而在 Square 和 Circle 类中将定义其特定的实现。实际上，使多态成为面向对象的一个基本机制的原因是，它允许你给不同的对象发送相同的消息，对象能够做出正确的响应。给 Square 对象发送消息 draw ()，就会画出正方形，给 Circle 对象发送消息 draw ()，就会画出圆形。

7.2.3　边界类、实体类、控制类

在现代面向对象软件开发方法中，UML 提供 3 种十分有用的类版型，即边界类、实体类和控制类，引入这些概念有助于分析和确定系统中的类。

1. 边界类

边界类位于系统与外界的交界处，通常是用来完成参与者(用户、外部系统)与系统之间

交互的类，如窗体 Form、对话框、菜单、报表以及表示通信协议的类等。

边界类的表示方法如图 7-6 所示，左边的 Icon 形式图示形状像墙一样和边界很相似，有这种版型的类都属于边界类。边界类也可以用中间的 Label 形式或者右边的 Decoration 形式示出。

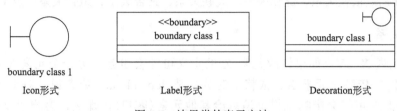

图 7-6　边界类的表示方法

2. 实体类

实体类是实体对象的抽象，通常来自领域模型也就是现实世界，用来描述具体的实体，通常映射到数据库表格与文件中。实体类保存要放进持久存储体的信息。持久存储就是数据库、文件等永久存储信息的介质。实体类的表示方法如图 7-7 所示。

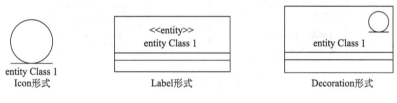

图 7-7　实体类的表示方法

3. 控制类

控制类是对控制对象的抽象，主要用来体现应用程序的执行逻辑。控制类的表示方法如图 7-8 所示。

图 7-8　控制类的表示方法

控制类的 Icon 形式是一个圆加一个箭头，表示圆在不断地滚动，就像在不断地发出控制指令。每个用例通常有一个控制类，控制用例中的事件顺序，控制类也可以在多个用例之间共用。其他类并不向控制类发送很多消息，而是由控制类发出很多消息。

7.3 类之间的关系

类之间的关系是类图中比较复杂的内容。在类图中，类与类之间的关系最常用的通常有六种，它们分别是依赖关系、泛化关系、关联关系、聚合关系、组合关系以及实现关系。

7.3.1 依赖关系

有两个元素 X、Y，如果修改元素 X 的定义可能会引起对另一个元素 Y 的定义的修改，则称元素 Y 依赖于元素 X。依赖于的英文是 depend on。或者说，对于一个元素（提供者）的某些改变可能会影响或提供消息给其他元素（客户），那么，客户以某种形式依赖于提供者。

对于类而言，依赖关系可能由各种原因引起，如一个类向另一个类发送消息或者一个类是另一个类的数据成员类型或者一个类是另一个类的操作的参数类型等。如图 7-9 所示，其中 Schedule 类中的 add 操作和 remove 操作都有类型为 Course 的参数，因此 Schedule 类依赖于 Course 类。

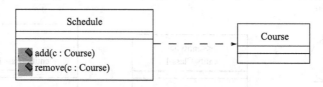

图 7-9　依赖关系的示例 1

依赖关系表示的是两个或多个模型元素之间语义上的连接关系。实际上，关联关系、实现关系、泛化关系都是依赖关系。依赖关系可以细分为 4 大类：使用依赖、抽象依赖、授权依赖、绑定依赖。表 7-3 为依赖关系的细分。

表 7-3　依赖关系的细分

依赖关系	使用依赖	使用（《use》）
		调用（《call》）
		参数（《parameter》）
		发送（《send》）
		实例化（《instantiate》）
	抽象依赖	跟踪（《trace》）
		精化（《refine》）
		派生（《derive》）
	授权依赖	访问（《access》）
		导入（《import》）
		友元（《friend》）
	绑定依赖	绑定（《bind》）

1）使用依赖

使用依赖表示客户使用提供者提供的服务，以实现它的行为。使用依赖都是非常直接的，通常表示客户使用提供者提供的服务以实现自身的行为。使用依赖的具体形式有五种，分别是使用（《use》）、调用（《call》）、参数（《parameter》）、发送（《send》）、实例化（《instantiate》）。

在实际建模中，使用依赖可以说是类中最常用的依赖关系，如客户类的操作需要提供者类的参数、客户类的操作返回提供者类的值、客户类的操作在实现中使用提供者类的对象、客户类的操作调用提供者类的操作等。

2）抽象依赖

抽象依赖用来表示客户与提供者之间的关系，客户与提供者属于不同的抽象事物，具体依赖形式有跟踪（《trace》）、精化（《refine》）、派生（《derive》）。

3）授权依赖

授权依赖用来表示一个事物访问另一个事物的能力。提供者通过设定客户类的相关权限控制和限制对其内容的访问方法。授权依赖的具体依赖形式有访问（《access》）、导入（《import》）、友元（《friend》）。

4）绑定依赖

绑定依赖属于较高级的依赖类型，用绑定模板以创建新的模型元素，具体依赖形式为绑定（《bind》）。表 7-4 详细地介绍了多种依赖关系的含义。

表 7-4 多种依赖关系的含义

依赖关系	含义
使用 《use》	一个模型元素需要另一个元素的存在才能正确实现功能（包括调用、创建、实例化、发送等其他可能的依赖）
调用 《call》	表明一个类的操作调用其他类的方法
发送 《send》	声明信号发送者和信号接收者之间的关系
实例化 《instantiate》	用一个类的方法创建了另一个类的实例
创建 《create》	表明一个类创造了另一个类的实例
跟踪 《trace》	表明不同模型中的元素之间存在一些可追溯链接
精化 《refine》	表明两个不同语义层次上的元素之间的映射
派生 《derive》	表明一个实例可以从另一个实例中导出
访问 《access》	引入另外一个包的内容
导入 《import》	允许一个包访问另一个包的内容并为被访问包的组成部分增加别名
许可 《permit》	允许一个元素使用另一个元素的内容
绑定 《bind》	为模板参数指定值，以生成一个新的模板元素

依赖关系使用一个从客户指向提供者的虚箭头来表示，并且使用了一个构造型的关键字位于虚箭头之上来区分依赖关系的种类，如图 7-10 所示，在图中 ClassA 表示的是客户，ClassB 表示的是提供者，《use》是构造型的关键字，表示使用的是依赖关系。

图 7-10 依赖关系的示例 2

其实在 UML 中有许多依赖关系之间的区别是比较相似的，对于不同编程语言，有些依赖关系实际上是没有意义的，因此，在使用依赖时，可以大胆地表示为通用的虚线箭头。除非必要，不必在类图中用构造型标识出具体的依赖关系，它仅适用于设计阶段。

7.3.2 泛化关系

泛化的英文是 generalization，泛化关系用来描述类的一般与具体之间的关系。具体描述建立在对类的一般描述的基础之上，并对其进行扩展。因此在具体描述中不仅包含一般描述中所拥有的所有特性、成员和关系，而且还包含了具体描述的补充信息。例如，汽车、火车都是交通工具中的一种，而且汽车与火车分别补充了具体的属性和操作。

在泛化关系中，一般描述的类称作父类，具体描述的类称作子类，如交通工具可以抽象为父类，而汽车、火车、飞机则抽象为子类。泛化关系还可以在类元(类、接口、数据类型、用例、参与者、信号等)、包、状态机和其他 UML 元素中使用。在类中术语超类与子类分别代表父类和子类。

假设考虑一个银行，向顾客提供各种账户，包括活期账户、定期账户以及在线账户。该银行操作的一个重要方面是一个顾客实际上可以拥有多个账户，这些账户属于不同的类型。针对此情况我们建立模型化的银行账户类图，如图 7-11 所示。

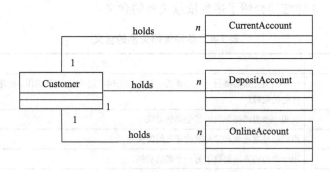

图 7-11　模型化的银行账户类图

模型化的银行账户类图存在问题有以下两方面。

(1)模型中有过多关联。从顾客角度，拥有一个账户只是一种简单的关联关系，并不会受到可以拥有不同种类账户这个事实的很大影响。但是，在这个图中将对此用 3 个不同的关联关系建模，因此会破坏模型概念上的简化。更糟糕的是，如果增加一个新类型的账户，就不得不向模型中增加一个新的关联，以允许顾客持有新类型的账户。

(2)不同种类的账户作为完全不相关的类建模。然而，它们可能会有大量的公共结构，可能定义了许多类似的属性和操作，如果建模表示法可以提供一种方式明确地表示这种公共结构，那是比较理想的。

通过泛化可以克服以上这些问题。我们可以定义一个 Account 类，对各种账户共有的属性建模，然后将代表特定种类账户的类表示为这个一般类的泛化，如图 7-12 所示。泛化关系用一条从特殊元素指向一般元素的空心三角箭头表示。从面向对象程序设计的角度来说，类与类之间的泛化就是类与类之间的继承关系。

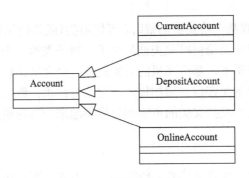

图 7-12　银行账户类图 1

泛化描述的是 a kind of 关系。如彩色电视机、黑白电视机都是电视机的一种，汽车、火车都是一种交通工具。在类中，一般元素称为父类或超类，特殊元素为子类。泛化关系使父类能够与更加具体的子类连接在一起，有利于对类的简化描述。可以不用添加多余的属性和操作信息，通过相关的继承机制从其父类继承相关的属性和操作。

泛化关系使用从子类指向父类的一个带有实线的箭头进行表示，指向父类对的箭头是一个空心三角形。如图 7-13 所示，交通工具是父类，飞机是子类。多个泛化关系可以用箭头线组成的树来表示，每个分支描述一个子类。

图 7-13　泛化关系的示例

在 UML 中，泛化可以通过可替换性的概念阐述。它意味着在任何需要一个父类的实例的地方，都可以用一个子类的实例代替。利用替换性，可以简化上述银行模型，使用一个关联替代图中的 3 个关联。如图 7-14 所示，直观上这个新图规定顾客可以拥有任何数目的账户，并且这些账户可以是如子类所定义的各种不同类型的账户。

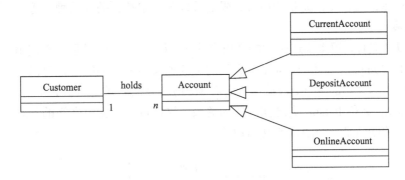

图 7-14　银行账户类图 2

这个替换如下：在图 7-14 中的关联隐含着 Customer 类和 Account 类在运行时可以链接，因为可替换性，这些链接中的任何 Account 实例都可以用 Account 的任一子类的实例代替。

泛化关系通常有两个用途。第一个用途是用来定义可替代性原则，即当一个变量（如参数或过程变量)被声明承载某个给定类的值时,可使用类(或其他元素)的实例作为值,这称为可替代性原则。该原则表明无论何时父类被声明了,则子类的一个实例就可以被使用了。例如,交通工具这个类被声明了,那么飞机的对象就是一个合法的值了。第二个用途是在共享父类所定义的元素的前提下允许自身增加描述,这称为继承。继承是一种机制,通过该机制可以将对类对象的描述从类及其父类的声明部分聚集起来,同时也简化了子类的描述。

7.3.3 关联关系

关联是模型元素间的一种语义联系。例如,一个人为一家公司工作,一家公司有许多办公室。我们就认为人和公司、公司和办公室之间存在某种语义上的联系。关联关系是一种结构关系,指出了一个事物的对象与另一个事物的对象之间的语义上的连接。关联描述了系统中对象或实例之间的离散连接,它将一个含有两个或多个有序表的类在允许复制的情况下连接起来。一个类的关联的任何一个连接点即为关联端,与类有关的许多信息都附在它的端点上。关联端有名称、角色、可见性以及多重性等特征。

关联的一个实例称为链。链就像对象是类的实例,链是关联的实例,类之间的关联表示类与类之间的关系,而链表示对象和对象之间的关系。系统中的链组成了系统的部分状态。链并不独立于对象而存在,它们从与之相关的对象中得到自己的身份。

最普通的关联是一对类之间的二元关联。二元关联用一条连接两个类的实线表示,如图 7-15 所示。关联的任何一个连接点都称为关联端,一个关联可以有两个或多个关联端,每个关联端连接到一个类。

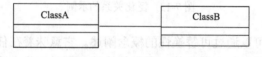

图 7-15　二元关联示例

除了以上关联的基本形式,还有几种应用于关联的修饰,如分别是关联名、关联的角色、多重性、导航性、关联类、关联的约束、限定关联与限定符、关联的种类等。

1. 关联名

关联可以有名称,用来描述关联的性质和作用。如图 7-16 所示是一个使用关联名的关联示意图,其中 Company 类和 Person 类之间的关联如果不使用关联名,可以有多种解释。如 Person 类可以表示公司的客户、雇员或所有者等。但如果在关联上加了 Employs 这个关联名,则表示 Company 类和 Person 类之间是雇佣关系。这样可以使得类之间的关联语义更加清晰明确。通常,关联名是一个动词或动词短语。

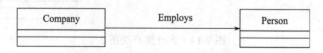

图 7-16　使用关联名的关联示意图

在类图中,并不需要给每个关联都加上关联名。只有在需要明确地给关联提供角色名或一个模型存在多个关联且要查阅、区别这些关联时才给出关联名。

2. 关联的角色

关联两端的类可以以某种角色参与关联。角色是关联关系中一个类对另一个类所表现出来的职责。当类出现在关联的一端时，该类就在关联关系中扮演了一个特定的角色。角色的名称是名词或名词短语。

如图 7-17 所示，Company 类以 employer 的角色，Person 类以 employee 的角色参与关联。employer 和 employee 称为角色名。如果在关联上没有标出角色名，则隐含的用类名作为角色名。相同类可以在其他的关联中扮演相同或不同的角色。

图 7-17 关联的角色示意图

3. 多重性

约束是 UML 的三大扩展机制之一，多重性是其中的一种约束，也是使用最广泛的一种约束。多重性又称为重数，用来说明关联的两个类之间的数量关系；或者说关联的多重性是指有多少对象可以参与该关联，它可以用来表达一个取值范围、特定值、无限定的范围或一组离散值。

多重性的格式为：$n..m$，其中整数 n 定义所连接的最少对象的数目，m 则是最多对象数（当不知道确切的最大数时，UML 中用*表示最大数，在工具 Rational Rose 中则用 n 来表示）。

如图 7-17 所示，雇主(公司)可以雇佣 0 个或者多个雇员，表示为 0..n；而雇员只能被一家公司雇佣，表示为 1。多重性用非负整数的一个子集来表示。

表 7-5 列出了一些多重值及其含义的说明。

表 7-5 关联的多重性示例

表示	含义	表示	含义
0..1	0 个或 1 个	1..*(1..n)	1 个或多个
1(1..1)	只能 1 个	3	只能 3 个
0..*(0..n)	0 个或多个	0..5	0～5 个
*(0..n)	0 个或多个		

4. 导航性

关联也可以有方向，即导航性，在关联关系上加上导航箭头表明可以从源类的任何对象到目标类的一个或多个对象。箭头指向的是目标类，另外一端则是源类。

如图 7-18 所示，只在一个方向上有箭头的关联称为单向关联；在两个方向上都可以导航的是双向关联，用一条没有箭头的实线表示，等价于两端都有箭头。

图 7-18 关联的导航性示意图

5. 关联类

在两个类之间的关联中，关联本身也可以有特性。如图 7-19 所示，在 Company 和 Person 之间的雇主和雇员关系中，有一个描述该关联特性的 Contract，它只应用于一对 Company 和 Person。Contract 类中的属性 salary 与 dateHired 描述的是 Company 类和 Person 类之间的关联关系，而不是 Company 类和 Person 类的属性。

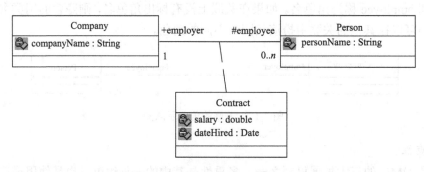

图 7-19　关联类示意图

在 UML 中，把这种情况建模为关联类，关联类可以进一步描述关联关系的属性、操作以及其他信息。关联类是一种具有关联特性和类特性的建模元素，可以把它看成具有类特征的关联或是具有关联特征的类。关联类通过一条虚线与相应的关联连接。

6. 关联的约束

如图 7-20 所示，两个关联之间有一个虚线，上面写着{xor}。在 UML 中，这种以大括号括起来并放在建模元素外面的字符串就是约束。约束可以用自由文本和 OCL 两种形式表示。本例中是自由文本。

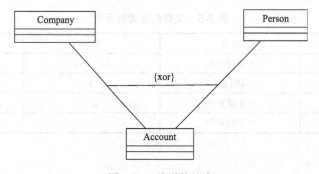

图 7-20　关联的约束

在关联上加上约束，可以加强关联的含义。图 7-20 中显示的是两个关联之间存在异或约束，表示 Account 类要么与 Person 类有关联，要么与 Company 类有关联，但不能同时与 Company 类和 Person 类都有关联。约束不仅可以作用在关联上，也可以应用于其他建模元素上。

7. 限定关联与限定符

存在限定符的关联称为限定关联（qualified association）或受限关联，用来表示某种限定关系。限定符的作用就是在给定关联一端的一个对象和限定符值以后，可以确定另一端的一个对象或对象集。

如图 7-21 所示,在 Bank 和 Person 的关联关系中,Bank 端多了一个方框,里面写着 account,它在 UML 中称为限定符(qualifier),一般限定符在关联端紧靠源类图标。

在图 7-21 中,它的意思是一个 Person 可以在 Bank 中有多个 account。但给定一个 account 值后,就可以对应一个 Person 值或者对应的 Person 值为 null,因为 Person 端的多重性为 0..1。这里的多重性表示的是(bank,account)之间的关系,而非 Person 和 Bank 之间的关系。即(bank, account)→ 0 个或 1 个 Person, Person → 多个(bank, account)。

图 7-21 中没有说明 Person 类和 Bank 类之间是 1 对多的关系还是 1 对 1 的关系,一个 Person 可能只对应一个 Bank,也有可能对应多个 Bank。如果要明确它们之间的对应关系,应该在 Person 类和 Bank 类之间增加关联描述,如图 7-22 所示。

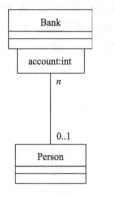

图 7-21　限定符和限定关联

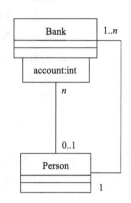

图 7-22　限定关联和一般关联

应当注意的是限定符是关联关系的属性,而不是类的属性。那么在实现图中限定符和限定关联中的结构时,account 这个属性可能是 Person 类中的一个属性,也可能是 Bank 类中的一个属性,甚至是其他类中的属性。

如果一个应用系统需要根据关键字对一个数据集进行查找操作,经常会用到限定关联。引入限定符的一个目的就是把多重性从 n 降为 1 或 0..1,这样如果做查询操作,那么返回的对象最多是一个,而不是一个对象集。如果查询操作的结果是单个对象,则这个查询操作的效率就比较高。所以在使用限定符时,如果限定符另一端的多重性仍为 n,那么引入这个限定符的意义就不大了。

考虑一个制造厂的工作台建模问题。在工作台上对返回的工件进行修理。如图 7-23 所示,要对类 WorkDesk 和 ReturnItem 之间的关联建模。在 WorkDesk 的语境中有一个标识具体的 ReturnItem 的 jobID。在此,jobID 是关联的属性,不是 ReturnItem 的特征,因为工件没有诸如修理或加工这样的信息。给定一个 WorkDesk 对象并给定 jobID 一个值,就可以找到 0 个或 1 个 ReturnItem 的对象。

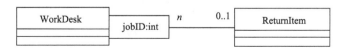

图 7-23　限定关联的示例

8. 关联的种类

一个关联可以有两个或多个关联端，每个关联端连接到一个类。而根据关联所连接的类的数量，类之间的关联可以分为三种关联，即自返关联、二元关联和 N 元关联(多元关联)。

(1)自返关联(reflexive association)又称递归关联，是一个类与它本身相关联，也就是同一个类的两个对象之间的关联。当一个类关联到它本身时，这并不意味着类的实例与它本身相关，而是类的一个实例与类的另一个实例相关或者说自返关联虽然只有一个关联类，但有两个关联端，每个关联端的角色不同。

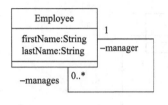

图 7-24　自返关联的示例

图 7-24 显示一个 Employee 类如何通过 manager/manages 角色与它本身相关。该图描绘的关系说明一个 Employee 实例可能是另外一个 Employee 实例的经理。然而，因为 manages 的关系角色有 0..* 的多重性描述；一个雇员可能不受任何其他雇员管理。

(2)二元关联指在两个类之间进行关联，也即我们常见的关联。

(3)N 元关联指在 3 个或 3 个以上类之间的关联。N 元关联中多重性的意义是在其他 N–1 个实例值确定的情况下，关联实例元组的个数。N 元关联的例子如图 7-25 所示，Player、Team 和 Year 之间存在三元关联，Record 类是关联类。其次，多重性表示在某个具体的年份 Year 和运动队 Team 中，可以有多少个运动员 Player；一个运动员在某个年份中，可以在多少个运动队服役；同一个运动员在同一个运动队中可以服役多年。

例如，在 NBA 中，球员可以转会或被交换到另外的球队中，假设 2008 年 6 月休斯敦火箭队的麦克格雷迪转会到达拉斯小牛队，那么 2008 年麦克格雷迪就在两个 NBA 球队中服役过；姚明从 2003 年起在休斯敦火箭队服役，到 2008 年就有 5 年了。

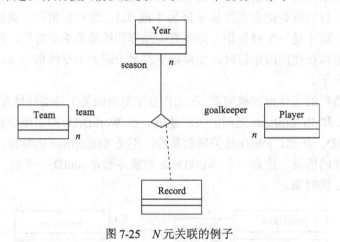

图 7-25　N 元关联的例子

N 元关联中没有限定符，也没有聚集、组合的概念。在 UML 中，N 元关联用菱形表示，但注意在早期的 Rational Rose2003 中不能直接表示。下面小节中的聚合关系和组合关系都是特殊的关联关系，在 Rational Rose 工具中读者可见，绘制聚合关系和组合关系，首先是绘制两个元素的关联关系，再修改拓展此关联关系到聚合关系或者组合关系。

7.3.4 聚合关系

聚合是一种特殊形式的关联，它表示的是部分与整体的关系。聚合关系可以分成两个方面：①一个对象是另一个对象的一部分时，二者之间的关系；②反过来说就是，一个对象由一组其他对象聚集而成时的关系。

聚合关系的含义是"聚"在一起的意义，也就是表示"部分"可以独立于"整体"而存在。在 UML 中，使用一个带空心菱形的实线表示聚集，空心菱形指向的是代表"整体"的类。

如图 7-26 所示，Circle 类和 Style 类之间是聚合关系。一个圆可以有颜色、是否被填充这些式样方面的属性，可以用一个 Style 对象表示这些属性，不过同一个 Style 对象也可以表示别的对象如三角形的一些样式方面的属性，即 Style 对象可以用于不同的地方。如果 Circle 这个对象不存在了，并不意味着 Style 这个对象也消失了。

图 7-26　聚合关系的示例 1

电子邮件消息(MailMessage)一般包括一个标题(Header)、一个正文体(Body)以及若干个附件(Attachment)等几部分。如图 7-27 所示，多重性也可以用于聚合关系，与普通关联的使用方式相同。除了表示一个消息中标题、正文体和附件的不同数目，示例 2 中指定的多重性还表明，不同于标题和正文体，一个附件可以同时作为多个消息的一部分。

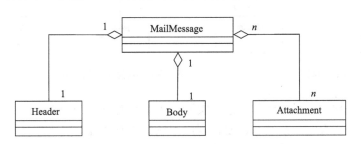

图 7-27　聚合关系的示例 2

7.3.5 组合关系

组合也表示整体与部分的关系，它是聚合关系的一种特殊情况，是更强形式的聚合，又称为强聚合。在组合中，部分与整体具有相同的生命周期，"部分"对象完全依赖于"整体"对象。这种依赖性表现在两个方面：①部分对象一次只能属于一个组合对象；②当组合对象销毁时，它的所有从属部分都必须同时销毁。

在 UML 中，组合关系用带有实心菱形的实线表示，实心菱形指向的是"整体"。

如图 7-28 所示，Circle 类和 Point 类之间是组合关系。一个圆由半径和圆心确定，如果圆不存在了，那么表示这个圆的圆心也就不存在了，所以 Circle 类和 Point 类之间是组合关系。

图 7-28　组合关系的示例 1

当在窗口系统中创建一个 Frame 时，必须把 Frame 附加到一个它所归属的 Window 中。类似地，当撤销一个 Window 时，Window 对象必须依次撤销它的 Frame 部分。组合关系的示例 2，如图 7-29 所示。

在电子邮件消息的示例中，如图 7-30 所示，将消息和它的标题及正文体之间的关系作为组合关系建模可能是合理的，因为有可能一旦消息被删除，那么标题和正文体也就不存在了，而它们存在的时候是唯一的一个消息。但是，电子邮件消息及其附件之间的关系不太可能用组合恰当地建模。首先，电子邮件可以不包含附件；其次，在同一时间，附件可以属于多个电子邮件消息；最后，附件有可能被保存。因此它们的生命周期将超过其所附属的消息的生命周期。

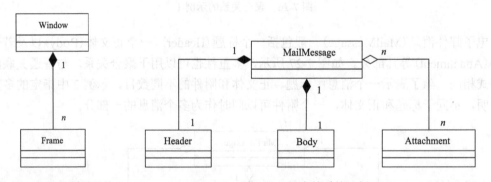

图 7-29　组合关系的示例 2　　　　　　　　图 7-30　组合关系的示例 3

聚合和组合是比较容易混淆的概念，实际运用中很难确定是用聚合关系还是组合关系。因此在设计时，采用聚合还是组合，要根据应用场景来判断部分类和整体类之间的关系。

举个例子来说，计算机是一个整体类，而主板、CPU 等则是相对于它的部分类。那么它们是聚合还是组合呢？如果在一个固定资产管理系统中，可能适合的就是"组合"；而对于在线 DIY 系统，那么显然应该采用"聚合"关系。对于组合而言，比较容易理解的就是订单和订单项之间的关系，如果订单不存在，显然订单项就没有了意义，因此必然是组合关系。所以判断是聚合还是组合关系，关键在于要放到具体的应用场景中进行讨论。

聚合关系和组合关系在概念上的区别分为两个方面：①聚合关系表示事物的整体/部分关系较弱的情况，组合关系表示事物的整体/部分关系较强的情况；②在聚合中，代表部分事物的对象可以属于多个聚合对象，可以为多个聚合对象所共享，并且可以随时改变它所从属的聚合对象，代表部分事物的对象与代表聚合事物的对象的生存周期无关，一旦删除了它的一个聚合对象，不一定就随即删除代表部分事物的对象。但在组合关系中，代表整体事物的对象负责创建和删除代表部分事物的对象，代表部分事物的对象只属于一个组合对象，一旦删除了组合对象，也就随即删除了相应的代表部分事物的对象。

7.3.6 实现关系

实现关系将一种模型元素(如类)与另一种模型元素(如接口)连接起来，从而说明实现的关系。在实现关系中，接口只是行为的说明而不是结构或者实现，而类中则要包含其具体的实现内容，可以通过一个或多个类实现一个接口，但是每个类必须分别实现接口中的操作。虽然实现关系意味着要有类似于接口这样的说明元素，但它必须用一个具体的实现元素来暗示它的说明(而不是它的实现)被支持，例如，可以表示类的一个优化形式和一个简单形式之间的关系。

在 UML 中，实现关系的表示方式和泛化关系的表示符号很相似，区别是实现关系使用一条带封闭的空箭头的虚线来表示。如图 7-31 所示，接口类为 ClassA，具体实现类为 ClassB。

图 7-31　实现关系的表示符号

在 UML 中接口是使用一个圆圈来表示，并通过一条实线附在表示类的矩形上来表示实现关系。图 7-32 表示 ClassA 类实现 InterfaceA 和 InterfaceB。

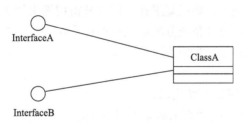

图 7-32　接口和实现示例

7.4　类图关系的强弱顺序

UML 类图中常见的关系有以下几种：泛化、实现、关联、聚合、组合以及依赖。其中聚合和组合关系都是关联关系中的一种。这些关系的强弱顺序不同，排序结果为泛化=实现>组合>聚合>关联>依赖。

类图实例图如图 7-33 所示，该图将 UML 中常见的几种关系结合完成了一个比较完整的示例。UML 类图中的属性和操作名称一般使用英文描述，相关人员也可以将图中的内容进行修改。

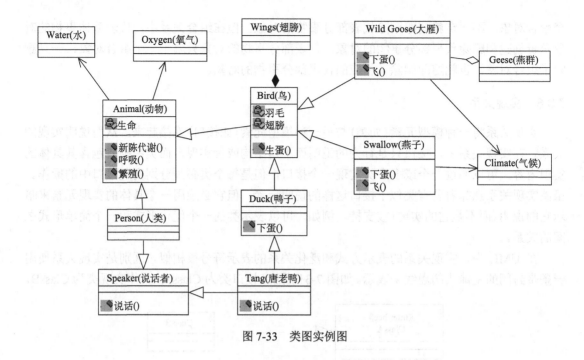

图 7-33   类图实例图

7.5   构造类图模型

构建类图模型就是要表达类图与类图之间的关系，以便于理解系统的静态逻辑。类图模型的构建是一个迭代的过程，需要反复进行，通过分析用例模型和系统的需求规格说明可以初步构造系统的类图模型，随着系统分析和设计的逐步深入，类图将会越来越完善。一般来说，在 UML 中，绘制类图的主要步骤如下。

(1)创建类图。

(2)研究分析问题领域确定系统需求。

(3)根据用例图、活动图或者需求确定类及其关联，明确类的含义和职责，确定属性和操作。

(4)添加类以及类的属性和操作。

(5)添加类与类之间的关系。

7.6   阅读类图模型

下面以电子商务网站为例，说明如何阅读类图。图 7-34 是电子商务网站业务对象的类图模型。

在阅读这些简单的类图时，重点在于把握三项内容：类、关系和多重性。阅读的顺序应该遵循以下原则：首先搞清楚每个类的含义；其次理解类间的含义；最后结合多重性来理解类图的结构特点以及各个属性和方法的含义。下面来阅读如图 7-34 所示的电子商务网站的业务对象模型。

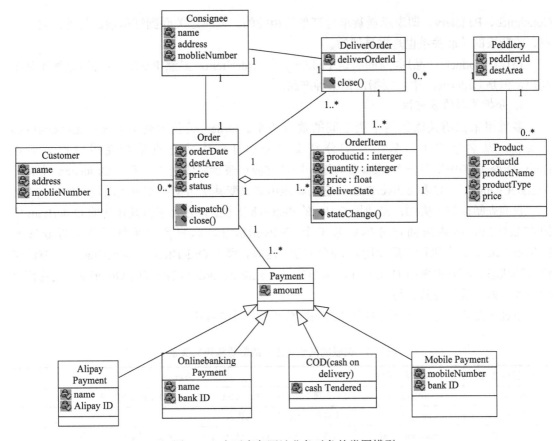

图 7-34　电子商务网站业务对象的类图模型

1. 理解类的语义

该图共 12 个类，Order（订单）、OrderItem（订单项）、Customer（顾客）、Consignee（收货人）、DeliverOrder（送货单）、Peddlery（商户）、Product（产品）、Payment（支付方法）、Alipay Payment（支付宝支付）、Onlinebanking Payment（网银支付）、COD（cash on delivery）（货到付款）和 Mobile Payment（手机支付）。

2. 分析类的关系

我们知道，关系包含关联（包括聚合、组合两种）、泛化、实现、依赖 4 种。在类图中，类之间存在的关系通常包含这几种。

阅读类图时，从图中关系最复杂（也就是线最密集）的类开始阅读，图 7-34 中最复杂的就是 Order 类。由图 7-34 我们可以知道：

（1）OrderItem 和 Order 之间是组合关系，根据箭头的方向可知 Order 包含了 OrderItem。

（2）Order 类和 Customer、Consignee、DeliverOrder 是关联关系。也就是说，一个订单和客户、收货人、送货单是相关的。

（3）Payment 类和 Alipay Payment、Onlinebanking Payment、COD 和 Mobile Payment 是泛化关系。在支付方面，主要有四种支付方式，分别是支付宝支付、网上银行支付、货到付款支付以及手机支付。

（4）比较复杂的类是 DeliverOrder（送货单），和它相关的也有 4 个类：Order、OrderItem、

Consignee、Peddlery，即表示送货单与订单是相关的，同时还关联到订单项。另外，它与商户、收货人的关联关系也是很显然的。

（5）与 Product（产品）关联的类是 Peddlery 和 OrderItem。显然 Product（产品）是属于某个商户，但是 OrderItem 中必须指出是哪种产品。

3．分析关联的多重性

多重用来说明关联的两个类之间的数量关系。Order 类包含两个方法：dispatch（）和 close（），从名字中可以猜出它们分别实现分拆订单生成送货单和完成订单。而在 DeliveOrder（）类中则有一个 close（）方法，同理它应该表示完成送货。而在 OrderItem 中有一个 stateChange（）方法和 deliverState，它们就是用来改变其是否交给收货人而设立的。

我们来阅读整个类图：先调用 Order 的 dispatch（）方法，它将根据其包含的 OrderItem 中的产品信息，按供应商户分拆成若干个 DeliverOrder。商户登录系统后就可以获取其 DeliverOrder，并在执行完后调用 close（）方法。这时，调用 OrderItem 的 stateChange（）方法来修改其状态。同时再调用 Order 的 close（）方法，判断该 Order 的所有的 OrderItem 是否都已经送到，如果是就将其关闭。

通过上面的分析，可以将对象图的关联分析列在表 7-6 中。

表 7-6 关联的两个类之间的数量和语义关系

源类及多重性	目标类及多重性	分析	
Customer(1)	Order(0..n)	订单是属于某个客户的，网站的客户可以有 0 个或多个订单	
Order(1)	Consignee(1)	每个订单只能够有一个收货人	
Order(1)	OrderItem(1..n)	订单是由订单项组成的，至少要有一个订单项，最多可以有 n 个	
Order(1)	Payment(1..n)	一个订单对应多种支付方式	
Order(1)	DeliverOrder(1..n)	一个订单有一个或多个送货单	说明：系统根据订单项的产品所属的商户，将其分发给商户，拆成了多个送货单
DeliverOrder(1)	OrderItem(1..n)	一张送货单对应订单中的一到多个订单项	
DeliverOrder(1)	Consignee(1)	每张送货单都对应着一个收货人	
Peddlery(1)	DeliverOrder(0..n)	每个商户可以有相关的 0 个或多个送货单	
OrderItem(1)	Product(1)	每个订单项中都包含着唯一的一个产品	
Peddlery(1)	Prodcut(0..n)	产品是属于某个商户的，可以注册 0 到多个产品	

7.7 对象图的概述

7.7.1 对象图的定义

对象图（object diagram）描述了一组对象及对象之间的关系。对象图是类图的实例，几乎使用与类图相同的标识。它们的不同点在于对象图显示类的多个对象实例，而不是实际的类。一个对象图是一个类图的实例。由于对象存在生命周期，因此对象图只能在系统某一时间段存在。

例如，在某个高校的学生信息管理系统中，在系统分析阶段一个类"学生"对应有多个学生，如张三、李四等。这些具体的学生就是类"学生"的对象，当系统处理张三的相关信息时，这时"张三"对象就是存在的，但"李四"对象就是不存在的。反过来当系统处理李四的信息时，"李四"对象就是存在的，同时"张三"对象在该时刻就已经不存在了。

对象图就是表示在某一时刻类图中类的具体实例以及这些实例的连接关系，UML 中的对象与类图具有相同的表示形式，主要区别是对象的名字下面要加上一条下划线。对象名有三种表示形式，如图 7-35 所示。

（1）对象名：类名。

对象名在前，类名在后，用冒号来连接。

（2）：类名。

这种格式用于尚未给对象命名的情况，前面的冒号不能省略。

（3）对象名。

省略格式，即省掉类名。

图 7-35　对象名的 3 种表示

对象图通常含有对象（Object）和连接（Link），如图 7-36 所示。

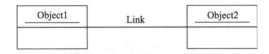

图 7-36　对象图的表示

从某种情况来看，对象图也是一种结构图。它可以用来呈现系统在特定时刻的对象，以及对象之间的链接。在 UML 中，由于对象为类的实例，所以对象图可以使用与类图相同的符号和关系，如图 7-37 所示。对象图一般包括两个部分：对象名称和属性。它们是绘制对象图的关键，对象名称和属性的表示方法如下。

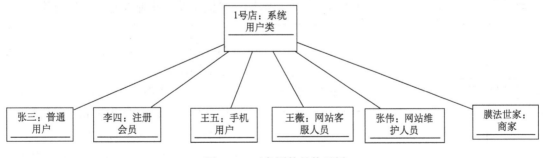

图 7-37　对象图的具体示例

（1）对象名称：上面的内容已经介绍过对象的格式了。如果包含了类名，则必须加上"："，另外为了和类名区分，还必须加上下划线。

（2）属性：由于对象是一个具体的事件，因此所有的属性值都已经确定了，所以通常会在属性的后面列出其值。

像类图一样，对象图从实例的角度为系统的静态设计视或静态互动视建模。这个视主要体现系统的功能需求，即系统为系统用户提供的服务。另外，对象图还描述了静态的数据结构。

像其他的图一样，对象图中可以有注解和约束，也可以有包或子系统。其中，包或子系统用来将模型元素封装成比较大的模块。

7.7.2　阅读对象图

如何阅读一个对象图呢？很简单，其主要步骤如下。

(1)首先找出对象图中的所有类，即在"："之后的名称。

(2)整理完成后通过对象的名称来了解其具体的含义。

(3)按照类来归纳属性，然后通过具体的关联确定其含义。

7.7.3　绘制对象图

绘制对象图的主要步骤如下。

(1)先找出类和对象，通常类在 class、new、implements 等关键词之后。而对象名通常在类名之后。

(2)对类和对象进行细化的关联分析。

(3)绘制相应的对象图。

7.8　对象图的应用

对象图常用于对象建模，它可视化地描述了系统中特定实例的存在以及实例之间的关系。

为对象结构建模时，需完成如下内容。

(1)确定想要建模的系统部分功能或行为。

(2)识别参加协作的类、接口以及其他元素，并确定元素之间的关系。

(3)考虑贯穿这个协作的一个脚本，并画出在脚本的某一个时间点参与这个协作的对象。

(4)如果有必要，给出每个对象的状态和属性值；给出对象间的连接，这些连接是关联关系的实例。

图 7-38 是为对象结构建模的对象图。对象 univ 是类 University 的对象，而且与对象 cs、ce1、ce2、ee、me 连接。其中对象 cs、ce1、ce2、ee、me 都是类 Department 的对象。

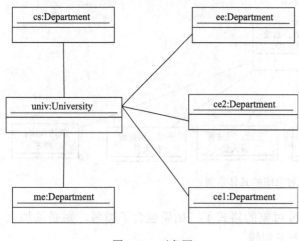

图 7-38　对象图

在本书中，多处谈到接口这个词。接口在不同的语境、不同的书籍中具有不同的范畴。这里，我们分两个方面去认识和区别接口的概念。

(1)第一个层面，接口源自于 Java 等面向对象的程序设计语言。C++中提供了多重继承的机制，即一个类可以有很多个父类，但是多重继承导致的奇异性一直引发很多争议。Java 在这方面做了改进，Java 不支持多重继承，而改以单一继承。同时，Java 提供接口和实现接口的机制。有一种类，如果它的部分成员方法仅做声明，而不给出它的实现，称为抽象类。接口则是一种特殊的抽象类，它的每个属性与每个方法都是抽象属性和抽象方法，也就是仅做声明，不写实现。

(2)第二个层面，在计算机科学领域，接口是一个计算机系统的两个或者更多单独的部件交换信息的共享边界。这里的交换可以发生在软件、硬件、外部设备、人和他们的组合之间。一些计算机设备，例如，触摸屏作为接口可以既发送数据也可以接收数据。另外一些设备如鼠标、麦克风仅能够作为提供发送数据给系统的接口。

当然，接口在其他领域，也还有更多的概念范畴。

7.9 本 章 小 结

本章介绍了类图和对象图的基本内容。其中类图是所有面向对象建模方法的核心部分，本章进行了详细的介绍，并给出了一些例子来说明在实际中如何抽取分析类，如何确定类之间的关系以及如何设计不同阶段的类图。

在学习和使用类图时，要注意以下三点。

(1)注意层次，类图主要分为概念层、说明层和实现层，每个层次的类图都有不同的作用，在实际使用时应注意在不同的阶段使用不同的层次的类图。

(2)注意反复，在实际应用中，很难一次完成所有的类图，类图的分析和设计的过程是一个不断循环、不断完善的过程。

(3)注意关系，类与类之间的关系可能比较复杂，但不一定要列出所有的关系。在绘制类图时，一方面应该注意类间的基本关系，如依赖关系、关联关系等；另一方面应该注意那些需要强调的关系，有些显而易见的关联关系可以不在图中标出，避免类间关系过于繁杂。

类图的学习是一个循序渐进的过程，尽量从一些简单的应用开始，随着在实际项目中积累经验，逐步掌握类图的使用。

对象图是类图的一个实例，它描述了系统在某一特定时刻的具体状态。在实际的项目中一般很少绘制对象图，而是使用其他的图来描述对象之间的关系。

习 题

一、填空题

1. _____是面向对象系统建模中最常用和最基本的图之一。

2. 在 UML 的图形表示中，类的表示法是一个矩形，这个矩形由 3 部分构成，分别是：_____、_____、_____。

3. 类中的属性的可见性包含 3 种，分别是：_____、_____、_____。

4. 对象图中包含_____和_____。其中，对象是类的特定实例，链是类之间关系的特定实例，表示对象之间的特定关系。

5. 组合关系和_____都是一种特殊的关联关系，它们都描述了整体与部分的关系。

二、选择题

1. 关于类和类图的说法正确的是（   ）。

A.类图是由类、构件等模型元素以及它们之间的关系构成的

B.类图的目的在于描述系统的运行方式，而不是系统如何构成的

C.一个类图通过系统中的类以及各个类之间的关系来描述系统的静态方面

D.类图与数据模型有很多相似之处，区别就是数据模型不仅描述了系统内部信息的结构，也包含系统的内部行为，系统通过自身行为与外部事物进行交互

2. 关于对象与对象图的说法正确的是（   ）。

A.对象图描述系统在某一特定时间点上的动态结构

B.对象图是类图的实例和快照，即类图中的各个类在某一时间点上的实例及关系的静态写照

C.对象图中包含对象和类

D.对象是类的特定实例，链是类的属性的实例，表示对象的特定属性

3. 类之间的关系不包括（   ）。

A.依赖关系   B.泛化关系

C.实现关系   D.分解关系

4. 关于依赖关系的说法正确的是（   ）。

A.依赖关系的 4 种类型包括绑定依赖和调用依赖

B.依赖关系的 4 种类型包括抽象依赖和调用依赖

C.依赖关系使用一个一端带有箭头的虚线表示

D.依赖关系使用一个一端带有箭头的实线表示

三、简述题

1. 什么是类图？什么是对象图？说明两种图的区别以及作用。

2. 类图中的主要元素是什么？

3. 类与类之间的主要关系有几种？它们的含义是什么？

4. 对象图的主要组成元素有哪些？它们都有什么作用？

5. 简述构造类图的基本步骤。

四、分析设计题

1. 以学生管理系统为例，在该系统中参与者为学生、教师和管理员：学生包括登录名称、登录密码、学号、性别、年龄、班级、年级、邮箱等属性；教师包括登录名称、登录密码、工号、性别、年龄、职称、教授课程、电话、邮箱等属性；系统管理员包括用户名、密码、邮箱、电话等属性。请根据这些信息创建系统的类图。

2. 在上题中如果把参与者学生、教师和系统管理员进行抽象，从而抽象成一个单独的人员类，学生、教师和系统管理员分别是人员类的子类。根据这些信息重新创建类图。

第8章 交 互 图

8.1 顺 序 图

8.1.1 基本概念

顺序图也称为时序图，用来展示对象之间的交互，这些交互是指在场景或者用例的事件流中发生的，同时描述了系统中对象之间通过消息进行的交互，强调消息在时间轴上的先后顺序。

汽车启动顺序图如图 8-1 所示，该图表示了汽车启动的用例过程。

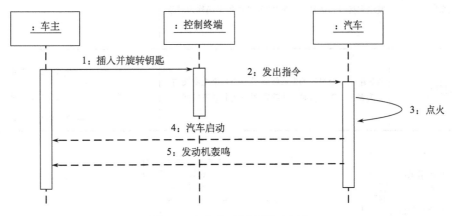

图 8-1　汽车启动顺序图示意图

可以看出，顺序图可以用来表示以一定顺序进行的用例。

8.1.2 顺序图中的元素表示

在图 8-1 中，包含了顺序图所需的基本元素，这些基本元素共同构成完整的顺序图。顺序图采用的是二维布局结构，所涉及的对象在顺序图的顶端依次排列。一般来说，对象分为参与者对象、边界对象和实体对象，其中边界对象为实现该用例的中介部分，而实体对象为最后执行部分。对象具有一定的生命周期，用生命线表示。同时，对象之间有消息传递，利用箭头表示。具体介绍如表 8-1 所示。

这些元素共同构成顺序图，图 8-2 体现了基本顺序图的组成及意义。

下面对顺序图中所包含的元素进行详细解释。

1）对象

从图 8-1 中可以看出，该顺序图中包含 3 个对象，其中车主为参与者对象，处于顺序图的最左边，也是整个时间的发起者，参与者也是对象的一种，由于事件的发起者通常是人，所以表 8-1 中将参与者单独列为一个元素。在顺序图中，对象可以分为参与者对象、边界对

表 8-1　UML 顺序图的构成元素及其意义

元素名称	解释	图例
参与者	与系统、子系统或类发生交互作用的外部用户(参见用例图定义)	参与者
对象	顺序图的横轴上是与序列有关的对象。对象的表示方法是矩形框中写有对象或类名,且名字下面有下划线	：对象1
生命线	坐标轴纵向的虚线表示对象在序列中的执行情况(即发送和接收的消息,对象的活动)这条虚线称为对象的生命线	
消息箭头	消息用从一个对象的生命线到另一个对象生命线的箭头表示。箭头以时间顺序在图中从上到下排列	消息(调用) 消息(返回) 消息(异步)

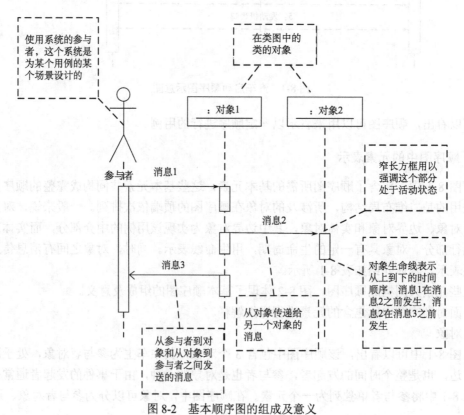

图 8-2　基本顺序图的组成及意义

象和实体对象，在图 8-1 中，参与者对象为车主，边界对象为汽车的控制终端，即实现车辆启动的中介对象，而实体对象为汽车，它是最后执行动作的对象。通常对象置于顶部意味着对象在交互开始时便已经存在，如果对象的位置不在顶部，则表示对象是在交互过程中被创建的。如图 8-3 所示，由于对象 3 是被创造出来的，因此不在最顶端。

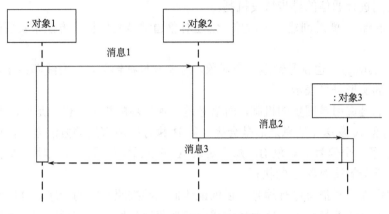

图 8-3　顺序图中被创建的对象

2）生命线

生命线是一条垂直的虚线，表示顺序图中的对象在一段时间内的存在，每个对象的底部都应有一条生命线，当对象被激活以后，从被激活的时间点开始，生命线的部分变成一条细长的矩形框，矩形框的长度表明了该对象被激活的时间长度，并且一个对象在整个事件中可以不止一次被激活，矩形框的长度表示了对象被激活的时间。

3）消息

在 UML 顺序图中，消息的阅读至关重要，消息是用来描述对象之间所进行的通信，包括了消息名和消息参数。在 UML 中，消息使用箭头来表示，箭头的类型表示了消息的类型，几种类型的表示法如图 8-4 所示。

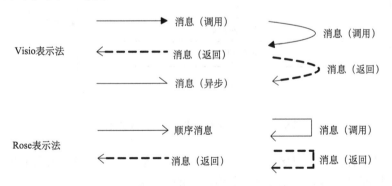

图 8-4　不同软件中消息表示法

在 Microsoft Visio 和 Rational Rose 中，消息的表示方法略有差异，在 UML 中，对象之间的消息分成 5 种类型，即调用、返回、发送、创建和销毁。

（1）调用（call）：这是最常用的一种消息，它表示调用某个对象的一个操作（通常格式为

"对象名.成员方法"）。可以是对象之间的调用，也可以是对象本身的调用（局部调用）。

（2）返回（return）：返回表示被调用的对象向调用者返回一个值。在 UML 的交互图中，将采用虚线箭头线来表示，在箭头线上应标明返回值。

（3）发送（send）：发送是指向对象发送一个信号。信号和调用不同，它是一种事件，用来表示各对象之间进行通信的异步激发机制。

（4）创建（creat）：就是创建一个对象。创建对象通常是利用构造方法来实现的，对象一创建，生命线就开始。

（5）销毁（destroy）：也就是销毁一个对象。对象一旦被销毁，生命线即终止，生命终止符号用一个较大的叉形符号表示。

需要注意的是调用是同步的机制，而信号是一种异步的机制。也就是说，当对象 A 调用对象 B 时，对象 A 发送完消息之后是会等对象 B 执行完所调用的方法之后再继续执行；如果对象 A 发送了一个信号给对象 B，那么对象 A 在发送完信号之后，对象 A 就会继续执行自己的操作，不会等待对象 B 的执行。

同时，我们需要对消息进行编号，以保证我们能够按照一定的顺序对顺序图进行阅读，在图 8-1 中，消息的编号属于顺序编号方式，即按照消息发生的前后顺序，在每条消息之前添加一个编号，如 1,2,3,…，这样编号的好处在于可以非常直观地把握事物发生的顺序，除了顺序编号，还可以使用嵌套编号，就是将属于同一对象发送和接收的消息放在同一层进行编号，在图 8-1 中，将车主发送和接收到的消息作为第一层编号，它们是 1,2,3；中间对象控制终端发出和接收的消息作为第二层编号，它们是 1.1；同理，第三层编号为 1.1.1，采用这种方法，就可以得到如图 8-5 所示的顺序图。

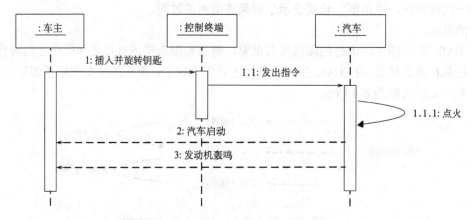

图 8-5　汽车启动顺序图示意图（嵌套编号）

从图 8-5 可以看出，采用这种方法，我们可以很清楚地看出整个用例中各个对象所处的层次，这种消息编号的方式多用于 8.2 节将涉及的通信图中。

在阅读顺序图时，首先应当分辨出顺序图中所具有的元素及其实际意义，同时明确对象之间的消息传递，依照消息的先后顺序进行阅读。

8.1.3　顺序图中的操作符

UML 作为统一建模语言，其涉及的对象行为多种多样，包括循环、分支、并发等关系，下面对顺序图中经常涉及的一些对象行为及其表示进行讲解。

1) 表示分支的 alt 操作符和 opt 操作符

可以表示分支的操作符有两个：支持多条件的 alt 和支持单条件的 opt。这两个语句用在交互片段中，一个交互片段可以包含多个区域，每个区域拥有一个监护条件或者复合语句，如图 8-6 所示。

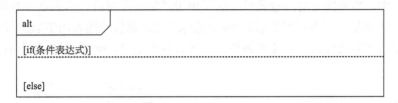

图 8-6　表示分支的交互片段

图 8-6 中，整个交互片段被分割为两部分，alt 操作符处于交互片段的左上方，表示该交互片段所表示的关系为分支关系，alt 语句支持多条件，在 if 后面填写所需要满足的条件，当该条件无法满足时，就执行 else 语句所对应的操作，这里 if 和 else 所包含条件称为监护条件。在顺序图中 alt 语句用来表示分支关系，即在满足一定条件下执行一定的操作，否则则执行另外的操作。

与 alt 操作符相似的是 opt 操作符，但是 opt 语句只支持单条件，即只有当满足 opt 操作符所对应的条件时才进行下一步操作，否则将不进行这部分的操作。

2) 表示循环的 loop 操作符

表示循环的操作符是 loop 操作符，它说明该片段将可以执行多次，而具体的次数由循环次数和监护条件表达式来说明。

如图 8-7 所示，教师需要给学生发送提交作业的命令，但是学生数量众多，因此教师需要对每个学生都进行发送，这个发送命令的过程便可以用循环来表示。

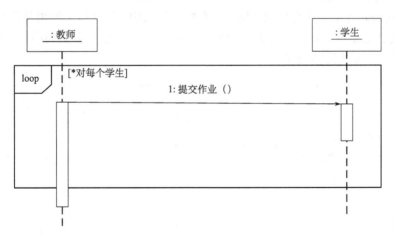

图 8-7　loop 操作符表示的循环操作

从图 8-7 中可以看出，利用 loop 操作符可以实现循环操作，利用方框框起来的部分为需要循环执行的部分，其中中括号里的内容为监护条件，表示了以学生数量为循环次数，在具体情况下，也可以直接在中括号中填写数字来具体规定循环的次数。

3）表示停止的 break 操作符

操作符 break 和循环语句的 break 有些类似，通常用 break 定义一个含有监护条件的子片段。如果监护条件为"真"，则执行子片段，而且不执行子片段后面的其他交互；如果监护条件为"假"，则按正常流程执行。

在图 8-8 中，当系统要用户登录时。如果单击"取消"按钮，那么就将取消登录。并且不再执行后续地交互；否则就将等待用户输入登录信息，系统对输入的信息进行相应地应答。

中括号中的"取消登录"为监护条件，当该条件满足时，break 操作符将被执行。

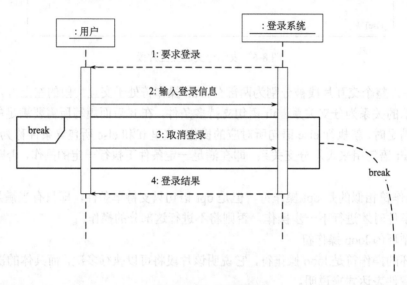

图 8-8　break 操作符

4）表示连续的 critical 操作符

操作符 critical 表示子片段是临界区域，在临界区域中，生命线上的事件序列不能和其他区域中的任何其他事件交错。它通常用来表示一个原子性的连续操作，例如，事务性操作，图 8-9 所示就是一个实际的例子。

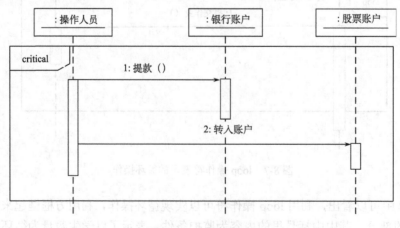

图 8-9　critical 操作符

图 8-9 的意思是从银行账号扣钱和往证券账户加钱的这两个动作要么全部成功完成，要么都不执行。

5）表示并行的 par 操作符

操作符 par 是用来表示并行的，也就是用来表示两个或多个并发执行的子片段，并行子片段中，单个元素的执行次序可以以任何可能的顺序相互操作。

在图 8-10 中，计算机在播放音乐的同时，用户也可以向计算机发送打开浏览器的指令，此时计算机同样可以响应，并不会冲突。

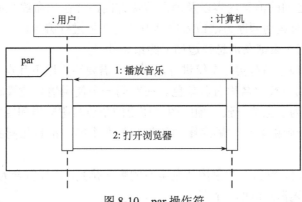

图 8-10　par 操作符

6）表示引用的 ref 操作符

ref 用来在一个交互图中，引用其他的交互图。在一个矩形框的左上角标识 ref 操作符，并在方框中写明被引用的交互图名称。ref 操作符如图 8-11 所示。

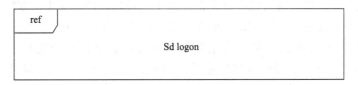

图 8-11　ref 操作符

在图 8-11 中 Sd logon 为被引用的交互图名称，其中 Sd 表示图的类型为顺序图，logon 表示具体顺序图的名称。这样可以将 logon 这个顺序图引用进新的交互图中。

在 UML 中，不同种类的图均有对应的表示方式，如表 8-2 所示。

表 8-2　UML 中各类图的表示方式

图类型	对应的表示法	图类型	对应的表示法
类图	class	对象图	object
包图	package	用例图	use case
顺序图	sd	通信图	comm
定时图	timing	活动图	activity
交互概述图	intOver	状态图	statemachine
构件图	component	部署图	deployment

8.1.4 如何创建顺序图

在创建顺序图时，需要遵守以下的步骤。

(1)确定交互过程的前后关系。

(2)确定参与交互过程的对象。

(3)为每个对象设置生命线，即确定哪些对象存在于交互过程中，并且是否有对象出现被销毁的现象。

(4)明确各对象之间的消息内容以及消息传递方向，并在生命线之间自顶向下一次画出随后的各个消息，同时运用顺序方法或者嵌套方法对消息进行编号。

(5)如果需要说明约束则在消息旁边加上约束条件。

同时，如果使用顺序图对实际系统进行建模时，需要注意以下几点。

(1)使用和用例图一致的名称命名角色。在对同一个使用情景建模时，顺序图一般涉及一个或者多个角色，为了保持一致，顺序图中使用的角色名称应当和用例图一致。

(2)使用和类图一致的名称。顺序图中的类和类图中的类都是相同的，因此应当用同样的名称。

同时在设置对象时，应当将对象按从左至右的顺序排列，这样符合人们普遍的阅读习惯，同时也可以保持和描述消息流的一致性。

下面就以学生校园卡充值系统为例说明如何创建顺序图。

(1)首先进行交互过程的总体分析。当学生将校园卡插入充值机器(圈存机)时，圈存机的自助充值终端会对校园卡里的余额信息进行读取和更新，接下来由学生选择充值业务，自动充值终端会要求学生进行刷银行卡的操作并对银行卡进行读取，读取之后，圈存机将自动接入银行卡转账系统，该系统可以将学生银行卡中的钱转入校园卡中，在转账结束后，充值系统对校园卡的余额会进行一次更新，更新完毕后，充值过程完成。

(2)确定参与交互过程的对象。从上面的分析可以看出，整个交互过程主要涉及的对象有学生、自助充值终端、银行卡转账系统以及校园卡几个对象，可以将这些对象从左到右排开，由于这些对象均有参与整个过程，因此这些对象均需要设置生命线，如图 8-12 所示。

图 8-12　校园卡充值中涉及的对象示意图

(3)确定对象间的消息内容以及消息传递方向。从之前的分析可以看出，在学生和自助充值终端之间，首先学生将校园卡插入对应处，由自助充值终端对其进行读取并更新余额，更新后学生可以选择进行充值，此时，自助充值终端在读取银行卡后将介入银行卡转账系统，同时对消息进行编号。将这些步骤反映在图中，便得到图 8-13。

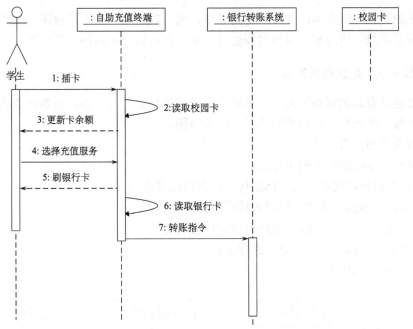

图 8-13　加入了学生和充值终端交互消息的顺序图示意图

在加入学生和充值终端的交互后，对后续交互继续分析，当充值终端连接入银行转账系统并且发送转账指令后，银行转账系统被激活，并且进行转账活动，并将转账的金额打入校园卡中，在转账结束后，充值终端将对校园卡的余额进行更新，并将最终的充值后的金额显示在终端上，完成过程。将这些步骤加入之前的顺序图，便得到图 8-14。

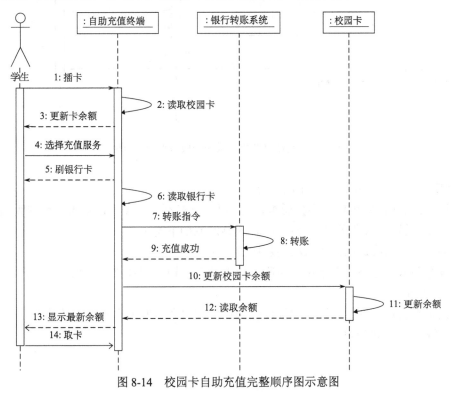

图 8-14　校园卡自助充值完整顺序图示意图

从上面的过程可以看出，按照一定的顺序，先后确定整个交互过程所涉及的对象以及对象之间的交互消息，再对整个用例过程进行建模，便可以得到最终的顺序图。

8.1.5 典型示例：地铁自助售票系统

下面以地铁自助销售系统为例，对顺序图再次进行说明，下面对买地铁票的两种场景进行建模，对每一个场景，我们绘制其对应的顺序图。

1）买地铁票的正常场景

下面是买到地铁票的一般事件流。

（1）乘客先进行路线的选取，然后售票机返回所需金额。

（2）乘客从机器的前端钱币口投入钱币，并且确认。

（3）钱币到达钱币记录仪，记录仪更新自己的存储。

（4）记录仪发出指令，让出票器进行出票。

其对应顺序图如图 8-15 所示。

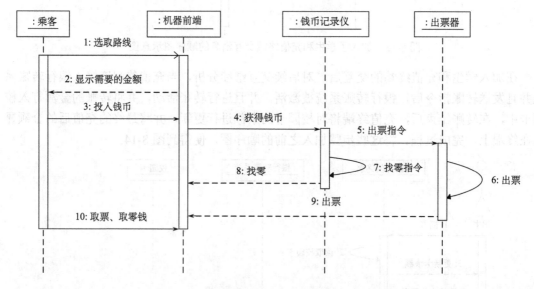

图 8-15　地铁自助售票系统一般事件流示意图

2）地铁自助售票机不接受纸币的情况

有时，会出现自助售票机不接受纸币的情况（也有不接受硬币的情况，但是两者并无实质差别，因此只用一张图予以说明），此时的事件流如下所示。

（1）乘客进行路线选取，售票机显示所需金额。

（2）乘客并未注意不接受纸币的说明，投入纸币，钱币记录仪检测到为纸币，退还纸币，并显示购票失败。

（3）乘客重新投入硬币，钱币记录仪收到后，向出票器发出出票指令并找零。

对应的顺序图如图 8-16 所示。

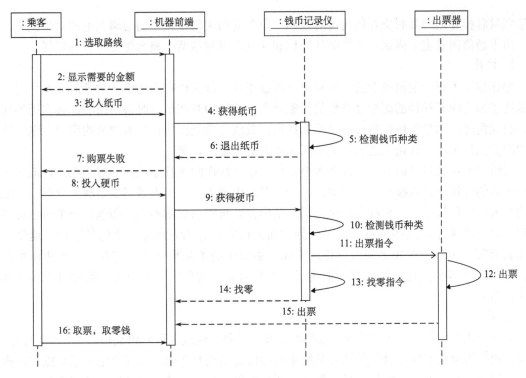

图 8-16　只支持硬币情况下的自助购票示意图

8.1.6　小结

本节介绍了交互图中的第一种图：顺序图。对顺序图的作用、组成元素、阅读方法、创建方法做了介绍。重点介绍了顺序图的创建过程，并且列举了校园卡自助充值和地铁自助售票系统的顺序图建模过程。在 8.2 节，本书将会介绍另一种交互图：通信图。

8.2　通　信　图

8.2.1　基本概念

与顺序图一样，通信图也是一种描述对象之间交互行为的模型图，属于描述对象间的通信及协作关系，其模型元素与顺序图基本相同，与顺序图不同的是，顺序图强调的是事件发生的时间以及消息传递的先后次序，通信图则侧重于描述对象之间是如何相互连接的，强调的是发送和接收消息的对象之间的组织结构。在 Rational Rose 等软件中，通信图和顺序图之间是可以相互转化的，这两种图是从不同的角度表达了系统中的各种交互情况及系统行为。

通信图可以被看作对象图的扩展，因为它除了表现出对象的关联，还显示出对象之间的消息传递，并且绘制出对象与对象之间的消息连接。通过对象和主角实例，以及描述它们之间的关系与交互的连接和消息，并通过说明对象之间如何发送消息来实现通信来描述参与对象发生的情况。

通信图也称为协作图，它描述了系统中对象之间通过消息进行的交互，这些对象为了实现某种目的而进行的相互合作，在通信图中，只有那些涉及协作的对象才会被表示出来，即通信图只对相互之间具有交互作用的对象和对象之间的关联建模，而忽略其他的对象关联。

由于通信图着重于强调对象之间的协作和交互，现对这两个概念做进一步的解释。

1. 协作

协作描述了在一定语境中的一组对象，以及用以实现某些行为的这些对象的相互作用。它描述了为实现某种目的而相互合作的对象社会。协作中有在运行时被对象和连接占用的角色。类元角色表示参与协作执行的对象的描述；关联角色是在协作中被部分约束的关联。协作中的类元角色和关联角色之间的关系只在特定的语境下才有意义。

系统中的对象可以参与一个或者多个协作。虽然协作的执行通过共享对象相连，但是对象所出现的协作不必直接相关。例如，在一个派对模型中，一个人既可以是教师也可以是派对的客人。合作包括结构和行为两个方面。结构方面与静态视图相似，即包含一个角色合集和它们之间的关系，这些关系定义了行为方面的内容。行为方面是一个消息集合，这些消息在具有某一角色的对象之间进行传递交换。协作中的消息集合称为交互，一个协作可以包含一个或者多个交互，每个交互描述了一系列消息，协作中的对象为了某种目的而交换这些消息。

2. 交互

交互是协作中的一个消息合集，这些消息被类元角色通过关联角色交换。当协作运行时，受类元角色约束的对象通过受关联角色约束的连接交换消息实例。交互作用可以对操作的执行、用例或者其他的行为实体建模。消息是两个对象之间的通信，是从发送者到接收者的信息流。消息具有用于在对象之间传值的参数。消息可以是信号或者调用。创建一个新的对象在模型中被表达成一个事件，这个事件由创建对象所引起并由对象所在的类本身接受。而消息的表示可以利用本章的两种图来表示，不过顺序图侧重于消息的时间顺序，而通信图突出交换消息的对象之间的关系。

从图 8-17 中可以看出，用户想要对文件进行打印，需要通过计算机、打印机等对象进行实现，在整个过程中，各个对象之间有消息的交互，用户将要打印的文件在计算机上打开。并发出打印指令，打印中心在得到打印指令后会向空闲打印机发出打印的命令，打印机接到指令后对文件进行打印，在图 8-17 中，突出了用户、计算机、打印服务端以及打印机所起到的作用以及它们之间的信息交互，体现了这些对象的互相协作。

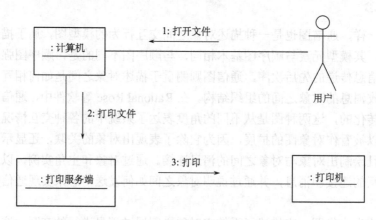

图 8-17　用户使用计算机打印文件的通信图示意图

通信图作为一种在给定语句中描述协作中各个对象之间的组织交互关系的空间组织结构的图形化方式，其作用可以分为以下几方面。

(1)通过描绘对象之间的消息传递情况来反映具体的使用语境的逻辑表达：一个使用情景的逻辑可能是一个用例的一部分或者是一条控制流。

(2)显示对象及其交互关系的空间组织结构：通信图显示了在交互过程中各个对象之间的组织交互关系以及对象彼此之间的链接。与顺序图不同，通信图显示的是对象之间的关系，并不侧重于交互的顺序，即没有将时间作为一个单独的维度，而是使用序号来确定消息及其顺序。

(3)表现一个类操作的实现：通信图可以说明类操作中用到的参数、局部变量以及返回值等。当使用通信图表现一个系统行为时，消息编号对应了程序中嵌套调用的结构和信号传递的过程。

8.2.2 通信图中的元素表示

在通信图中，其元素组成主要包括三种，即对象、链和消息。

1. 对象的表示

通信图中的对象和顺序图中的对象概念相同，都是类的实例。对象的角色表示一个或一组对象在完成目标的过程中所应起的作用。对象是角色所属的类的直接或者间接实例。

在通信图中，对象的表示方法和顺序图中的一样，都是使用包围名称的矩形框来标记，并且在对象名称下面加上下划线，即对象名：类名的形式。

通信图中的对象表示如图 8-18 所示。

值得注意的是，在通信图中有多个对象的图形表示，即图 8-18 中右边图片表示的示例，表示多个对象。

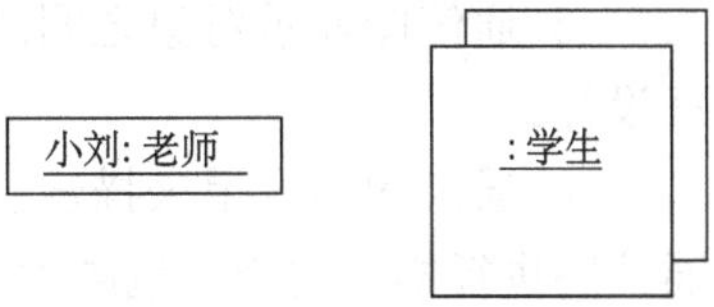

2. 链的表示

图 8-18　通信图中的对象表示

通信图中的链与对象图中涉及的链的概念和表示都相同，表示有关联的实例，在通信图中，链的表示形式为一个或者多个相连的线或者弧线。在一些有自身关联的类中，链是两端指向同一对象的回路，是一条弧线。图 8-19 是通信图中链的普通关联和自身关联的表示形式。

图 8-19　通信图中链的表示

3. 消息的表示

通信图中的消息类型与顺序图中的相同，都是一个对象向另一个对象发送信号或者由一个对象调用另一个对象，并且为了说明交互过程中的消息的时间顺序，同样需要对消息进行编号，每个消息都必须有唯一的编号。同时，与顺序图不同的是，通信图的消息都是依附于链，一条链上可以有多个消息，但是每条消息均是附在消息发送和接收者的链上，同样，有的对象也可以向自身发送消息，图 8-20 为通信图中的消息表示实例。

图 8-20　通信图中的消息表示实例

8.2.3　如何创建通信图

根据系统的用例或者具体场景，描绘出系统中的一组对象在空间组织结构上交互的整体行为，是使用通信图进行建模的目标。一般情况下，系统的某个用例往往包含好几个工作流程，这时就需要创建多个通信图来进行描述。

通信图的创建遵守以下步骤。

(1)根据系统用例或者具体场景，确定通信图中应当包含的对象。

(2)确定对象之间的关系，可以建立早期的通信图，并在有交互行为的对象之间添加链接。

(3)细化早期的通信图，并在链接上添加消息和消息编号。

同时，在创建通信图的过程中，应当遵守一些设计准则。

(1)顺序图不善于表达复杂分支，但是通信图可以通过序号来表示。

(2)通信图强调的是类之间的协作关系，如果一个动作需要由不止一个类来完成，那么便应当用通信图来描述。

(3)相比于系统分析而言，在实际的系统设计中，尽量使用通信图，因为通信图着重描述的是对象之间的交互关系。

(4)通信图用于显示对象之间如何进行交互以执行特定用例或者用例中的特定部分的行为。设计人员采用顺序图和通信图确定并阐明对象的角色，这些对象执行用例的特定事件流。

(5)通信图显示对象之间的关系，它更有利于理解对给定对象的所有影响，也更适合过程设计。

(6)通信图适合用来描述少量对象之间的简单交互。随着对象和消息数量的增多，使用通信图进行描述的难度就越大。

(7)通信图很难显示补充的说明性信息，例如，时间等信息，但是这些信息在顺序图中可以得到体现和说明。

(8)在顺序图中，时间是作为一个显性因素出现的，这使得顺序图在系统分析中是十分有用的。而在通信图中，没有明显的时间因素，但是对象之间的关联是一目了然的，这对我们在一组关联对象的语境中考察它们的消息传递是很有用的。

(9)通信图作为表示对象之间的相关作用的图形，可以有层次结构。可以把多个对象作为一个抽象对象，通过分解，用下层通信图表示出这多个对象之间的协作关系，可以减少问题的复杂程度。

下面以搜索并登录 Wi-Fi 为例来说明通信图创建的具体步骤。

(1)首先确定该用例中所有的参与对象，用例的发起人为无线网的用户，同时，用户需要通过无线终端进行无线连接，终端可以是手机、计算机等，在连接之前，先要通过终端对无线热点进行查找，因此无线热点也是其中的对象，并且为多对象(因为热点往往不止一个)，搜索到无线网络后用户将在对应的登录页面输入账号密码并进行登录。

先将对象画在图中，得到图 8-21。

(2)确定好对象以后，紧接着确定对象之间的联系，可以看出用户直接通过终端进行连接，而终端因为要进行热点搜索，因此终端和热点之间也有联系，登录页面隶属于终端，它们之间也有联系，因此将由交互的对象用实线(即链)进行连接，得到图 8-22。

图 8-21 登录无线网用例涉及的对象示意图

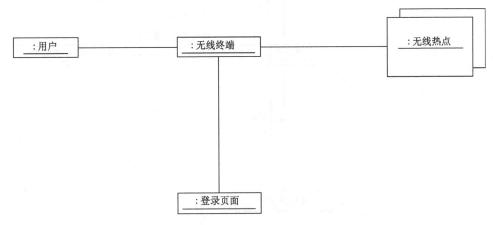

图 8-22 登录无线网用例对象之间的联系示意图

(3)确定好对象之间的联系,就可以对对象之间的消息传递进行研究,用户首先应当打开无线终端,并由无线终端去发送指令搜索热点,并返回搜索结果,在搜索到之后,终端将接入登录页面,并由用户输入账号密码,这个登录过程完成,通过这样的分析,我们可以得到简单的无线登录通信图,如图 8-23 所示。

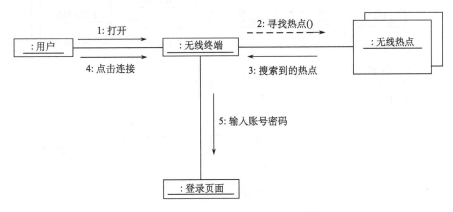

图 8-23 登录无线网用例的通信图示意图一

完成上述步骤以后,可以对通信图进行进一步细化,我们知道,许多无线网热点需要账户密码才能进行登录,这里就涉及一些扩展事件流,即对账户和密码的验证过程,如果都通过验证,才能够进行连接,而账户和密码均存储在数据库中,因此我们需要添加两个对象,即账户数据库和密码数据库,用以查验账户密码。如图 8-24 所示。

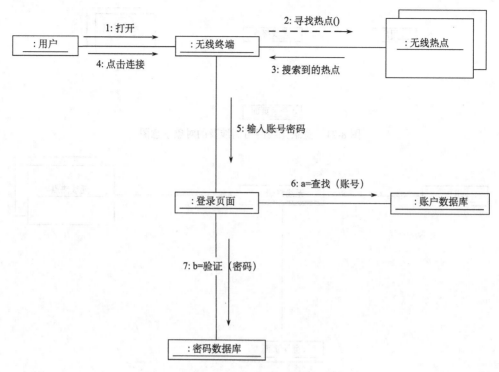

图 8-24 登录无线网用例的通信图示意图二

在进行验证之后，会出现 3 种情况，第一种即正常登录，第二种为用户名不存在，第三种为密码错误，并且这些结果都应当予以返回给用户查看，添加上返回消息，得到最终的通信图，如图 8-25 所示。

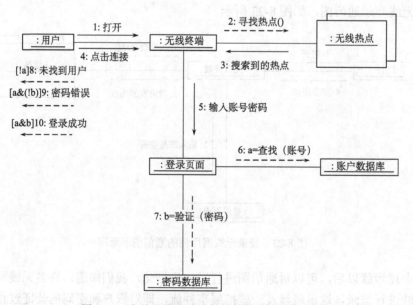

图 8-25 登录无线网用例的最终通信图示意图

在消息 8，9，10 中括号里的内容表示监护条件，以消息 8 为例，当 a 为假，即无法找到账户时，即返回未找到用户。以此类推，可以得出其他两个消息的含义。

8.2.4 典型示例

下面以操作安卓手机播放音乐为例，对通信图的创建过程进行进一步说明。

（1）先确定用例过程中的参与对象，在该用例中，动作的发起者为手机用户，手机用户通过操作安卓手机，打开装载在手机上的音乐播放软件来实现音乐播放，当然，用户可以选择想要听的歌曲，这时就需要播放软件对所选音乐的音乐源进行查找和提取，因此对象中还应当包括存储音乐文件的数据库。

（2）确定对象之间的关系，手机用户和安卓手机之间以及手机用户与音乐播放器之间，安卓手机和音乐播放器之间以及音乐播放器和音乐数据库之间都有交互关系。应当用链将其分别进行连接。

（3）确定对象之间的消息流，首先用户打开安卓手机，再打开音乐播放器并选择要播放的歌曲，得到指令后，音乐播放器将在音乐数据库中进行检索并提取，完成提取后便可以进行播放，用例完成。

将上述分析画成通信图，如图 8-26 所示。

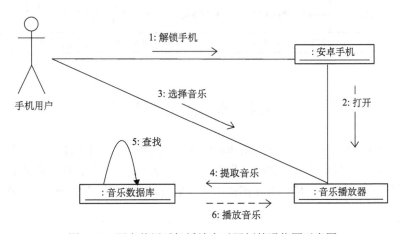

图 8-26　用户使用手机播放音乐用例的通信图示意图

8.3　顺序图和通信图的关系

本章之前已经多次提到顺序图与通信图之间的区别和联系，这里之所以再列一小节，是希望读者可以完全掌握和区分这两种图，以便可以更好地进行建模。

顺序图和通信图都属于交互图，都用于描述系统中对象之间的动态关系。顺序图和通信图在语义上是等价的，实际上这两种图表达的是同一种信息，并且现在 Rational Rose 等软件可以实现顺序图和通信图之间的相互转化，但是两者不能完全相互替代。顺序图和协作图虽然都可以表示各对象之间的交互关系，但是侧重点不同。通信图的重点是将对象的交互映射到它们之间的链上，即通信图以对象图的方式绘制各个参与的对象，并且将消息和链平行放置，强调的是交互的语境与参与交互的对象的整体组织；而顺序图可以描述对象的创建和撤销的情况，强调的是交互的时间顺序。

顺序图在表示算法、对象的生命周期、具有多线程特征的对象等方面更加擅长，但是在表示并发控制流上会困难一些。

通信图用于显示对象之间如何进行交互以执行特定用例或者用例中特定部分的行为。

表 8-3 直观地阐述了两者的区别与联系。

表 8-3　顺序图和通信图的区别与联系

		顺序图	通信图
相同点		同属于交互图，用来描述系统或者用例中多个对象之间的关系以及对象之间的消息传递，用于对系统多个对象的相互作用进行建模	
不同点	元素组成	对象、生命线、消息	对象、消息、链
	侧重点	侧重时间和序列，强调消息的时间顺序，着重描述对象按照时间顺序的消息交换，为读者提供了控制流随着时间推移的可视化轨迹	侧重交互的对象的组织即对象之间的协作，描述系统成分如何协同工作，为读者提供了在协作对象结构组织的语境中观察控制流的可视化轨迹
	描述对象	描述完成一个用例的过程，是对象层不是类层	分析系统中的对象和对象之间传递的消息
	布局规则	按照交互的时间顺序进行顺序布局	着重于描述协作对象之间的交互和连接，按照空间布局
相互关系		侧重点不同，但是语义上基本等价，可以相互转换而不丢失任何信息	

8.4　本章小结

本章重点介绍了两种交互图：顺序图和通信图，对两种图的基本概念、元素组成、创建方法等做了详细介绍，并且列举了大量实例，重点对创建方法进行了实际说明。同时重点讲述了顺序图与通信图的区别和联系，希望读者在阅读完本章后可以对交互图有一个全新全面的认识。

▶ 小提示

顺序图的英文是 sequence diagram，然而翻译为中文时，我们见到多种表达。如顺序图、时序图、序列图、循序图等。在中文 UML 语境中，常常使用时序图或者顺序图，它们的含义是一致的。

通信图对应的英文是 communication diagram，协作图对应的英文是 collaboration diagram，读者需注意在 UML 语境中，它们的含义是一样的。关于 UML 通信图的中文翻译也存在多种表达，包括：通信图、协作图、合作图等。

习　题

一、填空题

1. 在顺序图中通过＿＿＿表示出消息的时间顺序。

2. UML 的＿＿＿＿表示消息源发出消息后不必等待消息处理过程的返回，即可继续执行自己的后续操作。

3. 在 UML 顺序图中，_____对消息传递的目标对象的销毁。

4. 顺序图包含的 4 个元素有_____、生命线、_____、激活。

二、简述题

1. UML 中的交互图有两种，分别是顺序图和通信图，请分析一下两者之间的主要差别和各自的优缺点。

2. 简述顺序图的建模步骤以及如何识别用例。

三、分析设计题

图书管理系统功能性需求说明如下：

(1)图书管理系统能够为一定数量的借阅者提供服务。每个借阅者能够拥有唯一标识其存在的编号。图书馆向每一个借阅者发放图书证，其中包含每一个借阅者的编号和个人信息。提供的服务包括：提供查询图书信息、查询个人信息服务和预定图书服务等。

(2)当借阅者借阅图书、归还书籍时需要通过图书管理员进行，即借阅者不直接与系统交互，而是通过图书管理员充当借阅者的代理和系统交互。

(3)系统管理员主要负责系统的管理维护工作，包括对图书、数目、借阅者的添加、删除和修改。并且能够查询借阅者、图书和图书管理员的信息。

(4)可以通过图书的名称或图书的 ISBN/ISSN 号对图书进行查找。

根据本章所学知识，编制 UML 图，对上述功能性需求进行实现。

第9章 交互概述图

顺序图、通信图和活动图主要关注特定交互的具体细节，而交互概述图则将各种不同的交互过程结合在一起，形成针对系统某种特定要点的交互整体图。交互概述图的外观与活动图类似，只是将活动图中的动作元素改为交互概述图的交互关系。如果概述图内的一个交互涉及时序，则使用顺序图；如果一个概述图中的另一个交互可能需要关注消息次序，则可以使用通信图。交互概述图将系统内单独的交互结合起来，并针对每个特定交互使用最合理的表示法，以显示出它们如何协同工作来实现系统的主要功能。

9.1 交互概述图的基本概念

交互概述图具有类似活动图的外观，因此可以按活动图的方式来理解，唯一不同的是使用交互代替了活动图中的动作。交互概述图中每个完整的交互都根据其自身的特点，以不同的交互图来表示，如图9-1所示。

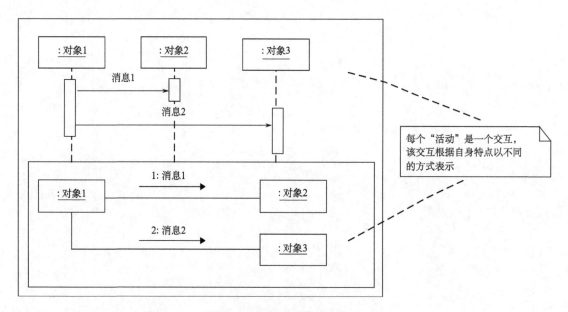

图9-1 交互概述图中的概述

交互概述图与活动图一样，都是从初始节点开始，并以最终节点结束。在这两个节点之间的控制由两者之间的交互组成。并且交互之间不局限于简单按序的活动，它可以有判断、并行动作甚至循环。交互概述示例如图9-2所示。

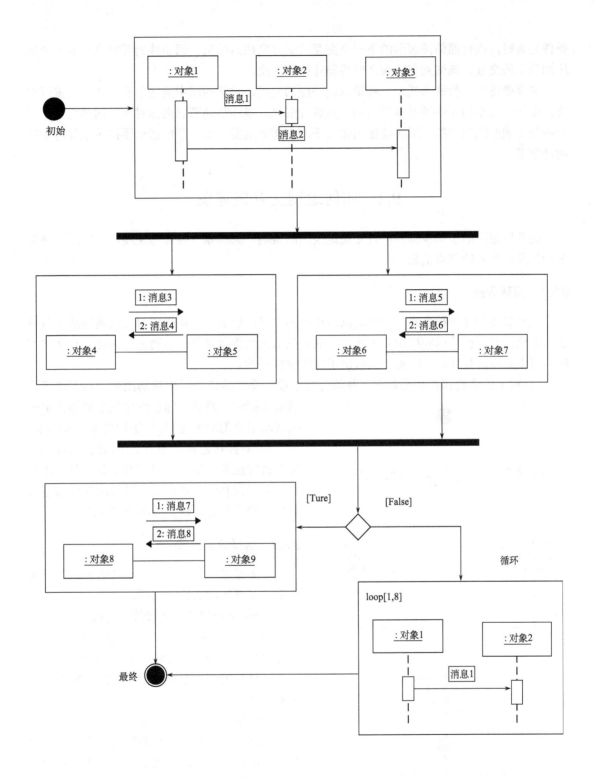

图 9-2　交互概述示例图

在图 9-2 中，从初始节点开始，控制流执行第一个顺序图中表示的交互，再并行执行两个通信图表示的交互，然后合并控制流，并在判断节点处根据判断条件执行不同的交互；当条件为真时，执行通信图表示的下一个交互，交互完成后结束，而条件为假时执行下一个顺序图表示的交互，该交互在结束之前将循环执行 8 次。

交互概述图有两种形式，一种是以活动图为主线，对活动图中某些重要活动节点进行细化，即用一些小的顺序图对重要活动节点进行细化，描述活动节点内部对象之间的交互；另一种是以顺序图为主线，用活动图细化顺序图中某些重要对象，即用活动图描述重要对象的活动细节。

9.2 如何绘制交互概述图

交互概述图的绘制步骤为：首先决定绘制的策略，选择哪一种图为主线，然后用一种图来细化某些重要的节点信息。

9.2.1 策略选择

交互概述图有两种形式：一种是以活动图为主线，然后，用顺序图对某些重要活动节点进行细化；另一种是以顺序图为主线，用活动图对某些重要对象的活动进行细化。那么在实际应用中应该选择哪种策略呢？这取决于你的建模目的。

（1）对工作流建模：如果是对工作流进行建模，那么应该先采用活动图来表示工作流的活动控制流，然后再通过顺序图来描述其中一些活动节点的对象控制流，阐述更多实现细节。

（2）对操作建模：如果是在为代码的设计、实现进行建模，那么可以先通过顺序图描述对象之间的控制流；然后再通过活动图来描述对象中某些重要的方法、调用的算法流程。

9.2.2 选择绘制主线

下面通过一个生成订单汇总信息的例子来说明交互概述图的绘制过程。

（1）根据应用要求选择绘制主线。

（2）生成订单汇总信息的要求：如果下订单的客户是系统外的，则通过 XML 来获取信息；如果下订单的客户是系统内的，则从数据库中获取信息。

上述描述说明，其活动控制流涉及一个分支，根据客户数据是否在系统内部选择不同的获取方法，然后生成汇总信息。因此，我们决定以活动图为绘制主线，如图 9-3 所示。

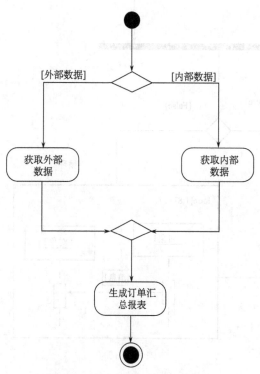

图 9-3 以活动图为主线订单生成

9.2.3 细化重要节点

假设需要对获取外部数据和获取内部数据的细节进行描述，则用顺序图来描述这两个活动的细节，如图 9-4 所示。

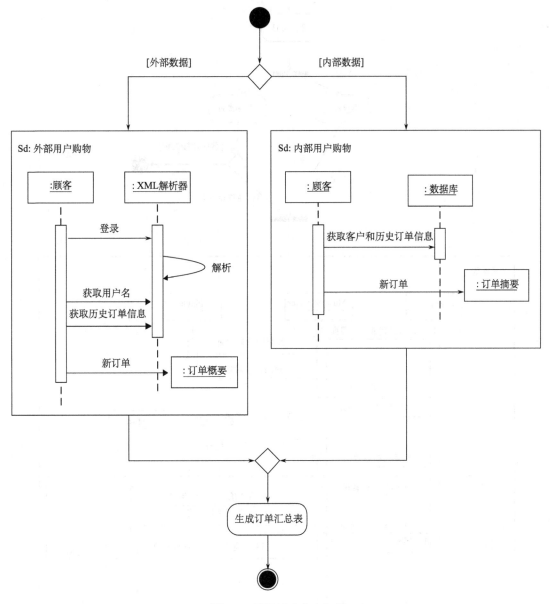

图 9-4 展示活动节点细节

（1）获取外部数据：载入 XML 文件，再通过遍历该对象获取客户姓名、订单信息，然后创建订单概要对象（order summary）。

（2）获取内部数据：从数据库中查询客户姓名、订单信息，然后创建订单概要对象。

图 9-4 是一个订单综述报告。如果客户是外部的（即新的客户），就从 XML 取得信息；如果客户是内部的（即系统已经存在的客户），那么就从数据库中取得信息。小顺序图说明了这两种选择。一旦取得数据，就编排报告，在这种情况下，并不示明顺序图，只用一个指引交互架构来指引它。

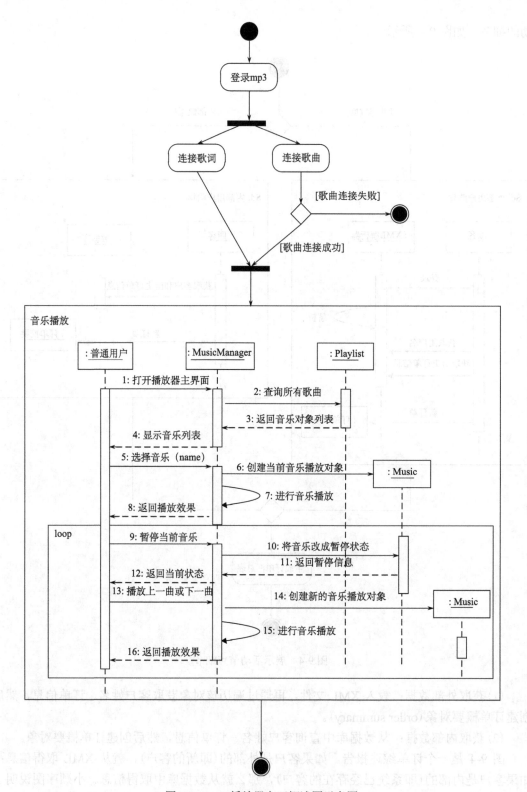

图 9-5 mp3 播放器交互概述图示意图

9.3　典　型　示　例

我们以 mp3 播放器为例，进一步来学习交互概述图，如图 9-5 所示。

本例中，mp3 主要的功能是播放音乐并显示歌词，因此，我们建立一个以活动图为主线的交互概述图。

mp3 工作的活动图描述：首先应登录 mp3，接着进行分叉，同时进行两个活动——连接歌词和连接歌曲，如果歌曲连接失败，那么整个活动就会终止，如果歌曲连接成功，同时歌词也连接完毕，紧接着进行汇合，就会进行音乐播放这个重要活动，音乐播放完毕后，整个活动终止。

下面我们对音乐播放这个活动进行细化得到图 9-5 的音乐播放顺序图，整个顺序图包括5 个对象：普通用户、MusicManager、Playlist、两个 Music 对象。首先普通用户打开播放器主界面，MusicMahager 查询所有歌曲，Playlist 就会返回音乐对象列表，MusicManager 显示音乐列表给普通用户。接下来用户选择音乐，MusicManager 创建当前音乐播放对象，MusicManager 进行音乐播放并返回给普通用户播放效果。如果普通用户暂停当前音乐，MusicManager 就会将 Music 对象改为暂停状态，Music 返回暂停信息，MusicManager 返回当前状态给普通用户。如果普通用户选择播放上一曲或下一曲，MusicManager 就会创建新的音乐播放对象，并且进行音乐播放，而且返回给普通用户相应的播放效果。在这个顺序图中包括一个 loop 环，表示 loop 环中的活动将会循环进行。

这样，我们就绘制出 mp3 播放器播放音乐时的交互概述图。

9.4　本　章　小　结

本章在活动图和交互图的知识基础上，介绍了交互概述图的概念、作用和绘制方法，给出了一个应用示例。关于本章的知识点，需记住交互概述图就是活动图与顺序图的组合体。同时也有两种方式：偏向活动图或者偏向顺序图。具体偏向哪个方面，要针对特定的交互使用特定的表示方法。

习　　题

一、简述题

1. 简述交互概述图与活动图的区别。

2. 简述交互概述图和交互图的区别以及联系。

3. 简述交互概述图的设计过程及步骤。

4. 简述交互概述图的两种形式及其应用范围。

二、分析设计题

仔细分析语音邮箱系统的保留语音信息和拨打邮箱号的用例事件流描述，请找出里面的对象，并画出交互概述图。

1. 用例 1：拨打邮箱号。

(1)呼叫者拨打语音邮件系统的主号码。

(2) 语音邮件系统发出提示音：输入邮箱号码并加#号。

(3) 呼叫者输入接收者的邮箱号。

(4) 语音邮件系统发出问候语：已进入××的邮箱，请留言。

2. 用例 2：保留语音信息。

(1) 呼叫者拨打邮箱号。

(2) 呼叫者说出信息。

(3) 呼叫者挂断电话。

(4) 语音邮件系统将记录的信息存放在接收者的邮箱中。

第10章　状　态　图

对每一个对象而言，其内部状态是变化的，对象上发生的事件可能导致对象内部状态值的改变，这种变化与事件发生时对象所处的状态有关，与所发生的事件也有关。在面向对象的建模中，可以通过状态图来表达对象状态的改变。本章先给出状态图的基本概念与表示法，然后讲解在实际中的具体应用。

10.1　状态机与状态图的概念

在日常生活中，事物状态的变化是无时不在的。例如，使用银行的 ATM 机，当一部 ATM 机没有人使用时它处于闲置状态，当插入银行卡进行存、取款操作时，ATM 机处于工作状态。使用完毕退出银行卡后，ATM 机又回到了闲置状态。使用状态图就可以描述 ATM 机整个状态变化的过程。

状态图(state diagram)是描述一个实体基于事件反应的动态行为，显示了该实体是如何根据当前所处的状态对不同的事件做出反应的。通常我们创建一个 UML 状态图是为了以下的研究目的：研究类、角色、子系统、组件的复杂行为。

状态图用于显示对象所在的状态序列，使对象达到这些状态的事件和条件以及达到这些状态时所发生的操作。

10.1.1　状态机的概念

状态机是一种记录给定时刻状态的设备，它可以根据各种不同的输入对每个给定的变化做出改变状态或引发一个动作的操作。例如，计算机操作系统中的进程调度和缓冲区调度都是一个状态机。在 UML 中，状态机由对象的各种状态和连接这些状态的转换组成，是展现状态与状态转换的图。

状态机由状态、动作、事件、活动和转换 5 部分组成。

1) 状态

状态指的是对象在其生命周期中的一种状况，处于某个特定状态中的对象必然会满足某些条件、执行某些动作或者等待某些事件。一个状态的生命周期是一个有限的时间阶段。

2) 动作

动作指的是状态机中可以执行的那些原子操作。原子操作指的是它们在运行的过程中不能被其他消息所中断，必须一直执行下去，最终导致状态的变更或者返回一个值。

3) 事件

事件指的是发生在时间和空间上的对状态机来讲有意义的那些事情。事件通常会引起状态的变迁，促使状态机从一种状态切换到另一种状态，如信号、对象额度创建和销毁等。

4) 活动

活动指的是状态机中进行的非原子操作。

5) 转换

转换指的是两个不同状态之间的一种关系，表明对象将在第一种状态中执行一定的动作，并且在满足某个特定条件下由某个事件触发进入第二个状态。

在面向对象的软件系统中，一个对象无论多么简单或者多么复杂，都必然会经历一个从开始创建到最终消亡的完整过程，这个过程通常称为对象的生命周期。一般来说，对象在其生命期内是不可能完全孤立的，它必然会接收消息来改变自身或者发送消息来影响其他对象。而状态机就是用于说明对象在其生命周期中响应事件所经历的状态序列以及其对这些事件的响应。在状态机的语境中，一个事件就是一次激发的产生，每一个激发都可以触发一个状态转换。

状态机常用于对模型元素的动态行为进行建模，更具体地说，就是对系统行为中受事件驱动的方面进行建模。不过状态机总是一个对象、协作或用例的局部视图。由于它考虑问题时，将实体与外界世界相互分离，所以适合对局部细节进行建模。

通常一个状态机依附于一个类，并且描述该类的实例（即对象）对接收到的事件的响应。除此之外，状态机还可以依附于用例、操作等，用于描述它们的动态执行过程。在依附于某一个类的状态机中，总是将对象孤立地从系统中抽象出来进行观察，而来自外部的影响则都抽象为事件。

10.1.2　状态图的概念

状态图本质上就是一个状态机或者是状态机的特殊情况，它基本上是一个状态机中的元素的一个投影，这就意味着状态图包括状态机的所有特征。状态图描述了一个实体给予事件反应的动态行为，显示了该实体如何根据当前所处的状态对不同的事件做出反应。

在 UML 中，状态图由表示状态的节点和表示状态之间转换的带箭头的直线组成。状态的转换由事件触发，状态和状态之间由转换箭头连接。每一个状态图都有一个初始状态（实心圆），用于表示状态机的开始。还有一个终止状态（含有实心圆的空心圆），用于表示状态机的终止。一个完整的状态图主要由元素状态、转换、初始状态、终止状态和判定等组成，具体会在后面的小节做具体说明。

状态图用于对系统的动态方面建模，适合描述跨越多个用例的对象在其生命周期中的各种状态及其状态之间的转换。这些对象可以是类、接口、构件或者节点。状态图常用于对反应型对象建模，反应型对象在接收到一个事件之前通常处于空闲状态，当这个对象对当前事件做出反应后又处于空闲状态，等待下一个事件发生。

状态图描述对象在整个生命周期内，在外部事件的作用下，从一种状态转换到另一种状态的关系图。这种图的节点是状态（包括初始状态和终止状态），关系是转换。图 10-1 是一个典型的状态图。

状态图的组成元素包括：初始状态、终止状态、状态、转换。其中，转换将各种状态连接在一起，构成一个状态图。状态图常用来描述业务或软件系统中的对象在外部事件的作用下，对象的状态从一个状态到另一个状态的控制流。利用状态图可以精确地描述对象在生命周期内的行为特征。

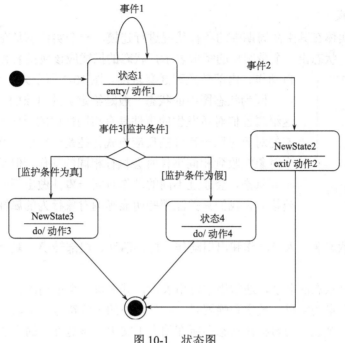

图 10-1　状态图

10.1.3　状态图的作用

如果一个系统的事件个数比较少并且事件的合法顺序比较简单，那么状态图的作用看起来就没有那么明显。但是对于一个有很多事件并且事件顺序复杂的系统，如果没有一个好的状态图，就很难保证程序没有错误。状态图的作用主要体现在以下四方面。

(1)状态图清晰地描述了状态转换时所必需的触发事件、监护条件和动作等影响转换的因素，有利于程序员避免程序中非法事件的进入。

(2)状态图清晰地描述了状态之间的转换顺序，通过状态的转换顺序就可以清晰地看出事件的执行顺序。如果没有状态图，就不可避免地要使用大量的文字来描述外部事件的合法顺序。

(3)清晰的事件顺序有利于程序员在开发程序时避免出现事件错序的情况。

(4)状态图通过判定可以更好地描述工作流因为不同的条件发生的分支这一类的情况。

10.2　状态图的表示

状态图主要由元素状态、转换、判定、同步、事件、初始状态和终止状态等组成，本节将详细介绍这些概念及其在 UML 中的表示方法。

10.2.1　状态

状态是状态图的重要组成部分，它描述了一个对象生命周期中的一个时间段。更为详细的描述就是在某些方面相似的一组对象值；对象执行持续活动时的一段事件；一个对象等待事件发生时的一段事件。

1. 状态的组成

状态用于对实体在其生命周期中的各种状况进行建模，一个实体总是在有限的一段时间内保持一个状态。状态由一个带圆角的矩形表示，状态的描述应该包括名称、入口动作和出口动作、内部转换和嵌套转换。图 10-2 所示为一个简单的状态。

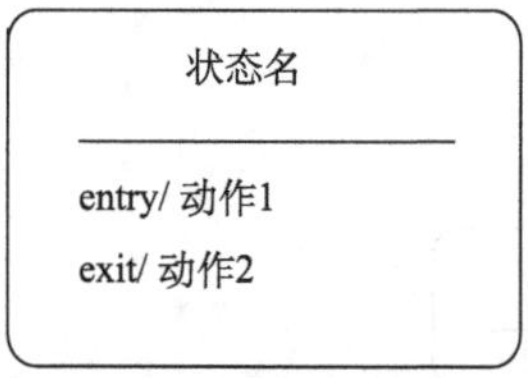

因为状态图中的状态一般是给定类的对象的一组属性值，并且这组属性值对所发生的事件具有相同性质的反应。所以处于相同状态的对象对同一事件的反应方式往往是一样的，当给定状态下的多个对象接收到相同事件时会执行相同的动作。但是，如果对象处于不同状态，会通过不同的动作对同一事件做出不同的反应。在系统建模时，我们只关注那些明显影响对象行为的属性，以及由它们表达的对象状态。

图 10-2 状态图的表示

```
┌──────────────────┐
│      状态名       │
│ ──────────────── │
│ entry/ 动作1      │
│ exit/ 动作2       │
└──────────────────┘
```

状态中包括状态名、入口动作和出口动作、内部活动、内部转换、复合状态等。

1）状态名

状态名指的是状态的名字，通常用字符串表示，其中每一个单词的首字母应大写。状态名可以包含任意数量的字母、数字和除冒号"："以外的一些符号，可以较长，连续几行。但是一定要注意一个状态的名称在状态图所在的上下文中应该是唯一的，能够把该状态和其他状态分开。

在实际的使用过程中，状态名通常是直观、易懂、能充分地表达语义的名词短语，其中每一个单词的首字母要大写。状态还可以匿名，但为了方便，最好为状态取一个有意义的名字。通常状态名放在状态图标的顶部。

2）入口动作和出口动作

入口动作和出口动作分别指的是进入与退出一个状态时所执行的边界动作。这些动作的目的是封装这个状态，这样就可以不必知道状态的内部情况从而可以在外部使用它。入口动作和出口动作原则上依附于进入与退出的转换，但是将它们声明为特殊的动作可以使状态的定义不依赖状态的转换，因此起到了很好的封装作用。要注意的一点是，一个状态可以不具有入口动作和出口动作。

当进入状态时，进入动作被执行，它在任何附加在进入转换上的动作之后而在任何状态的内部活动之前执行。入口动作通常用来进行状态所需要的内部初始化。因为不能回避一个入口动作，任何状态内的动作在执行之前都可以假定状态的初始化工作已经完成，不需要考虑如何进入这个状态。

状态退出时，执行退出动作，它在任何内部活动完成之后而在任何依附在离开转换上的动作之前执行。无论何时从一个状态离开都要执行一个出口动作来进行后处理工作。当出现代表错误情况的高层转换使复合状态异常终止时，出口动作特别有用。出口动作可以处理这类情况以使对象的状态保持前后一致。

3）内部活动

状态可以包含描述为表达式的内部活动。当状态进入时，活动在进入动作完成后就开始。如果活动结束，状态就完成，然后一个从这个状态出发的转换就会被触发。否则，状态等待触发转换以引起状态本身的改变。如果在活动正在执行时转换触发，那么活动被迫结束并且执行退出动作。

4）内部转换

内部转换指的是不导致状态改变的转换，包含除了入口动作和出口动作之外的一系列动作。内部转换自始至终都不离开源状态，因此不涉及入口动作和出口动作。

在下一小节介绍自转换，内部转换和自转换不同。自转换是一种特殊的外部转换，它从一个状态转换到同一个状态自身。自转换会执行嵌在具有自转换的状态里的退出动作，然后再次执行它的进入动作。如果当状态的闭合状态的自转换激发，那结束状态就是闭合状态自己，而不是当前状态。换句话说，自转换可以强制从复合状态退出，但是内部转换不能。

状态可能包含一系列的内部转换，内部转换因为只有源状态而没有目标状态，所以内部转换的结果并不改变状态本身。如果对象的事件在对象正处在拥有转换的状态时发生，那内部转换上的动作也被执行。激发一个内部转换和激发一个外部转换的条件是相同的。

但是，在顺序区域里的每个事件只激发一个转换，而内部转换的优先级大于外部转换。

5）复合状态

状态分为简单状态和复合状态。简单状态是在语义上不可分解的、对象保持定属性值的状况，简单状态不包含其他状态；而复合状态是内部嵌套有子状态的状态，在复合状态的嵌套状态图部分包含的就是此状态的子状态。

2. 状态的分类

状态图中的状态主要分为简单状态和复合状态两种，此外还有历史状态。

1）简单状态

简单状态是指不包含其他状态的状态。但是，简单状态可以具有内部转换、入口动作和出口动作等。图 10-3 是烧水器的状态图，它只包含两个简单状态。

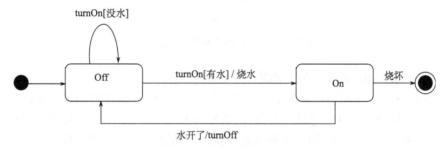

图 10-3 烧水器的状态图示意图

2）复合状态

复合状态是指状态本身包含一到多个子状态机的状态。复合状态中包含的多个子状态之间的关系有两种：一种是并发关系，另一种是互斥关系。

如果子状态是互斥关系，我们称子状态为顺序子状态；如果子状态是并发关系，我们称子状态为并发状态。

（1）顺序子状态。

在任何时刻，当复合状态被激活时，如果复合状态包含的多个子状态中，只能有一个子状态处于活动状态，即多个子状态之间是互斥的，这种子状态称为顺序子状态。复合状态的子状态如果是顺序子状态，那么，复合状态只包含一个状态机。

在图 10-4 中，IC 卡电话包括 3 个基本状态：使用状态、未使用状态和维修状态。其中使用状态是一个复合状态。

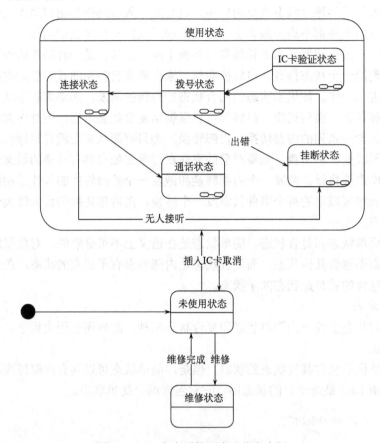

图 10-4 IC 卡电话的顺序子状态实例

下面我们来看看 IC 电话的连接过程。

当拿起电话打 IC 电话时，首先要插入 IC 卡，进行 IC 卡的有效验证，验证通过才可以拨打电话，此时从最初的 IC 卡验证状态转到拨号状态。如果电话接通，则转到连接状态；在连接状态，如果对方也拿起听筒，则转入通话状态，通话完毕转入挂断状态；如果对方无人接听，则转入挂断状态。如果拨号时出现异常情况，则挂断电话；如果挂断后重新拨号，电话又处于拨号状态。如果此时取出 IC 卡，则 IC 电话转入未使用状态。

未使用状态包含 5 个子状态，因为 IC 电话不能同时处于两个不同的子状态中，所以这些子状态是顺序子状态。

（2）并发子状态。

如果复合状态包含两个或者多个并发的子状态机，此时称复合状态的子状态称为并发子状态。

考察一辆处于运行状态的电动车。当车处在运行状态时，包含了前进和后退两个不同的子状态，从这两个子状态之间的关系看，它们就是顺序子状态，因为一辆车不可能同时处于前进和后退两种子状态；另一方面，车的运行状态又包括高速行驶状态和低速行驶状态。前进状态可以同时为高速行驶或者低速行驶状态；当后退状态时，也可以是高速行驶或者低速行驶状态，即前进状态或后退状态之一，可以与高速行驶状态或低速行驶状态之一同时存在。我们把这些可以同时出现的状态称为并发子状态，如图 10-5 所示。并发子状态可以用于并发线程的状态建模。

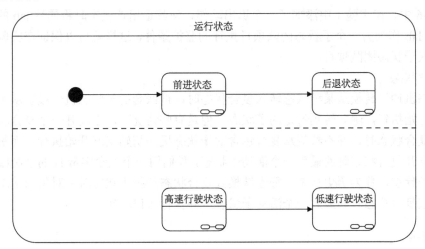

图 10-5　并发子状态实例

（3）状态机之间实现通信。

在并发复合状态中，子状态机之间可能会需要通信。要表示这些通信，当然可以借助于监护条件、状态之间的事件来描述，但有时更希望采用异步模式来描述它。在 UML1.0 中，采用属性和基于同步点两种方法来实现子状态机之间的通信，但在 UML2.0 中已经废弃了同步状态这一方法。

在图 10-6 中，状态课程评价包含了 3 个并发的子状态机：第一个子状态机包含两个状态，即实验 1 和实验 2；第二个子状态机包含一个状态，即团队项目；第三个子状态机包含一个状态，即考试。

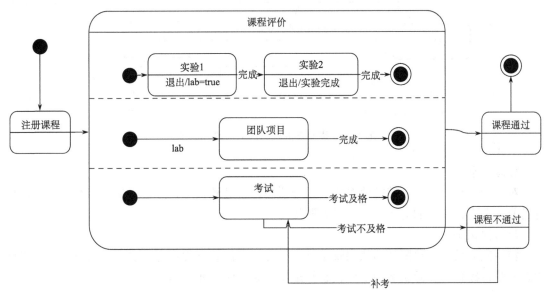

图 10-6　子状态机之间的通信示例

现在来看看第一个子状态机与第二个子状态机之间的通信方式：选修该课程的学生必须先完成实验 1 才能进入子状态团队项目，那么可以通过一个属性来表达两个子状态之间的这种逻辑。

图 10-6 中，在实验 1 中添加了一个退出动作，使其退出该状态时将属性 lab 的值设置为 true，再将 lab 作为另一个子状态团队项目执行的监护条件，这样就可以保证在实验 1 完成之后才能进入子状态团队项目。

3）历史状态

当状态机通过转换从某种状态转入复合状态时，被嵌套的子状态机一般要从子状态机的初始状态开始执行，除非转到特定的子状态。但是有些情况下，当离开一个复合状态，然后重新进入复合状态时，并不希望从复合包含的子状态机的初始状态开始执行，而是希望直接进入上次离开复合状态时的最后一个活动子状态，我们用一个包含字母 H 的小圆圈表示最后一个活动子状态，称为历史状态。每当转换到复合状态的历史状态时，对象的状态便恢复到上次离开该复合状态时的最后一个活动子状态，并执行入口动作。

10.2.2 转换

转换是指对象在外部事件的作用下，当满足特定的条件时，对象执行一定的动作，进入目标状态。转换用带箭头的直线表示，箭尾连接源状态（转出的状态），箭头连接目标状态（转入的状态）。

1. 转换的组成

转换关系到的内容包括：源状态、目标状态、触发器事件、监护条件、执行的动作、活动和理解简单状态图。图 10-7 描述了烧水器的状态图。注意：用实线箭头表示的转换都是外部转换。

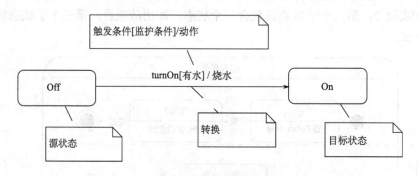

图 10-7　烧水器的状态图的转换示意图

1）源状态

对于一个转换来说，转换前对象所处的状态，就是源状态。源状态是个相对的概念，相对当前状态而言，它的前一个状态就是源状态。

2）目标状态

转换完成后，对象所处的状态就是目标状态。当前状态相对它的前一个状态而言，当前状态就是目标状态。源状态和目标状态都是相对某个转换而言的。

3）触发器事件

触发器事件指的是引起源状态转换的事件。事件不是持续发生的，它只发生在时间的一点上，对象接收到事件，导致源状态发生变化，激活转换并使监护条件得到满足。如果此事件有参数，这些参数可以被转换所用，也可以被监护条件和动作的表达式所用。触发器事件可以是信号、调用和时间段等。

对应于触发器事件，没有明确的触发器事件的转换称为结束转换（或无触发器转换），是在结束时被状态中的任一内部活动隐式触发的。

注意，当一个对象接收到一个事件时，如果它没有时间来处理事件，就将事件保存起来。如果有两个事件同时发生，对象每次只处理一个事件，两个事件并不会同时被处理。并且在处理事件时，转换必须激活。另外，要完成转换，必须满足监护条件，如果完成转换时监护条件不成立，则隐含的完成事件被消耗掉，并且以后即使监护条件再成立，转换也不会被激发。

4）监护条件

转换可能具有一个监护条件，监护条件是一个布尔表达式，它是触发转换必须满足的条件。当一个触发器事件被触发时，监护条件被赋值。如果表达式的值为真，转换可以激发，如果表达式的值为假，转换不能激发；如果没有转换适合激发，事件会被忽略，这种情况并非错误。如果转换没有监护条件，监护条件就被认为是真，而且一旦触发器事件发生，转换就激活。

从一个状态引出的多个转换可以有同样的触发器事件。若此事件发生，所有监护条件都被测试，测试的结果如果有超过一个的值为真，也只有一个转换会激发。如果没有给定优先权，则选择哪个转换来激发是不确定的。

注意，监护条件的值只在事件被处理时计算一次。如果其值开始为假，以后又为真，则因为赋值太迟转换不会被激发。除非有另一个事件发生，且令这次的监护条件为真。监护条件的设置一定要考虑到各种情况，要确保一个触发器事件的发生能够引起某些转换。如果某些情况没有考虑到，很可能一个触发器事件不引起任何转换，那么在状态图中将忽略这个事件。

5）执行的动作

当转换被激活后，如果定义了相应的动作，那么就将执行这个动作。动作可以是一个赋值语句、简单的算术运算、发送信号、调用操作、创建和销毁对象、读取和设置属性的值，甚至是一个包含多个动作的活动。例如，在图 10-3 中，当 turnOn 事件发生时，就测试监护条件[有水]，如果有水，就会执行烧水的动作。

动作通常是一个简短的计算处理过程或一组可执行语句。动作也可以是一个动作序列，即一系列简单的动作。动作可以给另一个对象发送消息、调用一个操作、设置返回值、创建和销毁对象。

由于动作是一个可执行的原子计算，所以动作是不可中断的，动作和动作序列的执行不会被同时发生的其他动作影响或终止。动作的执行时间非常短，所以动作的执行过程不能再插入其他事件。如果在动作的执行期间接收到事件，那么这些事件都会被保存，直到动作结束，这时事件一般已经得到值。

动作可以附属于转换，当转换被激发时动作被执行。它们还可以作为状态的入口动作和出口动作出现，由进入或离开状态的转换触发。活动不同于动作，它可以有内部结构，并且活动可以被外部事件的转换中断。所以活动只能附属于状态中，而不能附属于转换。

整个系统可以在同一时间执行多个动作，但是动作的执行应该是独立的。一旦动作开始执行，它必须执行到底并且不能与同时处于活动状态的其他动作发生交互作用。动作不能用于表达处理过程很长的事物。与系统处理外部事件所需的时间相比，动作的执行过程应该很简洁，以使系统的反应时间减少，做到实时响应。表 10-1 为动作的分类。

表 10-1 动作的分类

动作种类	描述	语法
赋值	对一个变量赋值	Target:=expression
调用	调用对目标对象的一个操作，等待操作执行结束后，并且可以有一个返回值	Opname（arg,arg）
创建	创建一个新对象	New Cname（arg,arg）
销毁	销毁一个对象	Object.destroy（）
返回	为调用者指定返回值	Return value
发送	创建一个信号实例并将其发送到目标对象	Sname（arg,arg）
终止	对象的自我销毁	Terminate
不可中断	用文字说明的动作，如条件和迭代	[文字说明]

6）活动

当对象处于一个状态时，它一般是空闲的，在等待一个事件的发生。但是某些时间，对象正在执行一系列动作，即对象做着某些工作，并一直持续到被某个外部事件的到来才中断这些工作，我们把对象处于某个状态时进行的一系列动作称为活动。

如果对象处于某个状态进行一些动作，可能会需要一些时间，我们可以用活动来描述这一系列动作。表示活动的方法是，在状态的转换分栏中添加一行"活动描述"，其格式为 do/动作名。

活动用来描述对象处于某个状态时，对象进行的一系列动作。

7）理解简单状态图

例如，我们描述一个烧水器在工作时的行为状态变化。可以采用如图 10-8 所示进行描述。

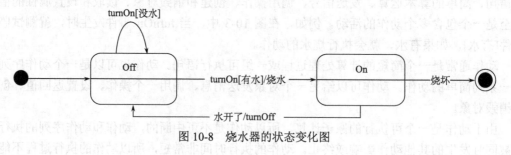

图 10-8 烧水器的状态变化图

对图 10-8 的说明如下。

与状态 Off 相关的转换有两个，其触发事件都是 turnOn，只不过其监护条件不同。如果对象收到事件 turnOn，那么将判断壶中是否有水；如果[没水]，则仍然处于 Off 状态；如果[有水]则转为 On 状态，并执行"烧水"动作。

而与状态 On 相关的转换也有两个，如果水开了就执行 turnOff 动作，关掉开关；如果烧坏了，就进入了终态。

从图 10-8 中不难看出，在一张状态图中，最为核心的元素无外乎有两个：一个是用圆角矩形表示的状态(初态和终态例外)；另一个是转换。在前面已经说过了状态的含义和表示法，在此重点理解转换的含义和表示法。

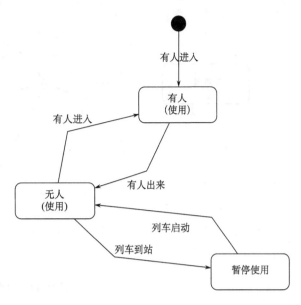

图 10-9　外部转换示例(以火车上卫生间为例)

2. 转换的分类

转换通常分为外部转换、内部转换、自转换、复合转换 4 种。

1) 外部转换

外部转换是一种改变对象状态的转换，是最常见的一种转换。外部转换用从源状态到目标状态的箭头表示。图 10-9 描述了火车上卫生间的简单状态转换。该卫生间存在三个状态，包含五个外部转换。

2) 内部转换

内部转换有一个源状态但是没有目标状态，它转换后的状态仍旧是它本身。内部转换自始至终都不离开源状态，所以没有入口动作和出口动作。因此，当对象处于某个状态，进行一些动作时，我们可以把这些动作看成内部转换。内部转换常用于对不改变状态的插入动作建立模型。要注意的是，内部转换的激发可能会掩盖使用相同事件的外部转换。

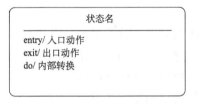

图 10-10　内部转换

内部转换的表示法与入口动作和出口动作的表示法很相似。它们的区别主要在于入口动作与出口动作使用了保留字 entry 和 exit，其他部分两者的表示法相同。

在图 10-10 中，在第二栏，描述了入口动作和出口动作，也描述了内部转换，要注意的是，入口动作和出口动作描述的是外部转换时发生的动作；内部转换是描述本状态没有发生改变的情况下，自身发生的动作。

3) 自转换

在没有外部事件的作用下，对象执行了某些活动后，自然而然地完成转换。自转换是离开某个状态后重新进入原先的状态，它会激发状态的入口动作和出口动作的执行。

4) 复合转换

复合转换由简单转换组成，通过分支判定，把多个简单转换组合在一起。图 10-11 以复合转换的方式描述了三角形的一种分类方式。

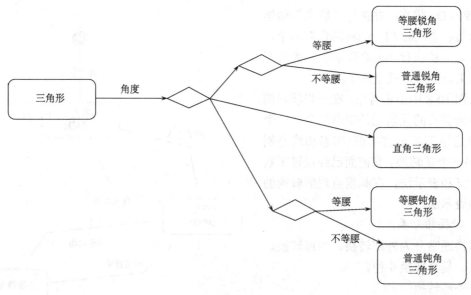

图 10-11　复合转换

10.2.3　判定

判定用来表示一个事件依据不同的监护条件有不同的影响。在实际建模的过程中，如果遇到需要使用判定的情况，通常用监护条件来覆盖每种可能，使得每个事件的发生能保证触发一个转换。判定将转换路径分为多个部分，每一个部分都是一个分支，都有单独的监护条件。这样，几个共享同一触发器事件却有着不同监护条件的转换能够在模型中被分在同一组中，以避免监护条件的相同部分被重复。

活动图和状态图中都有需要根据给定条件进行判断，然后根据不同的判断结果进行不同转换的情况。实际就是工作流在此处按监护条件的取值发生分支，在 UML 中判定用空心菱形表示。

判定在活动图和状态图中都有很重要的作用。转换路径因为判定而分为多个分支，可以将一个分支的输出部分与另一个分支的输入部分连接而组成一棵树，树的每个路径代表一个不同的转换。树为建模提供了很大的方便。在活动图中，判定可以覆盖所有的可能，保证一些转换被激发。否则，活动图就会因为输出转换不再重新激发而被冻结。

通常情况下判定有一个转入和两个转出，根据监护条件的真假可以触发不同的分支转换，使用判定这仅仅是一种表示上的方便，不会影响转换的语义。图 10-12 与图 10-13 分别为未使用判定和使用判定的示例。

10.2.4　同步

同步是为了说明并发工作流的分支与汇合。状态图和活动图中都可能用到同步。在 UML 中，同步用一条线段来表示。

并发分支表示把一个单独的工作流分成两个或者多个工作流，几个分支的工作流并行地进行。并发汇合表示两个或者多个并发的工作流得到同步，这意味着先完成的工作流需要在此等待，直到所有的工作流到达后，才能继续执行以下的工作流。同步在转换激发后立即初始化，每个分支点之后都要有相应的汇合点。图 10-14 为同步示例图。

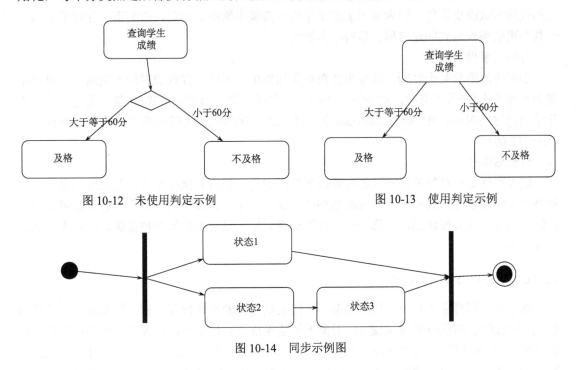

图 10-12 未使用判定示例　　　　　　图 10-13 使用判定示例

图 10-14 同步示例图

10.2.5 事件

事件就是外部作用于一个对象，能够触发对象状态改变的一种现象。事件可以分为信号、调用、改变、时间、延迟五类。

1）信号事件

对象之间通过发送信号和接收信号实现通信。信号是一种异步机制。在计算机中，鼠标和键盘的操作均属于此类事件。对于一个信号而言，对象一般都有相应的事件处理器，如onMouseClick()等。

信号又分为异步单路通信和双路通信。其中最基本的信号是异步单路通信。在异步单路通信中，发送者是独立的，不用等待接收者如何处理信号。在双路通信模型中，需要用到多路信号，即至少要在每个方向上有一个信号。发送者和接收者可以是同一个对象。

2）调用事件

调用某个对象的成员方法就是调用事件，它是一种同步的机制。例如，在图 10-8 中，turnOn就是一种调用事件，用来将开关置于 On 状态。

3）改变事件

改变事件指的是依赖于特定的布尔表达式所表示的条件满足时，事件发生改变。改变事件包含由一个布尔表达式指定的条件，事件没有参数。这种事件隐含一个对条件的连续的测试。当布尔表达式的值从假变到真时，事件就发生。要想事件再次发生，必须先将值变成假，否则，事件不会再发生。

使用改变事件要十分谨慎，因为它表示了一种具有事件持续性的并且可能是涉及全局的计算过程。它使修改系统潜在值和最终效果的活动之间的因果关系变得模糊。可能要花费很大的代价测试改变事件，因为原则上改变事件是持续不断的。因此，改变事件往往用于当一个具有更明确表达式的通信形式显得不自然时。

4) 时间事件

当时间流逝到某个时刻，触发事件对对象起作用。时间事件代表时间的流逝。它可以指定为绝对形式(每天的某时，如 after(12:00))，也可以指定为相对形式(从某一指定事件发生开始所经过的时间，如 after(2seconds))。对于前一种形式，也可以使用变化事件来描述：when(12:00)。

5) 延迟事件

延迟事件是指对象处在本状态时外部事件产生了，但没有执行事件，要推迟到另外一个状态才执行的事件。例如，当 E-mail 程序中正在发送第一封邮件时，用户下达发送第二封邮件执令(事件)就会被延迟，但第一封邮件发送完成后，这封邮件就会被发送。这种事件就属于延迟事件。

10.2.6 初始状态和终止状态

每个状态图都应该有一个初始状态，它代表状态图的起始位置。初始状态是一个伪状态(一个和普通状态有连接的假状态)，对象不可能保持在初始状态，必须要有一个输出的无触发转换(没有事件触发器的转换)。通常初始状态上的转换是无监护条件的，并且初始状态只能作为转换的源，而不能作为转换的目标。在 UML 中，一个状态图只能有一个初始状态，用一个实心的圆表示，如图 10-15 所示。

终止状态是一个状态图的终点，一个状态图可以拥有一个或者多个终止状态。对象可以保持在终止状态，但是终止已不可能有任何形式的触发转换，它的目的就是激发封装状态上转换过程的完成。因此，终止状态只能作为转换的目标而不能作为转换的源。在 UML 中，终止状态用一个含有实心圆的空心圆表示，如图 10-16 所示。

图 10-15 初始状态   图 10-16 终止状态

10.3 建立状态图

前面已经阐述了状态图的基本组成，引入了内部转换、状态的进入和退出动作、活动、延迟事件等；最后还介绍了各种复合状态。下面以一个航班机票预订的例子来说明状态图的绘制过程。

绘制状态图的一般步骤如下。

(1) 寻找主要的状态。

(2) 寻找外部事件，以便确定状态之间的转换。

(3) 详细描述每个状态和转换。

(4)把简单状态图转换为复合状态图。

10.3.1　寻找主要状态

在绘制状态图时,第一步就是寻找出主要的状态。对于航班机票预订系统而言,我们把飞机票看作一个整体,来看飞机票有哪几种状态,以及有哪些事件触发机票状态的变化。

1)确定状态

飞机票有以下 4 种状态:无预订、部分预订、预订完、预订关闭。

(1)在刚确定飞行计划时,显然是没有任何预订的,并且在顾客预订机票之前都将处于这种无预订状态。

(2)对于订座而言,显然有部分预订和预订完两种状态。

(3)当航班快要起飞时,显然要预订关闭。

2)寻找外部事件

无论机票处于那种状态,可能有的外部事件有以下几方面。

(1)预订():顾客预订机票。

(2)退订():顾客退订机票。

(3)关闭():机票管理员关闭订票系统。

(4)取消航班():飞机调度人员取消飞行计划。

10.3.2　确定状态间的转换

我们已经知道了机票的主要状态,也知道了改变机票状态变化的外部事件。现在我们分析状态之间的转换(这里指外部转换)。即确定当机票处于这一状态时,哪些外部事件能真正改变机票状态,哪些事件对状态不起作用。可以采用表格的方式来进行分析,如表 10-2 所示。

表 10-2　事件与状态转换

源目标	无预订	部分预订	预订完	预订关闭
无预订	—	预订()	不直接转换	关闭()
部分预订	退订()事件发生后,使预订数=0	—	预订(),无空座	关闭()
预订完	不直接转换	退订()	—	关闭()
预订关闭	无转换	无转换	无转换	—

通过上述分析,确定了状态之间的有效转换,在此基础上可以绘制出相应的状态图,如图 10-17 所示。

对图 10-17 的说明如下。

起初,刚确定航班时,机票无人订,机票处在无预订状态;当有顾客预订机票时,机票处在部分预订状态;当有人退订时,如果退订时退订数等于已预订数,那么退订后状态将回到无预订状态。

在部分预订状态时,如果再发生预订,而且预订数=空位数,那么将订完所有的位置,因此将进入预订完状态。

当机票处在预订完状态时,只要有人退订,就必将转为部分预订状态。

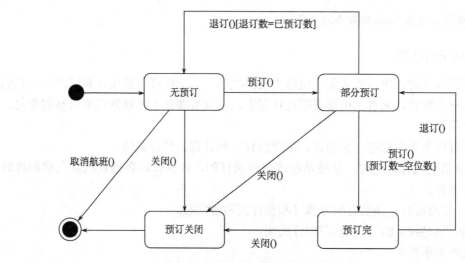

图 10-17 机票预订系统的初步状态图

10.3.3 详细描述每个状态和转换

前面已经确定了各个状态之间的外部转换，为了详细描述状态，我们给状态添加内部转换、外部转换时的进入和退出动作，以及相关的活动等。

例如，在这个例子中，还存在一些内部转换和活动。

(1)机票处在部分预订状态时，当发生退订事件时，如果退订数小于预订数，那么状态不变；同样的道理，当发生预订事件时，如果预订数小于空位数，那么状态也是不变的。

(2)从初态到无预订状态时，我们要对机票数、预定数和空座位数进行初始化活动。

(3)当预订事件和取订事件发生时，都应该更新预订数和空位数的值。但由于座位总数是已知的，因此只要更新预订数就可以了。

通过上述分析，可以在状态图上，为每个状态添加详细的动作或活动，添加了新信息后，得到如图 10-18 所示的状态图。

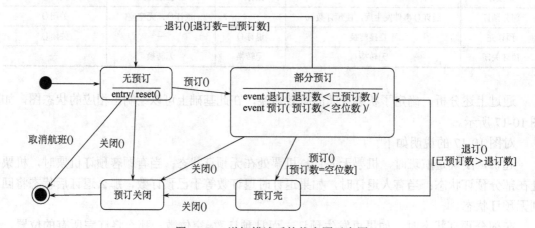

图 10-18 详细描述后的状态图示意图

10.3.4 把简单状态图转换为复合状态图

为了便于理解状态图，我们常把简单状态图(图10-18)转换为复合状态图(图10-19)。

对于图 10-18，可以将无预定、部分预订、预订完 3 个状态归结为预订状态，这样就可以采用一个复合状态，即预订状态来表示该图，如图10-19所示。

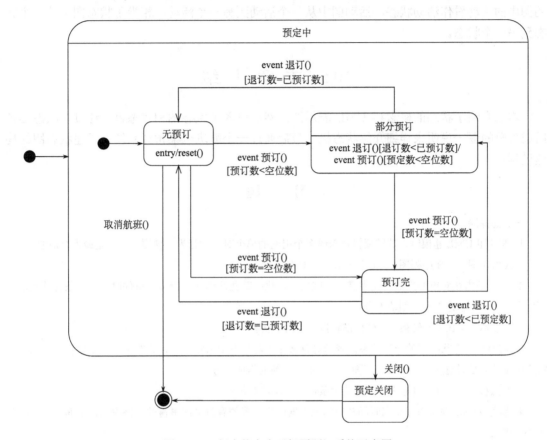

图 10-19　复合状态表示机票预订系统示意图

10.4　状态图应用范围

状态图主要应用有两种：一是在对象生命周期内，对一个对象的整个活动状态建模；二是对反应型对象的行为建模。

1) 对对象的生命周期建模

使用状态机最通常的目的是对对象的生命周期建模，即描述对象在生命周期内，各种状态以及在外部事件的作用下，状态之间的转换。交互图建模是用来描述多个协作对象的行为；而状态机是对单个对象在整个生命周期内的行为建模。

在对对象的生命周期建模时，它主要描述：对象能够响应的事件、对这些事件的响应产生的行为，以及行为的后果。

2) 对反应型对象建模

当对反应型对象的行为建模时，主要描述对象可能处于的状态、从一个状态转换到另一个状态所需的触发事件，以及每个状态改变时发生的动作或活动。

交互图建模的是对象到对象的控制流，活动图建模的是活动到活动的控制流，而状态图建模的是事件到事件的控制流。在某种意义上，活动图可以看作状态图的特殊形式，即把活动图中的活动看作活动状态，活动图中从一个活动到另一个活动，相当于状态图中从一个状态到另一个状态。

10.5 本 章 小 结

本章介绍了状态的概念和 UML 表示法，然后引入了状态图和状态机；通过对状态图各组成部分的逐一说明来详细介绍状态机。最后通过一个航班机票预订系统来阐述状态图的构建过程。

习 题

一、选择题

1. 在使用 UML 建模时，若需要描述跨越多个用例的单个对象的行为，使用（   ）是最为合适的。

    A.协作图　　B.序列图　　C.活动图　　D.状态图

2. 状态是指在对象的生命周期中满足某些条件、执行某些活动或等待某些事件时的一个条件或状况，下面（   ）不是状态的基本组成部分。

    A.名称　　B.外部转换　　C.内部转换　　D.子状态

3. 转换是两个状态间的一种关系，表示对象将在当前状态中执行动作，并在某个特定事件发生或某个特定的条件满足时进入后续状态。下面（   ）不是转换的组成部分。

    A.源状态　　B.事件触发　　C.监护条件　　D.转换条件

4. 事件(event)表示对一个在时间和空间上占据一定位置的有意义的事情的规格说明，下面（   ）不是事件的类型。

    A.信号　　B.调用事件　　C.变化事件　　D.源事件

二、简述题

1. 状态图在哪些重要方面与类图、对象图、用例图有所不同？

2. 什么是活动图？什么是状态图？它们之间有什么区别？

3. 什么是状态机？状态机由哪几部分组成？

4. 引发状态转换的事件主要有哪些？

三、分析设计题

1. 请参考图 10-20，描述进程的基本运行过程。

2. 当手机开机时，它处于空闲状态(idle)，当用户使用电话呼叫某人(call someone)时，收集进入拨号状态(dialing)。如果呼叫成功，即电话接通(connected)，手机就处于通话状态(working)；如果呼叫不成功(can't connect)，如对方线路有问题，关机、拒绝接听。这时手机停止呼叫，重新进入空闲状态，手机进入空闲状态下被呼叫(be called)，手机进入响铃状态(ringing)；如果用户接听电话(pick)，手机处于通话状态；如果用户未做出任何反应(haven't acts)，可能他没有听见铃声，手机一直处于响铃状态，如果用户拒绝来电

（refused），手机回到空闲状态（idle）。请按以上描述绘制出使用手机的状态图。

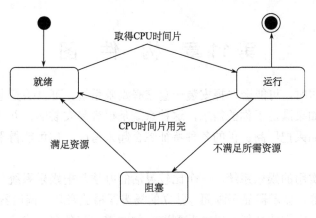

图 10-20　进程状态图

第11章 构 件 图

我们在装修新居时，可能会选择安装一套家庭娱乐系统。可以购买电视、调谐器、DVD播放器和扬声器。如果满足了你的需求，这种系统是很容易安装的，并且很好用。然而，这些单件不够灵活，如果把厂商提供的各种特征综合起来考虑，你可能得不到一个高品质的扬声器。

为了建立一个实用的娱乐系统，一个比较灵的办法是把娱乐系统分成单独的部件，每个部件着重一种功能。显示器显示画面；独立的扬声器播放音乐；调谐器、VCR、DVD 播放器都是独立的个体，它们的性能可以调节到适合你的需求和预算。你可以把它们放在想放的地方并用线连接起来，而不是以一种固定的方式把它们锁定在一起。每根线都有适合一个部件的特定插头，因此不会把扬声器的线插到视频的输出端上。如果想升级系统，可以一次换一个部件而不是报废整个系统。

软件也类似。可以把应用程序做成一个单一的大单元，但是当需求改变时，它太僵化并很难修改。此外，也无法利用一些现有的功能。即使一个现存的系统有很多你需要的功能，它也会有许多你不想要的部分，而且很难或者不可能剔除。对于软件系统的解决方法类似于电气系统；把程序做成可灵活连接起来的、定义良好的构件，当需求发生变化时，这些构件可以单独替换。

构件是系统的可替代的物理部分，它表示的是实际的事物，构件是定义了良好接口的物理实现单元，它是系统中可以替代的部分，每个构件体现了系统设计中的特定类的实现，良好定义的构件不直接依赖于其他构件，而是依赖于其他构件所支持的接口，在这种情况下，系统中的一个构件可以被支持相同的接口的其他构件所替代。

11.1 构件图的基本概念

11.1.1 构件

从构件组成上看，每个构件定义了两组接口（一组供给接口，另一组需求接口），构件为供给接口提供了功能实现部分，即构件本身已经实现了供给接口声明的功能。对于一个构件而言，它包含五个要素。

(1)接口声明：每个构件包含两组接口，一组是供给接口，表明它能提供的服务，另一组是需求接口，表明它需要的服务。

(2)接口实现：构件是一个物理部件，它实现了供给接口声明的服务。

(3)构件标准：在创建构件时，每一个构件必须遵从某种构件标准。

(4)封装方法：就是构件遵从的封装标准。

(5)部署方法：一个构件可以有多种部署方法。

11.1.2 构件与类

从构件的定义上看，构件和类十分相似，事实也是如此：二者都有名称，都可以实现一组接口，都可以参与依赖、泛化和关联关系，都可以被嵌套，都可以有实例，都可以参与交互。但也存在着一些明显的不同，下面是构件与类的区别。

（1）类表示是对实体的抽象，而构件是对存在于计算机中的物理部件的抽象。也就是说，构件是可以部署的，而类不能部署。

（2）构件属于软件模块，而非逻辑模块，与类相比，它们处于不同的抽象级别。甚至可以说，构件就是由一组类通过协作完成的。

（3）类可以直接拥有操作和属性，而构件仅拥有可以通过其接口访问的操作。详细的区别和联系见表 11-1。

表 11-1　构件与类的区别和联系

相同点	不同点
①都有自己的名称。 ②都可以实现一组接口。 ③都可以具有依赖关系。 ④都可以被嵌套。 ⑤都可以参与交互。 ⑥都可以拥有自己的实例	①抽象的方式不同 构件：程序代码的物理抽象 类：逻辑抽象 ②抽象的级别不同 构件：表示一个物理模块，可以包含多个类，构件依赖它所包含的类 类：表示一个逻辑模块，只能从属于某个构件，类通过构件来实现 ③访问方式不同 构件：不直接拥有属性和操作，只能通过接口访问其操作 类：直接拥有自己的属性和操作，可以直接访问其操作 ④与包的关系不同 构件：包可以包含成组的逻辑模型元素，也可以包含物理的构件 类：一个类可以出现在多个构件中，但只能在一个包内定义

11.1.3 构件的分类

按照构件在系统中的角色，把构件分为 3 种类型：配置构件、工作产品构件、执行构件。

（1）配置构件：组成系统的基础构件，是执行其他构件的基础平台。例如，操作系统、java 虚拟机（JVM）、数据库管理系统都属于配置构件。

（2）工作产品构件：这类构件主要是开发过程的中间产物，例如，创建构件时的源代码文件及数据文件都属于工作产品构件。这些构件并不是直接地参与系统运行。

（3）执行构件：在运行时创建的构件。例如，由 DLL 实例化形成的 COM+对象、Servlets、XML 文档都属于执行构件。

11.1.4 构件图的概念

构件图是用来表示系统中构件与构件之间、类或者接口与构件之间的关系图。在构件图中，构件和构件之间的关系表现为依赖关系，定义的类或者接口与类之间的关系表现为依赖关系或者实现关系。与其他 UML 图一样，构件图可以包括注释、约束和包。

构件图的主要目的是显示系统构件之间的关系。在 UML1.1 中，一个构件表现了实施项目，如文件或者可运行程序。随着时间的推移以及 UML 版本的发布，在 UML2.0 中，构件图有个明显的改进，其本身内容表达更加清晰，包括构件所提供的接口、所要求的接口、构件所实现的类，以及构件所对应的具体内容。构件被认为是独立地在一个系统或者子系统中封装的单位，提供一个或者多个接口。

11.1.5　构件图的分类

构件图可以分为两种，即简单构件图和嵌套构件图。

(1)简单构件图，其内容包括构件、关系和构件的接口。我们可以把相互协作的类组织成一个构件。利用构件图可以让软件开发者知道系统是由哪些可执行的构件组成的，这样，开发者可以清楚地看到软件系统的体系结构。如图 11-1 所示。

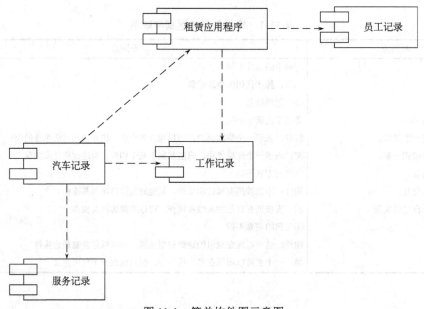

图 11-1　简单构件图示意图

(2)嵌套构件图，即将构件进行嵌套，大的构件中包含小的构件，如图 11-2 所示。

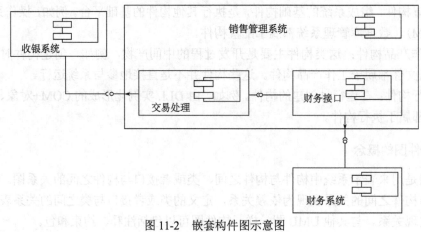

图 11-2　嵌套构件图示意图

11.2　构件图的元素表示

构件图包括三种元素：构件、接口和关系。并且和其他的图一样，构件图也可以有注释、约束、包或者子系统。

1. 构件

构件的基本概念以及分类在11.1节中已经做了详细介绍，这里重点介绍构件的表示方法。表示构件图标的方法有两种：一种是没有标识接口的构件表示法；另一种是标识接口的构件表示法。

没有标识接口的构件表示法如图11-3所示，没有标识接口的构件表示有三种方法：①表示为有构造型《component》的矩形；②在矩形的右上角放置一个构件图标；③直接使用构件图标。

图 11-3　没有标识接口的构件表示法

标识接口的构件图同样有三种表示法，如图11-4所示。

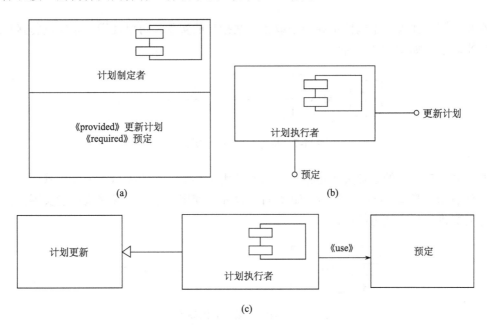

图 11-4　标识接口的构件图表示法

（1）使用接口分栏表示也就是将所需的接口和提供的接口直接显示在矩形的分栏中，将构造型《provided》和《required》放在每个接口名之前。

（2）使用图标表示法：将接口的图标连接到矩形的边框上，供给和需求接口表示为通过一条实线链接到矩形上的圆圈。

（3）显示表示法：接口也可以用完整的显示形式表示，构件和其提供的接口之间是实现关系，而构件和其所需的接口之间是使用《use》关系。

2．接口

接口是一个类提供给另一个类的一组操作。如果一组类和一个父类之间没有继承关系，但是这些类的行为可能包括同样的一些操作，这些操作具有同样的构型，不同类之间就可以

接口 〇———
图 11-5 接口的表示

使用接口来重用这些操作。接口用于描述组件所提供的服务的一组操作集合，指定了组件的外部课件操作。一般接口用一条短直线和圆圈连在一起表示，如图 11-5 所示。

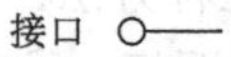

3．关系

构件图中包括以下关系：依赖关系、泛化关系、关联关系和实现关系。构件图侧重描述系统的组件及其关系。

在 UML 中构件与构件之间的依赖关系的表示方式与类图中类之间的依赖关系的表示方式相同，都是使用一个从用户构件指向它所依赖的服务构件的虚线箭头表示。如图 11-6 所示，其中构件 A 为一个用户构件，构件 B 为它所依赖的构件。

图 11-6　构件之间的依赖关系

在构件图中如果一个构件是某一个或者一些接口的实现，可以使用一条实现将接口连接到构件来表示，如图 11-7 所示。

图 11-7　构件和接口的实现关系

构件和接口之间的依赖关系是指一个构件使用了其他元素的接口，依赖关系可以用带箭头的虚线表示，箭头指向接口符号，如图 11-8 所示。使用一个接口说明构件的实现元素只需要服务者提供接口所列出的操作。

图 11-8　构件和接口的依赖关系

根据上面对构件图组成元素的介绍，我们在阅读构件图时应当注意以下几点。

(1)清楚所要阅读的系统类别，明确该系统应当起到的作用或者是要实现的功能。

(2)了解系统中包含的所有构件。

(3)明确各构件的接口，其包含哪些供给接口和哪些需求接口。

(4)明确构件之间通过接口建立起来的关系。

11.3　如何创建构件图

在以构件为基础的开发中，构件图为架构师提供了一种为解决方案建模的很自然的形式。构件图允许一个架构师验证系统的必需功能是由构件实现的，这样确保了最终系统会被接受。

在构件图的设计中，可以遵守下列步骤。

(1)对系统中的构件进行建模。

(2)对相应构件提供的接口建模。

(3)对构件之间的依赖关系建模。

(4)对建模的结果进行精化和细化。

下面将用两个示例说明构件图的创建过程。

目前，门禁系统被广泛地用于学校、公司等地方。本示例侧重于应用在学校中的门禁系统，门禁系统需要对来往人员的到达时间进行记录，如果出现迟到现象，也应当记录，我们先来分析其中包含的构件。

(1)首先所有的构件均依附于门禁系统的应用主程序，该主程序用来表示系统的启动入口。因此，应包含门禁应用程序构件。

(2)门禁系统的管理员应当具有管理员权限来对相关指标进行设定，通行时间设定等，因此还包含管理员权限构件，用来表示管理员登录入口。

(3)由于门禁系统需要对来往人员进行身份识别，需要一个构件来存储教师和学生的卡号，即师生卡号记录的构件。

(4)门禁系统还应当包含每日工作记录系统，用于记录每日的工作情况，即正常工作记录构件。

(5)最后，当有学生或者教师出现迟到的情况时，应当予以记录，因此还需要迟到记录的构件。

同时，为各个构件确定其构造型，对于迟到记录、师生卡号记录等构件，均用 table 构造型，即数据记录以表格形式呈现。而应用程序和管理员权限均用 executable 构造型，表示可以直接执行。

列出分析得到的构件图，得到图 11-9。

确定完构件以后，再确定各个构件之间的关系，首先门禁应用程序构件依赖于师生卡号记录和通行时间规定两个构件，因为如果没有这两个构件，门禁系统将无法对是否迟到进行判断，而管理员权限构件则是依赖于门禁应用程序构件，如果没有该构件作为程序入口，管理员也将无法对系统进行管理。迟到记录构件和管理员权限构件之间是实现关系。确定了这些关系后，便可以得到最终的构件图，如图 11-10 所示。

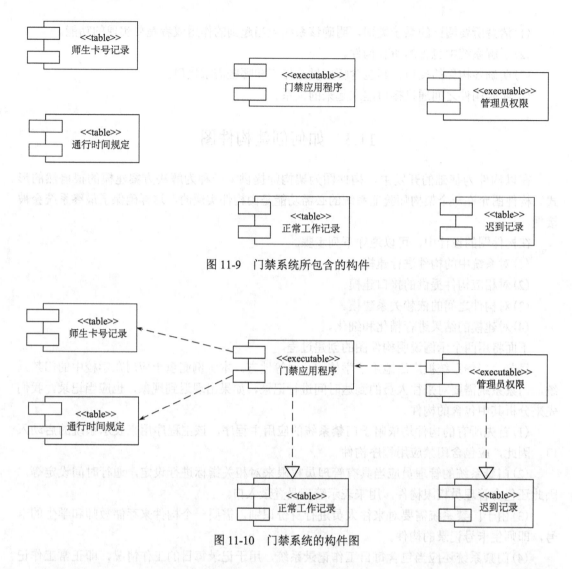

图 11-9　门禁系统所包含的构件

图 11-10　门禁系统的构件图

从图 11-10 可以看出，构件图反映出了系统中的各种构件及其关系，是很好的建模工具。

另外一个示例为工资管理系统，通过工资管理系统，能够做到工资核算、工资发放、员工档案管理，以及核算人员、系统维护人员等专职人员的专用登录通道，并且明确各个构件之间的关系，得到图 11-11。

从上面两个示例可以看出构件图可以很好地将系统中的不同功能和作用的构件表示出来，并且揭示它们之间的相互关系。利用构件图，可以很好地把握系统所需要实现的功能以及实现这些功能所需要的关键构件。

11.4　本 章 小 结

本章主要介绍了构件图，从构件的概念、构件与类的关系、构件分类方面先介绍了构件的相关知识，再从构件图入手，对其元素组成、分类以及创建方法进行了详细说明，并附上两个具体的示例用以说明。

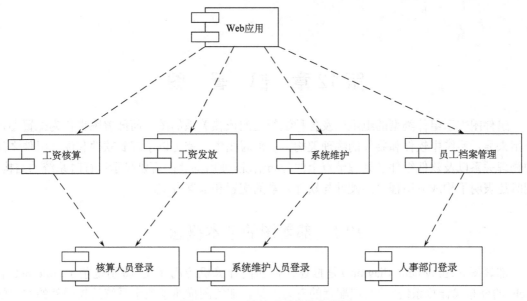

图 11-11　工资管理系统的构件图

　　构件图是表示系统中的构件及其关系的 UML 图，它表达的是系统本身的结构，在对系统进行建模的阶段构件图可以起到非常有效的作用，是 UML 图中非常重要的一种。

习　　题

一、填空题

1. 构件图的组成包括：_____、_____、_____。

2. 设计构件图时的基本步骤包括：_____、_____、_____、_____。

3. 构件一般分为_____、_____、_____三类。

4. 构件图一般分为_____、_____两类。

5. 构件图中包含的关系有_____、_____、_____、_____。

二、简述题

1. 简述构件图的优缺点，并说明构件图存在的必要性。

2. 简述构件和类的区别及联系。

3. 简述构件图的设计步骤。

三、分析设计题

根据本章所学内容，利用构件图实现下列系统。

光盘商店管理系统：一个光盘商店从事订购、出租、销售光盘业务。光盘按类别分为游戏、CD、程序三种。每种光盘的库存量有上下限，当低于下限时要及时订货。在销售时，采取会员制，即给予一定的优惠。

第12章 部　署　图

组件图表示组件类型的组织以及各种组织之间依赖关系的图，而部署图也称为配置图，是用来显示系统中软件和硬件的物理架构。从部署图中，您可以了解到软件和硬件组件之间的物理关系以及软件组件在处理节点上的分布情况。使用部署图可以显示运行时系统的结构，同时还表明了构成应用程序的硬件与软件元素的配置和部署方式。

12.1　部署图的基本概念

部署图（deployment diagram）是描述任何面向计算机应用系统（特别是基于 Internet 和 Web 的分布式计算系统）的物理配置的有力工具。部署图描述了整个系统的软硬件的实际配置，它表示了系统在运行期间的体系结构、硬件元素（节点）的构造和软件元素是如何被映射在那些节点之上的。

部署图用于静态建模，它是表示运行时过程节点结构、组件实例及其对象结构的图。UML 部署图显示了基于计算机系统的物理体系结构，它可以描述计算机，展示它们之间的连接和驻留在每台机器中的软件。它也可以帮助系统的有关人员了解软件中各个组件驻留在什么硬件上，以及这些硬件之间的交互关系。

部署图描述了系统中包括的计算机和其他的硬件设备，如这些计算机和设备的位置以及它们之间是如何进行相互连接的，即部署图描述系统中的硬件节点及节点之间是如何连接的。图 12-1 是一个典型的部署图。

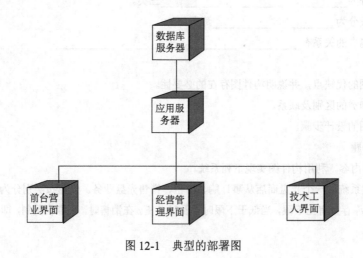

图 12-1　典型的部署图

从图 12-1 中可以看出，部署图中只有两个主要的标记符：节点和与其相关的关联关系标记符。

1)部署图的组成元素

部署图的组成元素包括节点和节点之间的连接，连接把多个节点关联在一起，从而构成了一个部署图。另外，部署图中还可以包含包、子系统和组件等。

2)部署图的组成元素

一个 UML 部署图描述了一个运行时的硬件节点，以及在这些节点上运行的软件构件的静态视图。部署图显示了系统的硬件、安装在硬件上的软件，以及用于连接异构机器之间的中间件。创建一个部署模型的目的如下。

(1)描述系统投产的相关问题。

(2)描述系统与生产环境中的其他系统之间的依赖关系，这些系统可能是已经存在的或是将要引入的。

(3)描述一个商业应用主要的部署结构。

(4)设计一个嵌入系统的硬件和软件结构。

(5)描述一个组织的硬件/网络基础结构。

12.2 部署图的表示

部署图包含节点和连接两个部分。下面分别描述其语义和表示方法。

12.2.1 节点

节点代表一个运行时计算机系统中的硬件资源。节点通常拥有一些内存，并具有处理能力。例如，一台计算机、一个工作站或者一个服务器计算设备都属于节点。通过检查对系统有用的硬件资源有助于确定节点。例如，可以考虑计算机所处的物理位置，以及在计算机无法处理时不得不使用的其他辅助设置等方面来考虑。

在 UML 规范中，节点的标记是一个立方体，UML2.0 中正式地把一个设备定义为一个执行动作的节点，有时还可以通过添加构造型来指明节点类型。图 12-1 中包含 5 个节点，分别使用 5 个立方体来表示，立方体内部的文字表示节点的名称。

1)节点的表示

在 UML 中，节点用一个立方体来表示，如图 12-2 所示。 每一个节点都必须有一个区别于其他节点的名称。节点的名称是一个字符串，位于节点图标的内部。

节点的名称有两种表示方法：简单名字和带路径的名字。简单名字就是一个文字串；带路径的名字指在简单名字前加上节点所属的包名。下面的立方体表示一个节点，其名称为 Node。

2)节点的分类

按照节点是否有计算能力，把节点分为两种类型：处理器和设备，分别用构造型《Processor》与构造型《Device》表示处理器和设备。节点的分类表示如图 12-3 所示。

图 12-2 节点的表示　　　　　　　　图 12-3 节点的分类表示

（1）处理器。

处理器（Processor）是能够执行软件、具有计算能力的节点，主要包括常见的台式机、笔记本电脑、服务器、计算机网络等。

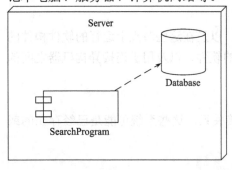

图 12-4　在节点 Server 驻留了两个构件

（2）设备。

设备（Device）是没有计算能力的节点，通常情况下都是通过其接口为外部提供某种服务，如打印机、IC 读写器，如果我们的系统不考虑它们内部的芯片，就可以把它们看作设备。

3）节点中的构件

当某些构件驻留在某个节点时，可以在该节点的内部描述这些构件，如图 12-4 所示。

对于一张部署图而言，最有价值的信息就是节点上的内容，也就是安装在节点中的构件。对于这些构件，可以直接写在节点中，也可以用构件表示或用 UML2.0 规范推荐的《artifact》《database》《deploymentSpec》等构造型来表述构件。

4）节点的属性和操作

与类一样，相关人员可以为节点提定属性和操作，例如，可以为一个节点提供处理器速度、内存容量和网卡数量等属性；也可以为节点提供启动、关机等操作。但是在大多数情况下它们的用途并不大，使用约束来描述它们的硬件需求则会更加实用。

5）节点与构件

节点表示一个硬件部件，构件表示一个软件部件。两者有许多相同之处，如二者都有名称，都可以参与依赖关系、泛化关系和关联关系，都可以被嵌套，都可以有实例，都可以参与交互。但它们之间也存在明显的区别：构件是软件系统执行的主体，而节点是执行构件的平台；构件是逻辑部件，而节点表示是物理部件，我们在物理部件上部署构件。

6）节点的实例

节点可以建模为某种硬件的通用形式，如 Web 服务器、路由器、扫描仪等，也可以通过修改节点的名称建模为某种硬件的特定实例。节点实例的名称下面带有下划线，它的后面是所属通用节点的名称，两者之间用冒号进行分隔，如图 12-5 所示。

在图 12-5 中，上面两个节点是通用的，而下面两个节点则是通用节点的实例。在节点实例图中 Windows 是 Web 服务器的实例名称，图中只有一个 Windows 名称，但是存在很多的 Web 服务器；扫描仪节点没有具体的名称，因为它们对模型来说并不重要，通过在名称和冒号下面增加一条下划线就可以知道它们是没有指定名称的实例化节点。

12.2.2　连接

部署图用连接表示各节点之间的通信路径，连接用一条实线表示。对于企业的计算机系统硬件设备之间的关系，我们通常关心的是节点之间是如何连接的，因此描述节点之间的关系一般不使用名称，而是使用构造型描述。图 12-6 是节点之间连接的例子。

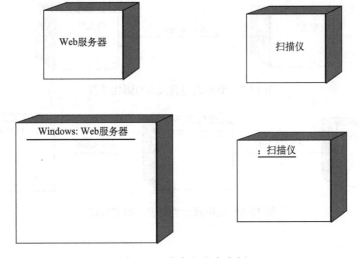

图 12-5　节点和节点实例

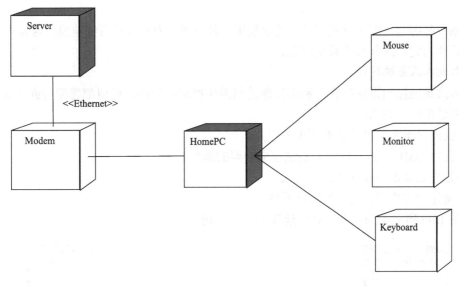

图 12-6　节点之间连接的例子

12.3　部署间的关系

　　部署图之间可以存在多个关系，如依赖关系、泛化关系、实现关系和关联关系等，在构造部署图时，可以描述实际的计算机和设备以及它们之间的连接关系，也可以描述部署和部署之间的依赖关系；其中最常见的关系是关联关系。图 12-7 中的实线就表示节点之间的关联关系，这种关系用来表示两种硬件(或者节点)通过某种方式彼此通信，通信方式使用与关联关系一起显示的固化类型来表示，如图 12-7 所示。

　　固化类型通常用来描述两种硬件之间的通信方法或者协议。图 12-8 演示了 Web 服务器通过 HTTP 协议与客户端计算机进行通信，客户端计算机通过 USB 协议与打印机进行通信。

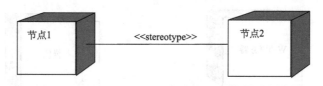

图 12-7 节点之间的关系与固化类型

图 12-8 使用固化类型表示通信协议

12.4 部署图的建模应用

对系统静态部署图进行建模时，通常使用 3 种方式：为嵌入式系统建模、为客户/服务器系统建模和为完全的分布式系统建模。

1. 为嵌入式系统建模

嵌入式系统控制设备的软件和由外部的刺激所控制的软件。使用部署图为嵌入式系统建模时需要遵循以下规则。

(1)找出对于系统来说必不可少的节点。

(2)使用 UML 的扩充机制为系统定义必要的原型。

(3)建模处理器和设备之间的关系。

(4)精化和细化智能化设备的部署图。

如图 12-9 所示是为嵌入式系统建模的一个示例。

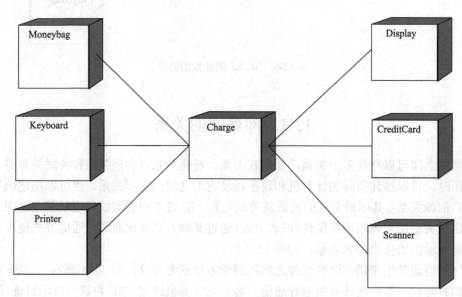

图 12-9 为嵌入式系统建模

图 12-9 所示为一个收银台的部署图，在该模型图中收银台由处理器 Charge 和设备 Display、Moneybag、Keyboard、CreditCard、Printer 和 Scanner 组成。

2. 为客户/服务器系统建模

使用部署图为客户/服务器系统建模时需要考虑客户端和服务器端的网络连接以及系统的软件组件在节点上的分布情况。能够分布于多个处理器上的客户/服务器系统有几种类型，包括"瘦"客户端类型和"胖"客户端类型。对于"瘦"客户端客户来说，客户端只有有限的计算能力，一般只管理用户界面和信息的可视化；对于"胖"客户端类型来说，客户端具有较多的计算能力，可以执行系统的部分商业逻辑。可以使用部署图来描述是选择"瘦"客户端类型还是"胖"客户端类型，以及软件组件在客户端和服务器端的分布情况。

使用部署图为客户/服务器系统建模时需要遵循以下规则。

(1) 为系统的客户处理器和服务器端处理器建模。

(2) 为系统中的关键设备建模。

(3) 使用 UML 扩充机制为处理器和设备提供可视化表示。

(4) 确定部署图中各元素之间的关系。

如图 12-10 所示是为客户/服务器系统建模的示例。

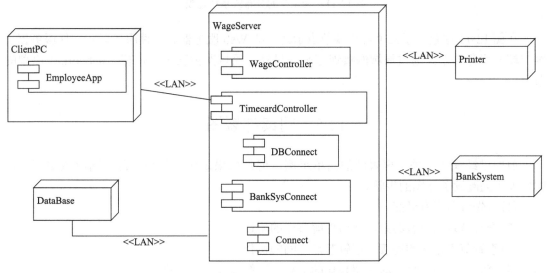

图 12-10　为客户/服务器系统建模

3. 为完全的分布式系统建模

完全的分布式系统分布于若干个分散的节点上，由于网络通信量的变化和网络故障等原因，系统是在动态变化的，节点的数量和软件组件的分布可以不断变化。广泛意义上的分布式系统通常由多级服务器构成。可以使用部署图来描述分布式系统当前的拓扑结构和软件组件的分布情况。当为完全的分布式系统建模时，通常也将 Internet、LAN 等网络表示为一个节点。

如图 12-11 所示是为完全的分布式系统建模的示例。

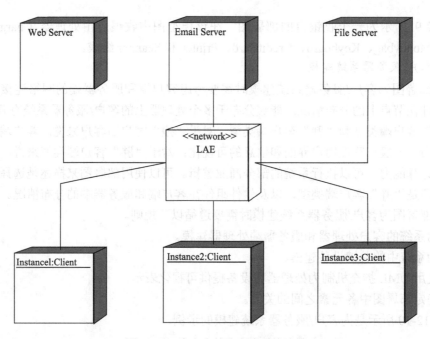

图 12-11 为完全的分布式系统建模

在图 12-11 中包含了三个客户端节点示例，即 Web 服务器、邮件服务器和文件服务器。客户端与服务器之间通过局域网接连起来。另外，局域网被表示为带有<<network>>原型的节点。

12.5 阅读部署图

前面已经演示了关于部署图的简单示例，但是如果是比较复杂的部署图应该如何阅读呢？如下为阅读部署图的步骤。

(1)首先看节点有哪些。

(2)查看节点的所有约束，从而理解节点的用途。

(3)查看节点之间的连接，理解节点之间的协作。

(4)查看节点的内容，深入感兴趣的节点，了解需要部署什么。

下面以阅读手机系统部署图为例。图 12-12 为常见的手机系统部署图示意图，通过阅读该部署图，来加深大家对部署图的理解。

通过对上面部署图的分析，可以看到图 12-12 中主要包括：一个处理器节点主板模块、四个设备节点输入模块、输出模块、GPS 模块和通信模块。通过这些节点可以看出，在整个硬件系统中主要起到计算和控制作用的是主板模块。

进一步对各个构件进行分析。

(1)输入模块：主要包括键盘模块和麦克风模块两个小的节点，负责用户对于信息的输入，如通过键盘发短信、利用麦克风进行语音输入等。

(2)输出模块：主要包括屏幕模块和扬声器两个小的节点，负责向用户显示系统处理后的信息，如通过屏幕显示短信、利用扬声器接听电话等。

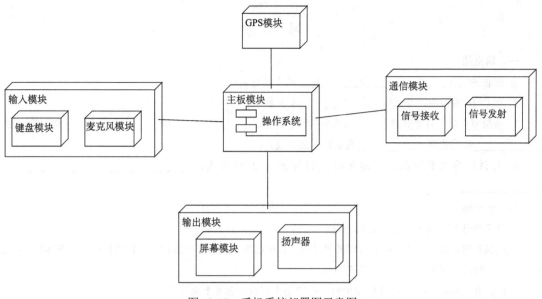

图 12-12　手机系统部署图示意图

（3）通信模块：主要包括信号接收和信号发射两个小的节点，负责与电话基站的双向联系功能。

（4）GPS 模块：主要负责与卫星通信，确定当前位置。

（5）主板模块：系统中唯一的处理器模块，负责整个硬件系统的数据处理，在该节点还必须部署操作系统构件，以便让用户可以使用系统的资源。

从图 12-12 中的关联关系可以看出，4 个设备节点：输入模块、输出模块、GPS 模块和通信模块都是物理连接在主板模块上的，这些设备的所有数据都是由主板模块进行处理的，它们之间没有直接的物理连接。

在实际使用部署图时不一定非要使用 UML 中的图符，也可以根据自己的习惯来绘制部署图，如使用更加形象的图符等，只要保证绘制的部署图能够被所有的开发人员认可和理解即可。

另外，在对各个节点进行命名时，要尽量使用所有开发人员都习惯或者经常使用的词汇，这对整个项目组对系统的理解是十分重要的。

12.6　本　章　小　结

部署图描述了系统运行时进行处理的节点和节点上活动的构件的配置，在实际使用时一般将部署图和构件图结合起来一起应用。

部署图主要用来对系统的静态部署进行建模。在使用部署图时不一定要使用 UML 中的图符，也可以根据自己的习惯来绘制部署图，只要保证绘制的部署图能够被所有的开发人员认可和理解即可。另外在绘制部署图时，绘制的目标并不是描述所有的软件构件，只需要描述那些对系统的实现至关重要的构件即可。

习　题

一、填空题

1. 部署图包含_____和_____两个部分。

2. 在 UML 规范中,节点用一个_____来表示。

3. 按照节点是否有计算能力,把节点分为两种类型:_____和_____,分别用构造型_____和构造型_____表示处理器和设备。

4. 对系统静态部署图进行建模时,通常使用 3 种方式:_____、_____、和_____。

二、选择题

1. 下列关于部署图的说法不正确的是( )。

　A.部署图描述了一个系统运行时的硬件节点、在这些节点上运行的软件构件将在何处物理运行,以及它们将如何彼此通信的静态视图

　B.使用 Rational Rose 2003 创建的每一个模型中可以包含多个部署图

　C.在一个部署图中包含了两种基本的模型元素:节点和节点之间的连接

　D.使用 Rational Rose 2003 创建的每一个模型中只包含一个部署图

2. 部署图的组成不包括( )。

　A.处理器　　　　　B.设备　　　　　C.构件　　　　　D.连接

3. 使用部署图建模时的主要步骤是( )。

(1)对系统中的节点以及节点之间的关系建模

(2)对建模的结果进行精化和细化

(3)对于来自组件图系统中的组件建模

(4)对组件之间的关系建模

　A.(3)→(4)→(2)→(1)　　　　　B. (4)→(3)→(2)→(1)

　C. (1)→(3)→(4)→(2)　　　　　D. (1)→(2)→(3)→(4)

4. 部署图建模的三种方式不包括( )。

　A.为嵌入式系统建模　　　　　　B.为可执行程序建模

　C.为客户/服务器系统建模　　　　D.为完全的分布式系统建模

三、简述题

1. 什么是部署图?部署图的作用是什么?

2. 请简述部署图建模的主要步骤。

四、分析设计题

课程中心网网站系统的需求分析如下。

(1)学生或教师可以在其 PC 上通过浏览器登录到课程中心网中。

(2)在 Web 服务器端安装 Web 服务器软件,如 Tomcat 等,部署远程网上教学系统,并通过 JDBC 与数据库服务器连接。

(3)在数据库服务器中使用 SQL Server 2014 提供数据服务。

请根据以上的系统需求创建系统的部署图。

第13章 包 图

一个大型系统中往往包含了数量庞大的模型元素，如何组织管理这些元素是一个十分重要的问题。包是一种常规用途的有效的组合机制。包类似于文件系统中的文件夹或者是目录结构，它是一个容器，用来对模型元素进行分组，并且为这些元素提供一个命名空间。UML中的一个包直接对应于 Java 中的一个包。在 Java 中，一个包图可能含有其他包、类或者同时含有这两者。进行建模时，通常使用逻辑性的包，用于对模型进行组织。而包图是由包和包之间的联系组成的，它是维护和控制系统总体结构的重要建模工具。本章将详细地介绍包图的各种概念、表示方法、包图中的关系、包的嵌套、如何阅读包图和如何绘制包图。

13.1 包图的概念

在开发软件系统时，如何将系统的模型组织起来，即如何将一个大系统有效地分解成若干个较小的子系统并准确地描述它们之间的依赖关系是一个必须解决的重要问题。在 UML 的建模机制中，模型的组织是通过包来实现的。包可以把所建立的各种模型（包括静态模型和动态模型）组织起来，形成各种功能或用途的模块，并可以控制包中元素的可见性以及描述包之间的依赖关系。

13.1.1 包图和包

当对大型系统进行建模时，经常需要处理大量的类、接口、构件、节点和图，这时就很有必要将这些元素进行分组，即把那些语义相近并倾向于一起变化的元素组织起来加入同一包中，这样便于理解和处理整个模型。同时也便于控制包中元素的可见性。

包图是描述包及其关系的图。与所有 UML 的其他图一样，包图可以包括注释、约束。通过各个包与包之间关系的描述，展现出系统的模块与模块之间的关系。图 13-1 是一个包图模型。包是包图中最重要的概念，它包含了一组模型的元素和图，图 13-1 中的 Package A 和 Package B 就是两个包。

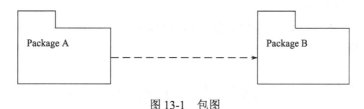

图 13-1 包图

包是模型的一部分，模型的每一部分必须属于某个包。建模者可以将模型的内容分配到包中。但是为了使其能够工作，分配必须遵循一些合理的原则，如公用规则、紧密耦合的实现和公用观点等。

一个包可以包含其他的包，根包可间接地包含系统的整个模型。组织中的包有几种可能的方式，可以用视图、功能或建模者选择的其他基本原则来规划包。包是 UML 模型中一般的层次组织单元。它们可以被用来进行存储、访问控制、配置管理和构造可重用模型部件库。

UML 对如何组包并不强制使用什么规则，但是良好的结构会很大地增强模型的可维护性。但是，如果包的规划比较合理，那么它们能够反映系统的高层构架——有关系统由子系统和它们之间的依赖关系组合而成。包之间的依赖关系概述了包的内容之间的依赖关系。

13.1.2　包的作用

在面向对象软件开发的过程中，类显然是构建整个系统的基本元素。但是对于大型的软件系统而言，其包含的类将是成百上千，再加上类间的关联关系、多重性等，必然是大大超出了人们对系统的理解和处理能力。为了便于管理这些类，我们引入了包这种分组元素。在包中可以拥有各种其他元素，包括类、接口、构件、节点、协作、用例，甚至是其他子包或图。

包构成配置控制、存储和访问控制的基础。所有的 UML 模型元素都可以用包来组织。每一个模型元素或者为一个包所有或者自己作为一个独立的包，模型元素的所有关系组成了一个具有等级关系的树状图。然而，模型元素(包括包)可以应用其他包中的元素，所以包的使用关系组成了一个网状结构。

包图的作用主要是如下 4 点。

(1)对语义上相关的元素进行分组。例如，把功能相关的用例放在一个包中。

(2)提供配置管理单元。例如，以包为单位，对软件进行安装和配置。

(3)在设计时，提供并行工作的单元。

(4)提供封装的命名空间，同一个包中，其元素的名称必须唯一。

13.1.3　绘制包图的目的

在 UML 中创建并绘制包图主要有以下 4 个目的。

(1)在逻辑上把一个复杂的系统模块化。包图的基本功能就是通过合理规划自身功能，反应系统的高层架构，在逻辑上将系统进行模块化分解。

(2)组织源代码。从实际引用中，包最终还是组织源代码的方式。

(3)描述需求高阶概况。通过包图来描述系统的业务需求，但是业务需求的描述不如用例等细化，只能是高阶概况。

(4)描述设计的高阶概况。设计也是同样，可以通过业务设计包来组织业务设计模型，描述设计的高阶概况。

13.2　包 的 表 示

包图中的包有着以下基本模型元素，包括包的名称、包的可见性、包的构造型等，它们在 UML 中都有不同的表示方式。

13.2.1 包的命名

每个包都必须有一个与其他包相区别的名称。包的名称是一个字符串，它有两种形式：简单命名和路径命名。其中，简单命名仅包含一个名称字符串，如图 13-2(a)所示；路径命名是以包处的外围包的名字作为前缀并加上包本身的名称字符串，如图 13-2(b)所示。

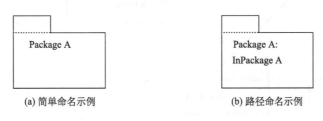

(a) 简单命名示例   (b) 路径命名示例

图 13-2　包的命名

13.2.2 包的元素

在一个包中可以拥有各种其他元素，包括类、接口、构件、节点、协作、用例，甚至是其他包或图。这是一种组成关系，意味着元素是在这个包中声明的，因此一个元素只能属于一个包。

每一个包就意味着一个独立的命名空间，因此，两个不同的包，可以具有相同的元素名，但由于所位于的包名不同，因此其全名仍然是不同的。

在包中表示拥有的元素时，有两种方法：一种是在第二栏中列出所属元素名，另一种是在第二栏中画出所属元素的图形表示。

13.2.3 包的可见性

像类中的属性和方法一样，包中的元素也有可见性。包内元素的可见性用来控制包外界元素访问包内部元素的权限。

可见性可分为 3 种。

(1) 公有访问(public)：包内的模型元素可以被任何引入了此包的其他包的内含元素访问。公有访问用前缀于内涵元素名字的+号(+)表示。

(2) 保护访问(protected)：此元素能被该模型包在继承关系上的后继模式包的内含元素访问。保护访问用前缀于内涵元素名字的#号(#)表示。

(3) 私有访问(private)：此元素可以被属于同一包的内含元素访问。私有访问用前缀于内涵元素名字的–号(–)表示。

图 13-3 给出包元素的可见性示例。

包内元素的可见性，标识了外部元素访问包内元素的权限。表 13-1 列出了可见性与访问权限的关系。

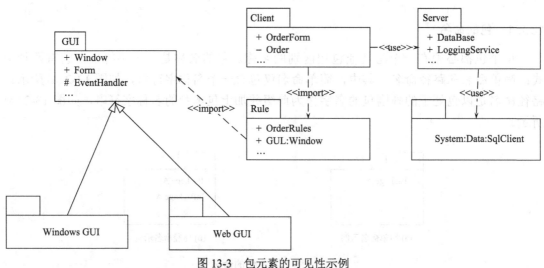

图 13-3　包元素的可见性示例

表 13-1　可见性与访问权限（假设包 B 中的元素访问包 A 中的元素）

包 A 中元素的可见性	包 B 中元素的访问权限
+	若包 B 引用了包 A，则包 B 中的任何元素可以访问包 A 中可见性是+的元素
#	若包 B 继承了包 A，则包 B 中的任何元素可以访问包 A 中可见性是#的元素
−	可见性是−的元素，只能被同一个包中的其他元素访问

13.2.4　包的构造型

为了表示包的新特性，用构造型来描述包的新特征。包的构造型有 5 种，它们分别是虚包《facade》、框架《framework》、桩《stub》、子系统《subsystem》和系统《system》，包的构造型分类及主要用途如表 13-2 所示。

表 13-2　包的构造型分类及主要用途

构造型	主要用途
虚包	只是某个其他包的视图，它主要用来为其他复杂的包提供简略视图
框架	用来表示一个框架的，描述一个主要由模式组成的包
桩	描述一个作为另一个包的公共部分的代理包，通常应用于分布式系统中
子系统	描述正在建模的系统中的整个系统独立部分的包
系统	描述正在建模中的整个系统的包

13.2.5　包的子系统

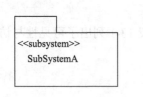

图 13-4　包的子系统的表示形式

子系统是有单独说明和实现部分的包。它表示具有对系统其他部分存在接口的连贯模型单元。子系统使用具有构造型关键字 subsystem 的包表示。在 Rational Rose 中，包的子系统的表示形式，如图 13-4 所示。

系统是组织起来以完成一定目的的连接单元的集合，由一个高级子系统建模，该子系统间接包含共同完成现实世界目的的模型元素的集合。一个系统通常可以用一个或多个视点不同的模型描述。

13.3　包图中的关系

包图中的包之间的关系总体可以概括为依赖关系和泛化关系。

13.3.1　依赖关系

两个包之间存在依赖关系通常是指这两个包之间所包含的模型元素之间存在着一个和多个依赖。对于由对象类组成的包，如果这两个包的任何对象类之间存在着一种依赖，那么这两个包之间就存在着依赖关系。包的依赖关系同样是使用一根虚箭线来表示，虚箭线从依赖源指向独立目的的包，如图 13-5 所示。

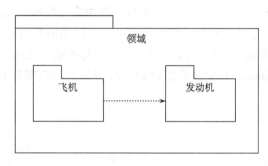

图 13-5　包的依赖关系

图 13-5 中，"飞机"包和"发动机"包之间存在依赖，因为"飞机"包所包含的任何类依赖于"发动机"包中所包含的任何类。没有发动机，飞机就不能正常工作，这是非常明显的道理。

在依赖关系中，我们把箭尾端的包称为客户包，把箭头端的包称为提供者包。依赖关系又可以分为 4 种。以图 13-4 为例说明其语义。

1)《use》依赖关系

《use》关系是一种默认的依赖关系，说明客户包（箭尾端的包）中的元素以某种方式使用提供者包（箭头端的包）的公共元素，也就是说客户包依赖于提供者包。如果没有指明依赖类型，则默认为《use》关系。

例如，在图 13-4 中，有两个《use》依赖，Client 包将通过 Server 包来完成 Order 的存储，而 Server 包使用 System:Data:SqlClient 包来实现数据库的存储。

2)《import》依赖关系

《import》关系是最普遍的包依赖类型，说明提供者包的命名空间将被添加到客户包的命名空间中，客户包中的元素也能够访问提供者包的所有公共元素。

《import》关系使命名空间合并，当提供者包中的元素具有与客户包中的元素相同的名称时，将会导致命名空间的冲突。这也意味着，当客户包的元素引用提供者包的元素时，将无须使用全称，只需使用元素名称即可。

例如，在图 13-3 中，Client 包引用了（import）Rule 包，Rule 包又引用了 GUI 包。同时，这还表示 Client 包间接地引用了 GUI 包。

3）《access》依赖关系

如果只想使用提供者包中的元素，而不想将两个包合并，则应使用该关系。在客户包中必须使用路径名，才能访问提供者包中的所有公共元素。

4）《trace》依赖关系

《trace》关系用于表示一个包到另一个包的历史发展。

13.3.2 泛化关系

包之间的泛化关系与对象类之间的泛化关系十分类似，对象类之间的泛化的概念和表示在此大都可以使用。泛化关系表示事物的一般和特殊的关系。如果两个包之间存有泛化关系，就是指其中的特殊性包必须遵循一般性包的接口。实际上，对于一般性包可以加上一个性质说明，表明它只不过是定义了一个接口，该接口可以由多个特殊包实现。

就像类的继承一样，包可以替换一般的元素，并可以增加新的元素。如图 13-6 所示的包 GUI 包含两个公共类：Window 和 Form，以及一个受保护的类 Event。特殊包 SubGUI 继承了一般包 GUI 公共类 Window 和受保护的类 Event，覆盖了公共类 Form 并添加了一个新的类 VBForm。

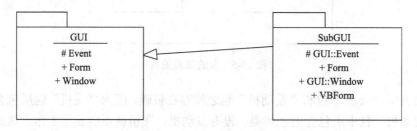

图 13-6　包的泛化关系示例

13.4　包的嵌套

包可以拥有其他包作为包内的元素，子包又可以拥有自己的子包，这样可以构成一个系统的嵌套结构，以表达系统模型元素的静态结构关系。

包的嵌套可以清晰地表现系统模型元素之间的关系，但是在建立模型时包的嵌套不宜过深，包的嵌套的层数一般以 2～3 层为宜。如图 13-7 所示是包的嵌套关系，在网上购票系统包中嵌套了订单系统包、价格系统包和列车系统包。这些子包之间存在着依赖关系。在建立模型时，为了简化也可以只绘出子包，不绘出子包之间的结构关系。

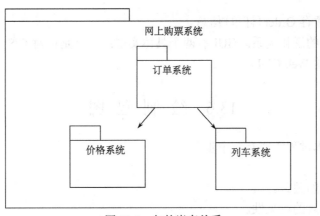

图 13-7　包的嵌套关系

13.5　阅读包图

阅读包图的方法如下。

(1) 了解每个包的语义，它包含的元素语义。

(2) 理解包间的关系。

(3) 找到依赖关系复杂的包，从最复杂的包开始阅读，然后依次是简单的包。

例如，包的阅读如图 13-8 所示。

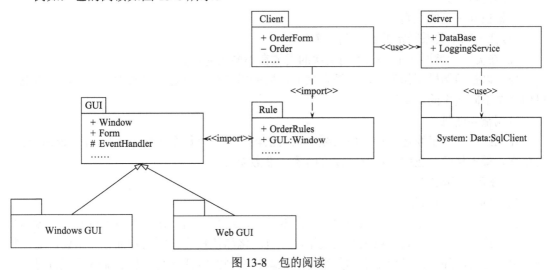

图 13-8　包的阅读

对上面包的理解如下。

(1) 根据《use》关系可以发现 Client 包使用 Server 包，Server 包使用 System: Data: SqlClient 包，根据它们所包含的元素语义，可以得知 Client 包负责 Order(订单)的输入，并通过 Server 包来管理用户的登录(LoggingService)和数据库存储(DataBase)；而 Server 包还通过.Net 的 Sql Server 访问工具包，来实现与数据库的连接和通信。

(2) 看《import》关系，从 Rule 包所包含的元素语义可知，该包负责处理一些规则，并引用一个具体的窗体(Window)；而 Client 包通过引用 Rule 来实现整个窗体和表单的显示，输入等,并且还将暂存 Order(订单)信息。

(3)接着来看包的泛化关系。GUI 有两个具体实现:一个是针对 C/S 的 Windows GUI,另一个是实现 B/S 的 Web GUI。

13.6 绘 制 包 图

绘制包图的基本过程主要有三个步骤。

(1)寻找包。

(2)确定包之间的关系。

(3)标出包内元素的可见性。

绘制包图的最小化系统间的耦合关系的原则是最大限度地减少包之间的依赖,包封装时,避免包之间的循环依赖;最小化每个包的 public、protected 元素的个数,最大化每个包中 private 元素的个数。

13.6.1 寻找包

通过把具有很强语义联系的建模元素分组,找出分析包。分析包必须反映元素的真实的语义分组,而不仅是逻辑架构的理想视图。

我们以对象模型和用例模型为依据,把关系紧密的类分到同一个包中,把关系松散的类分到不同的包中。

1)标识候选包的原则

(1)把类图中关系紧密的类放到一个包中。

(2)在类继承类层次中,把不同层次的类放在不同的包中。

也可以把用例模型作为包的来源。然而,用例横跨分析包是非常普遍的——一个用例可以由几个不同包中的类实现。

2)调整候选包

在已经识别一组候选包后,然后减少包间依赖,最小化每个包的 public、protected 元素的个数,最大化每个包中 private 元素的个数。做法如下。

(1)在包间移动类。

(2)添加包或删除包。

良好包结构的关键是包内高内聚,包间低耦合。通常,当创建分析包模型时,应该尽量使包模型简单。获得正确的包集合比使用诸如包泛化和依赖构造型的特征更加重要,这些特征可以以后再添加,仅当使用诸如包泛化和依赖构造型的特征使得模型更加容易理解时,才使用这些包整理技术。除了保持简单,还应该避免嵌套包。物件在嵌套包结构中埋藏得越深,模型变得越晦涩。

作为经验法则,希望每个包具有 4~10 个分析类。然而,对于所有的经验法则,却存在例外,如果打破某个法则使得模型更加清晰,就采用这个法则。有时,必须引入只带有一个或者两个类的包,因为需要断开包模型中的循环依赖。在这种情况下,这是完全合理的。

13.6.2 消除循环包依赖

在创建包的依赖关系时,尽量避免循环依赖,如图 13-9 所示。包的循环依赖关系如

图 13-9(a)所示。如果包 A 以某种方式依赖包 B，并且包 B 以某种方式依赖包 A，就应该合并这两个包，这是消除循环依赖非常有效的方法。但通常为解决循环依赖关系，需要将 Package A 包或者 Package B 包中的内容进行分解，将依赖于另一个包中的内容转移到另外一个包中。图 13-9(b)将 Package A 中的依赖 Package B 中的类转移到 Package C 包中。

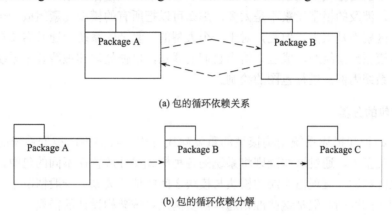

图 13-9　包的循环依赖消除示意图

13.6.3　建立包图的具体做法

建立包图的具体步骤如下。

(1) 分析系统模型元素(通常是对象类)。把概念上或语义上相近的模型元素纳入同一个包中。

(2) 对于每一个包，标出其模型元素的可见性(公有、保护或私有)。

(3) 确定包与包之间的依赖关系，特别是引入依赖。

(4) 确定包与包之间的泛化关系，确定包元素的多态性与重载。

(5) 绘制包图。

(6) 精化包图。

例如，要创建电子商务网站系统的包图，该网站系统采用了分层的架构，即把系统分为表示层、控制层、业务层、数据访问层 4 个层次。那么对系统进行组织也就顺理成章地分为对应的 4 个包：表示层包、控制层包、业务层包、数据访问层包。另外还有处理系统各种错误的错误信息处理包。这五个包之间是相互依赖的关系。绘制的包图如图 13-10 所示。

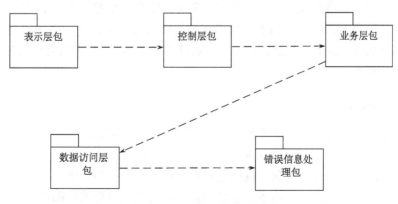

图 13-10　电子商务网站的包图示例

13.7 实 例 分 析

使用包的目的是把模型元素组织成组，并为它定名，以便作为整体处理。如果开发的是一个小型系统，涉及的模型元素不是太多，那么可以把所有的模型元素组成一个包，使用包和不使用包的区别不是太大。但是，对于一个大型的、复杂的系统，通常需要把系统设计模型中的大量的模型元素组织、成包，给出它们的联系，以便处理和理解整个系统。下面就以简单即时聊天系统为例，进行包图的绘制。

13.7.1　确定包的分类

包是一种维护和描述系统结构模型的重要建模方式，我们可以根据系统的相关分类准则，如功能、类型等，通过这些准则将系统的各种构成文件放置在不同的包中，并通过对各个包之间关系的描述，展现出系统的模块与模块之间的依赖关系。一般情况下，系统的包往往包含很多划分的准则，但是这些准则通常需要满足系统架构设计的需要。

这里使用下列的步骤创建系统的包图。

（1）根据系统的架构需求，确定包的分类准则。

（2）在系统中创建相关包，在包中添加各种文件，确定包之间的依赖关系。

分析简单即时聊天系统，采用 MVC 架构进行包的划分。可以在逻辑视图下确定三个包，分别为模型包、视图包和控制包。

模型包是对系统应用功能的抽象，在包中的各个类封装了系统的状态。模型包代表了商业规则和商业数据，存在于 EJB 层和 Web 层。在模型包中，包含了用户实体类、消息实体类、用户信息类、系统管理员类等参与者类或其他的业务类，在这些类中，其中一些类的数据需要对数据库进行存储和访问，这时通常采取提取出一些单独用于数据库访问的类的方式。

视图包是对系统数据表达的抽象，在包中的各个类对用户的数据进行表达，并维护与模型中的各个类数据的一致性。视图包中的类包括登录界面类、注册界面类、客户端主窗口类、新增好友界面类、聊天界面类和服务端界面类等。视图代表系统界面内容的显示，它完全存在于 Web 层。

控制包是对用户与系统交互事件的抽象，它把用户的操作编程系统的事件，根据用户的操作和系统的上下文调用不同的数据。控制对象协调模型与视图，它把用户请求翻译成系统能够识别的事件，用来接收用户请求和同步视图与模型之间的数据。在 Web 层，通常有一些 Serverlet 来接收这些请求，并通过处理成为系统的事件。控制包中的类包括客户端工作类、服务类、工作线程类。

13.7.2　创建包和关系

根据上面的分析，利用 MVC 架构创建简单即时聊天系统的包，如图 13-11 所示。接着可以根据包之间的关系，在图中将其表达出来。在 MVC 架构中，控制包可以对模型包修改状态，并且可以选择视图包的对象；视图包可以使用模型包中的类进行状态查询，三个包之间是互相依赖的关系。根据这些内容，创建的简单即时聊天系统的包图如图 13-12 所示。

图 13-11　MVC 架构的包图

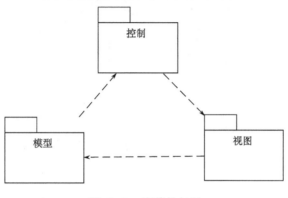

图 13-12　完整的包图

13.8　本章小结

首先，解释了几种常见的包图表示法之后，通过了一个简单的例子来说明包的可见性、依赖关系、泛化关系等概念；其次，概要地说明了五种包的构造型；最后，说明如何寻找包、确定包之间的依赖关系，从而绘制了出一个表明简单即时聊天系统的包图来理解包图的建模过程。

习　题

一、简述题

1. 什么是包图？

2. 包在应用当中的主要作用是什么？

3. 包的元素主要有哪些？又有哪几种表达方式？

4. 包中主要有哪些关系？区别在哪里？

5. 包之间的依赖关系主要包括哪几种？请分别举例子说明。

6. 在包之间的各种依赖关系中，客户包将把提供者包并入自己的命名空间的是哪个？举例说明。

7. 包的可见性指什么？举例说明。

8. 简述对象工程中高内聚、低耦合的含义。

二、分析设计题

假设有一个温度监控系统，用户在 MonitorGUI（监控界面）上输入查询指令，然后 QueryState 包的程序将与温感探测器连接，获取当前的状态信息，并存入数据库，再返回给用户界面。根据这一描述，小王绘制了如图 13-13 所示的包图。你认为有什么错误？请修改错误。

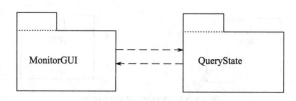

图 13-13　存在错误的温度监控系统包图

第 14 章　对象约束语言(OCL)

对象约束语言(Object Constraint Language，OCL)，是一种在用户为系统建模时，对其中的对象进行限制的方式。它是 UML 可选的附件内容，可以用来更好地定义对象的行为，并为任何类指定约束。

在对象约束语言中，对象代表了系统的组件，它定义了完整的项目，约束代表限制，而语言并非是指一种正式的计算机语言。OCL 是一种形式语言，是可以应用于任何实现方式的非正规语言。对象约束语言对 UML 中图形或其他组件都没有控制权，它只是在使用时返回值。OCL 并不能修改对象的状态，而是用来指示对状态的新修改何时发生。

本章将详细介绍对象约束语言，包括对象约束语言的结构、语法、使用集合和 OCL 标准库等。

14.1　OCL 概述

UML 图的优点不言而喻，但 UML 图的图形化特点造成 UML 通常不够精细，无法提供与规范有关的所有相关内容。这其中就缺少描述模型中关于对象的附加条件。这些约束常常用自然语言描述。而实践表明，自然语言经常造成歧义，特别是中文自然语言。为了写出无歧义的约束，已经开发出几种形式语言。传统的形式语言，缺点是仅适合于有相当数学背景的人员，而普通商务或系统建模者则难以使用。

1995 年，Warmer 和 Cook 在 IBM 公司的一个项目中最先设计出了 OCL。1996 年 Warmer 和 Cook 参与到 OMG 的 UML 的标准制定中，并提出建议把 OCL 作为 UML 标准的一部分[①]。在 UML1.1 中，OCL 正式被接受。截至 2018 年 12 月，最新的 OCL 版本是 2014 年更新的 OCL2.4。

OCL 的出现解决了自然语言存在歧义的问题，它是一种保留了易读易写特点的形式语言。OCL 不仅用来写约束，还能够用来对 UML 图中的任何元素写表达式。每个 OCL 表达式都能支持系统中的一个值或者对象。OCL 表达式能够求出一个系统中的任何值或者值的集合，因此它具有了和 SQL 同样的能力，由此也可得知 OCL 既是约束语言，同时也是查询语言。

OCL 任何表达式的值都属于一个类型，所以又称 OCL 为类型语言。这个类型可以是预定义的标准类型，如 Boolean 或者 Integer，也可以是 UML 图中的类元素。也可以是这些元素组成的集合，如对象的集合、包等。

OCL 功能很多，可以用来定义系统建模功能的前置条件和后置条件。还可以用来描述 UML 图中使用的控制点或者其他图从一个对象到另一个对象的转移。另外，可以用 OCL

---

① The Object Management Group(OMG，对象管理组织)是一个国际化的、开放成员的、非盈利性的技术标准组织，成立于 1989 年。官方网址为：https://www.omg.org。

来描述系统的不变量(invariant)。定义对象约束语言就是为建模提供清晰的方法，提供模型的约束。

14.2 OCL 特点

OCL 不是程序设计语言，它是纯说明性的语言。OCL 主要在建模时使用，并不涉及与实现有关的问题，不包括其他的程序设计语言所具有的特性。

Warmer 等在设计 OCL 时，提出了 OCL 必须遵守的一些原则。

(1)OCL 必须是一种语言，可以用来表示一些额外的但又是必需的信息。

(2)OCL 必须是精准的、无二义性的语言，同时又是很容易使用的语言。

(3)OCL 必须是声明性(declarative)语言，也就是说 OCL 是没有副作用的纯表达式语言。对 OCL 表达式的计算不会改变系统的状态，OCL 表达式计算时只是返回一个值，而不会改变模型中的任何东西。

(4)OCL 是类型化(typed)语言，也就是说，OCL 中的每个表达式都是具有类型的。

OCL 可以表示一些用图形符号很难表示的细微含义。在 UML 中，OCL 是说明类的不变量(invariant)、前置条件(precondition)、后置条件(postcondition)以及其他各种约束条件的标准语言。

目前已有一些工具支持 OCL，如 ArgoUML、Together 12.9 以及更新的版本等。这些工具能够支持根据 OCL 生成代码。

14.3 OCL 结构

OCL 在两个层次上共同定义对象约束语言，一个是抽象语法(元模型)，另一个是具体语法。元模型定义 OCL 概念和应用该概念的规则，具体语法则真正用于在 UML 模型中指定约束和进行查询。

14.3.1 抽象语法

抽象语法指 OCL 语言定义的概念层，在该层中抽象语法解释了类、操作等内容的元模型。例如，类被定义为具有相同的特征、约束和语义说明的一组对象，并在该层将类解释为可与任何数目的特性(或属性)、操作、关系甚至嵌入类相关联。抽象语法只是定义了相类似的元模型，并没有创建一个具体的模型或对象。

OCL 要求清楚地区分 OCL 抽象语法和其他自抽象语法派生的所有具体语法。抽象语法还支持其他约束语言的发展，基于 MOF(Meta Object Facility，元对象设施标准)的 UML 基础结构元模型支持各种专业领域的建模，例如，软件建模的 UML、数据仓库领域建模的 CWM 语言等。

抽象语法使用的数据类型和拓展机制与 MOF/UML 基础结构元模型有相同的定义，另外还有一些自己的数据类型和扩展机制。抽象语法还必须支持真正的查询语言，为此引入了一些新的概念，如元组(Tuple)用于提供 SQL 的表达式。

14.3.2　具体语法

与面向规则的语法相反，具体语法(即模型层语法)描述代表现实世界中一些实体的类，它应用抽象语法的规则，创建可以在运行时段计算的表达式，OCL 表达式与类元相关联，应用于该类元自身或者某个属性、操作或参数。不论哪种情况，约束都是根据其位移(replacement)、上下文类元(contextual classifier)和 OCL 表达式的自身实例(self instance)来定义。

(1)位移。表示 UML 模型中使用 OCL 表达式所处的位置，即作为依附于某个类元的不变式，依附于某个操作的前置条件或依附于某个参数的默认值。

(2)上下文类元。定义在其中计算表达式的命名空间。如前置条件的上下文类元是在其中定义该前置条件的操作所归属的那个类。也就是说，该类中所有模型元素(属性、关联和操作)都可以在 OCL 表达式中被引用。

(3)自身实例。自身实例是对计算该表达式对象的引用，它总是上下文类元的一个实例，也就是说，OCL 表达式对该上下文类元每个实例的计算结果可能不同。因此，OCL 可以用于计算测试数据。

除了以上介绍，OCL 具体语言还有许多应用，主要体现在以下几方面。

(1)作为一种查询语言。

(2)在类模型中指定关于类和类型的不变式。

(3)为原型和属性指定一种类型不变式。

(4)为属性指定派生规则。

(5)描述关于操作与方法的前置条件和后置条件。

(6)描述转移。

(7)为消息与动作指定一个目标和一个目标集合。

(8)在 UML 模型中指定任意表达式。

OCL 的具体语法仍在不断完善，直到目前，具体语法中还有一些问题没有解决。在 UML 中前置条件和后置条件被看作两个独立的实体。OCL 把它们看作单个操作规范的两个部分，因此单个操作中的多个前置条件和后置条件的映射还有待解决。

14.4　OCL 表达式

OCL 表达式用于一个 OCL 类型的求值，它的语法用扩展的巴斯科范式(EBNF)定义。在 EBNF 中，|表示选择，? 表示可选项，*表示零次或多次，+表示一次或多次。OCL 基本表达式的语法用 EBNF 定义如下：

```
PrimaryExpression:=literalCollection | literal
| pathname time Expression ? FeatureCallparameters?
|"("expression")" | ifExpression
Literal:=<string>|<number>|"#"<name>
timeExpression:= "@"<name>
featureCallparameters:= "("(declarator)?(actualParameterList)?")"
```

```
ifExpression:= "if"expression "then" expression "else" expression "endif"
```

定义中说明了 OCL 基本表达式是一个 literal；literal 可以是一个字符串、数字或者是"#"后面跟一个模型元素或操作名；OCL 基本表达式可以是一个 literalCollection 型，它代表了 literal 的集合。

OCL 基本表达式可以包含可选路径名，后面的可选项中包括时间表达式（timeExpression）、限定符（Qualifier）或特征调用参数（featureCallParameters）；OCL 基本表达式还可以是一个条件表达式 ifExpression。

OCL 表达式具有以下特点。

(1) OCL 表达式可以附加在模型元素上，模型元素的所有实例都应该满足表达式的条件。

(2) OCL 表达式可以附加在操作上，此时表达式要指定执行一个操作前应该满足的条件或一个操作后应该满足的条件。

(3) OCL 表达式可能指定附加在模型元素上的监护条件。

(4) OCL 表达式的计算原则是从左到右。整体表达式的子表达式得到一个具体的值或一个具体类型的对象。

(5) OCL 表达式既可以使用基本类型又可以使用集合类型。

14.5 OCL 语法

OCL 指定每一个约束都必须有一个上下文。上下文（context）指定了哪一个项目被约束。OCL 是一个类型化的语言，因此数据类型扮演了重要角色，和高级语言 C++、Java 一样，OCL 也有很多数据类型和相应的语法结构。

14.5.1 固化类型

约束就是对一个（或部分）面向对象模型或者系统的一个或者一些值的限制。UML 类图中的所有值都可以使用 OCL 来约束。约束的应用类似于表达式，在 OCL 中编写的约束上下文可以是一个类或一个操作。其中需要指定约束的固化类型，而约束的固化类型可以由以下三项组成。

(1) invariant。

(2) pre-condition。

(3) post-condition。

invariant 为不变量，应用于类，不变量在上下文的生存期内必须始终为 True；pre-condition 为前置条件，前置条件约束应用于操作，它是一个在实现约束上下文之前必须为 True 的值；post-condition 为后置条件，后置条件约束应用于操作，它是一个在完成约束上下文之前必须为 True 的值。

下面是一个简单的 OCL 约束语句：

```
context Student inv:
Numbers=40
```

上面语句要求 Student 类的 Numbers 值始终要等于 40。语句中 context 为上下文约束的关键字，而 inv 是代表不变量的关键字。

如果要表示操作的约束，需要使用操作的名称和完整的参数列表替换上下文的值，并且要有返回值。如下面语句所示：

```
Context AddNewBorrower(SutdentID): Success
pre: studentID.Numbers=10
post: StudentID<>BorrowerID
```

这段语句演示了如何指定操作的前置条件和后置条件约束，其中，pre：为前置条件约束的关键字，而 post：为后置条件约束的关键字，它们后面分别是约束。上面语句表示，在操作执行之前 AddNewBorrower()、StudentID 的位数必须为 10。执行完该操作后，要约束 StudentID 和 BorrowerID 是不相等的两个值。

14.5.2 数据类型

OCL 中的表达式是有类型的，例如，字符串类型、整数类型等。OCL 预定了很多基本类型，大部分 OCL 表达式都属于这些基本类型。对象约束语言是类型化的语言，具有四种数据类型，如下所示。

(1) 整数 (integer)。可以是任何不带小数部分的值，如 0、–1、1 等。

(2) 实数 (real)。可以是任何数字，可以带有小数。如 3.0、7.5、–3.0 等。

(3) 字符串 (string)。可以包含任何数量的字符或文本。

(4) 布尔 (boolean)。布尔型值只有两个：Ture 和 False。

除了上面的四种基本数据类型，OCL 还定义了一些高级的基本数据类型，如 Collection (群集)、Set (集合)、Bag (袋)、Sequence (序列)。其中 Collection 是抽象数据类型，而 Set、Sequence 是 Collection 的 3 种具体子类型。Set 中不会包含重复的元素，这个概念和数字中集合的概念是一样的；Bag 和 Set 类似，但 Bag 中可以有重复的元素；Sequence 和 Bag 类似，但 Sequence 中的元素是有序的。下面是一些 Set、Bag、Sequence 的例子：

```
Set {1,2,5,88}
Set {'apple','orange','strawberry'}
Bag {1,3,4,3,5}
Sequence {1,3,45,2,3}
Sequence {'ape','nut'}
```

即 Set、Bag、Sequence 的表达方式是在花括号中列出用逗号分隔的元素，然后在花括号前指明是 Set、Bag 还是 Sequence 类型。

在 Collection、Set、Bag 和 Sequence 类型上可以定义一些操作，如定义在 Collection 上的操作有以下几种。

(1) notEmpty：如果 Collection 中还有元素，则返回真。

(2) includes (object)：如果 Collection 中包含 object 这个对象，则返回真。

(3) union (set of objects)：返回 Collection 和 set of objects 的合集。

(4) intersection (set of objects)：返回 Collection 和 set of objects 的交集。

除了以上操作，还有一些其他操作，所有操作的列表可以查看 OCL 的规范说明。

在 OCL2.0 版本中，增加了 Tuple(元组)这种类型。一个 Tuple 由多个命名的部分组成，而每部分可以有不同的类型，也就是说，一个 Tuple 可以把几个不同类型的值组合在一起，下面是一些 Tuple 的例子：

```
Tuple {name: String='John', age: Integer=10}
Tuple{a: Collection(Integer)=Set {1, 3, 4}, b: String='foo', c: String='bar'}
```

Tuple 的各个组成部分之间的顺序并不重要，对于各个部分的值，在不会引起歧义的情况下可以省略其类型说明。所以，Tuple {name：String='John'，age: Integer=10} 也可以表示为

```
Tuple {name ='John', age =10} 或Tuple {age =10, name ='John'}
```

另外，UML 模型中定义的类和接口自动生成为 OCL 中的类型，在 OCL 的表达式中，可以使用模型中类的属性和操作、接口的操作、包名、关联的角色名等作为表达式的一部分。

14.5.3 运算符和操作

除了数据类型，OCL 还定义了多种运算符，有些运算符已经在前面的例子中使用到。还有更多的运算符如表 14-1 所示。

表 14-1 OCL 运算符

运算符	含义	运算符	含义
+	加	<>	不等于
−	减	<=	小于等于
*	乘	>=	大于等于
/	除	and	与
=	等于	or	或
<	小于	xor	异或
>	大于		

在程序设计语言中运算符也存在计算的优先级，与此相同，OCL 中运算符同样也存在优先顺序，其顺序如表 14-2 所示，按从上到下排列其重要性顺序。如果要改变运算符的优先顺序，可以使用括号。

表 14-2 OCL 运算符优先级

操作符	说明	操作符	说明
@pre	操作开始的值	If then else endif	判断语句
.和->	点和箭头	<>,<=,>=	
Not 和−	"−"是负号运算	=,<>	
*和/		And,or,xor	
+和−	"−"是二元的减法运算	Implies	定义在布尔类型上的操作

OCL 中还定义了多种操作，用于完成不同的功能。下面列举几个常用的例子操作。

(1) max 用于返回较大的数字，如 (4).max(3)=4。

(2) min 用于返回较小的数字，如 (4).min(3)=3。

(3) mod 取模值，如 3.mod(2)=1。

(4) div 整数之间除法，只能用于整数并且其结果也是整数，如 (3).div(2)=1。

(5) abs 取整数部分，如 (2.79).abs=2。

(6) round 按四舍五入原则取整数部分，如 (5.79).round=6。

(7) size() 取字符串的长度，如 "ABCD".size()=4。

(8) toUpper() 返回字符串大写，如 "abc". toUpper() = "ABC"。

(9) concat() 连接两个字符串，如 "ABC". concat("DEF")="ABCDEF"。

上述示例中，(4).max(3)=4 的 "." 是 OCL 中访问 OCL 数据类型某个操作的标准方法。上面只是 OCL 中的一部分操作，这里列举出来只希望大家能够有所了解，知道这些预定义操作的存在，还有更多的操作将在以后的学习和实际建模中逐渐接触。

OCL 是一种形式语言，同样也定义了一些关键字，OCL 中关键字如表 14-3 所示。

表 14-3　OCL 中关键字

and	attr	context	def
else	inv	let	not
oper	or	endif	endpackage
if	implies	in	package
post	pre	then	xor

14.6　OCL 的约束使用

前面介绍了像语法、表达式、运算符和集合等大量有关 OCL 的基础知识，本节将详细介绍 OCL 的具体应用，包括基本类型的约束、对象级约束和消息级约束。

14.6.1　基本类型的约束

基本类型的约束包括三种，首先是基本约束，可用于构件简单约束；然后是一些使用运算符的约束，用于表达某些更复杂的特性，称为组合约束；最后是迭代约束，它可以递归地应用到一个集合的所有元素。

1. 基本约束

约束的最简单形式是比较两个数据项的关系运算符组成的约束。在 OCL 中对象和集合可以用运算符 "=" 或者 "<>" 比较相等或者不相等，这些标准运算符可用于测试数值。

在 OCL 中，由于写一个表达式能够引用模型中的任何数据项，所以只需使用测试表达式的相等或不相等就可以形式地表示许多通用模式，而无须使用任何其他方式。

例如，一个会员的级别，应该是该会员所在系统的一个级别的约束。现在约束可以定义为如果直接从会员找到系统，或者间接地从会员找到级别，再从该级别找到系统，将会达到同一个效果。这种约束可以定义为如下形式：

```
context Member inv:
self.user=self.level.system
```

上面使用相等的运算符进行测试，它可以用于对象和集合，另外还有一些基本约束只能应用于集合。例如，使用 isEmpty 可以测试一个集合是否为空，当然也可以通过约束集合的长度为零来实现。

假设现在要约束会员的符号必须大于 1000，通常可以定义一个集合，然后形式化地表示为该集合包含了除这个特性的所有特性并约束这个集合为空。下面给出了两种表示方式：

```
context System
inv:member->select(grade()>1000)->isEmpty
inv:member->select(grade()>1000)->size=0
```

在 OCL 中使用 include 操作可以约束指定对象是一个集合的成员。例如，在商城系统中一个基本的完整性约束是，每个会员的级别是与该会员相关的级别集合中的一个成员。约束的定义如下：

```
context System inv:
member.grade->includes(contract.grade)
```

与 include 类似的还有 includeAll 操作，它是以集合作为它的参数，而不是单个对象。因此，它相当于集合的一个子集操作符。例如，下面的约束指定了某个级别的会员全体都是该级别所在系统中的会员：

```
context grade inv:
system.member->includeAll(staff)
```

2. 组合约束

组合约束是在基本约束的基础上组合前面介绍的多个 OCL 运算符(像 and、or、not 等)，最终构成的复杂约束表达式。

OCI 不同于大多数编程语言的是，它定义了一个满足预期条件的表达式。例如，假设在商城系统中有一项政策，即每个在线时长超过 50 的会员最低积分为 2500。这个约束用 OCL 的定义如下：

```
context Member inv:
onlinetime()>50 implies contract.grade.scores>2500
```

3. 迭代约束

迭代约束与 select 操作类似，都是定义在集合上的运算符，返回的结果由应用表达式到该集合的每个元素所确定。即迭代约束返回的是对每个元素应用表达式的结果。

例如，forAll 操作表示的是如果将它应用于集合的每个成员，指定的布尔表达式为真，那么该操作返回 true，否则返回 false。下面的实例演示了使用 forAll 操作约束在商城系统中每一个级别必须至少包含一个会员：

```
context System inv:
self.grade->forAll(g|not g.contract->isEmpty())
```

与 forAll 互补的是 exists 操作，它表示的是如果对该集合中的至少一个元素应用表达式结果为真，则返回 true；如果对该集合的多个元素应用表达式，结果均为假，则返回 false。下面的示例演示了每个部门必须有一位负责人的迭代约束：

```
context System inv:
staff->exists(e|e.manager->isEmpty())
```

如果要定义一个应用于类所有实例的约束，可以不用 forAll 操作。因为对于类的约束，本身就是应用该类的所有实例。例如，下面的约束指定商城系统中的每一个会员的初始积分大于 1000：

```
context Member inv:
scores>1000
```

上述示例说明了在简单的情况下要为一个特性的类定义约束，没有必须使用 forAll 应用集合。

OCL 还定义了一个 allInstances 操作，该操作应用于一个类型名称，返回的是该类型名称所对应类型的所有实例组成的集合。下面使用 allInstances 操作重写上面的约束：

```
context Member inv:
Member. allInstances->forAll(g | g.scores>1000)
```

如上述代码所示，在这种情况下使用 allInstances 使约束更加复杂。然而在某些情况下使用 allInstances 操作确实是必要的。一个常见的实例是定义一个约束必须系统地比较不同的实例或者一个类的值。例如，下面的约束定义任何两个级别所需的会员积分都不相同。

```
context Member inv:
Member.allInstances->forAll(g:Member|g<>self implies g.scores<> self.scores)
```

上面的约束会隐含地应用到会员级别的每个实例，其中 self 指的是上下文的约束。这个约束通过反复应用 allInstances 所形成的集合将上下文对象与该类的每个实例相比较。

14.6.2 对象级约束

对象级约束是指对一个对象的属性、操作等与对象有关的特性进行限定。在 OCL 中实现这种约束通常有 4 种方式，分别是常量、前置和后置条件，以及 let 约束，下面详细介绍它们。

1. 常量

常量通常附加在模型元素上，它规定的约束条件通常需要该模型元素的所有实例都满足。例如，对于会员来说，每个会员的编号必须是唯一的。因此，附加在 Member 类上的约束可以如下表示：

```
context Member inv:
```

```
self. allInstances->forAll(s1,s2|s1<>s2 implies s1.id<>s2.id)
```

上述语句中的 inv 是表示常量的关键字，它指出冒号后面是不变的量。常量对于该模型元素的实例在任何时刻都应该为真(true)。

2. 前置和后置条件

前置条件表示的是操作开始执行前必须保持为真的条件，后置条件指的是操作成功执行后必须为真的条件。使用前置条件和后置条件的一般形式如下所示。

```
context operaName(parameters):return
pre : constraint
post : constraint
```

在实际应用中可以灵活使用一般形式。前置条件和后置条件不一定同时存在，可以只存在前置条件也可以只存在后置条件。如下面的一段 OCL 语句所示。

```
context Book :: setBookStatus(): Boolean
pre : status=BookStatus :: Borrowed or status=BookStatus :: Free
```

上面语句是对 Book 类中 setBookStatus()操作的约束，返回一个 Boolean 类型。语句中只有前置条件，并且使用了多个"::"。第一个"::"用于指定操作所属的类，前置条件中 BookStatus 是一个枚举型，Borrowed 和 Free 是枚举型的可取值。第二个"::"是标识枚举中的值。

前置条件和后置条件约束的写法也很灵活，上面的语句同样也可以写成下面两种表达形式。

```
context Book :: setBookStatus(): Boolean
pre :
status="Borrowed" or status="Free"
context Book :: setBookStatus(): Boolean pre :
status="Borrowed" or status="Free"
```

上面讲述的一些规则对于后置条件同样适用。后置条件表示为操作完成时检测该操作结果的值和模型的状态。例如，在 OCL 表达式中操作 setBookStatus()将属性值改变为 BookStatus :: None，当操作完成时，对该改动的检测结果应该是 true。如下面的语句所示。

```
context Book :: setBookStatus(): Boolean
post : status=BookStatus :: None
```

在 OCL 中还支持使用约束的名字。对于前置条件或后置条件而言，约束名字位于前置条件或后置条件关键字之后、冒号之前，语句中加粗 **success** 为约束名字，如下所示。

```
context Book :: setBookStatus(): Boolean
post success : currentBookStatus.status=BookStatues :: Free
```

3. let 约束

let 表达式附加在模型元素的属性上，它通常用于定义约束中的一个变量。例如，一个学生的综合评分(totalscore)属性是由成绩(score)和附加分(address)组成的。因此对于学生的综合评分应满足如下约束。

```
context Student inv:
let totalscore : integer = self.score->sum
if noAddscore then
totalscore<=80
else
    totalscore>=20
endif
```

上述代码，使用 let 表达式结合 If else endif 组成了综合评分的约束条件。

14.6.3 消息级约束

OCL 支持对已有操作的访问，也就是说，OCL 可以操作信号和调用信号来发送消息。针对信号的操作，OCL 提供了 3 种机制。

(1)第一种机制 "^"。"^" 为 hasBeenSent 已经发送的消息。该符号表示指定对象已经发送了指定的消息。

(2)第二种机制 OclMessage。OclMessage 是一种容器，用于容纳消息和提供对其特征的访问。

(3)第三种机制 "^^"。它是已发送符号 "^" 的增强形式，允许访问已经发送消息的集合，所有的消息被容纳在 OclMessage 中。

使用 "^" 符号可以确定消息是否已经发送。此时需要指定目标对象、"^" 符号和应该被发送的消息。例如，当某个代理操作 terminate()完成执行时，该代理的当前合约应该已经发送消息 terminate()。也就是说，当系统中止一个代理时，就必须确保代理的合约也被中止。如下面语句所示：

```
context Agent : terminate()
post : currentContract()^terminate()
```

消息可以包含函数，当操作指定参数时，表达式中传递的值必须符合参数的类型。如果参数值在计算表达式之前未知，就在该参数的位置使用问号并提供其类型，如下面语句所示。

操作声明如下：

```
Agent terminate(date : Date , vm : Employee)
Contract terminate(date : Date)
```

OCL 表达式如下：

```
context Agent : terminate(? : Date , ? : Employee)
post : currentContract()^terminate(? : Date)
```

上面语句表示消息 terminate()已经被发送到当前的合约对象，但这里没有给出参数的具体含义，此时不用关心函数值是什么。

"^^" 消息运算符支持对包含已发送消息的 Sequence 对象的访问。该集合中所有消息都在一个 OclMessage 之内。如下面语句所示。

```
context Agent terminate(? : Date , ? : Employee)
post : currentContract()^^terminate(? : Date)
```

上面语句中表达式产生一个 Sequence 对象，该对象容纳在对代理执行 terminate 操作期间发送到与代理实例相关联的所有合约的消息。

OCL 提供了 OclMessage 表达式，用于访问消息本身。OclMessage 实际上是一个容器，提供一些有助于计算操作执行的预定义操作，如下所示。

hasReturned() 布尔型。

result() 被调用操作的返回类型。

isSignalSent()布尔型。

isOperationCall() 布尔型。

使用 OclMessage 可以访问被使用"^^"消息运算符的前一个表达式返回的消息。为建立 OclMessage，使用 let 语句创建类型为 Sequence 的变量来容纳从"^^"消息运算符得来的 Sequence。

运算声明如下：

```
Agent terminate(date : Date , vm : Employee)
Contract terminate(date : Date)
```

OCL 表达式如下：

```
context Agent :: terminate(? : Date , ? : Employee)
post : let message : Sequence(OclMessage)=
contracts^^ terminate(? : Date)in
message->notEmpty and
message->forAll(contract|
contract. terminationDate=agent. terminationDate and
contract. terminationVM=agent. terminationVM)
```

该表达式计算发送到所有合约的消息，以检查合约终止日期和雇员属性是否已被正确设置到与代理中的值相一致。

在 OCL 表达式中，操作和信号之间的一个重要区别是操作有返回值，而信号没有返回值。这里再次说明"."和"->"的使用场合："."是在调用对象的属性时使用；而"->"符号是在 Collection 类型包括 Bag、Set 和 Sequence 调用特性或操作时使用。

OCL 语法提供了 hasReturned() 操作来检查某个操作是否完成执行。当 hasReturned() 操作结果为真时，由于操作产生的值是可以访问的，因此 OCL 表达式可以继续；如果 hasReturned() 操作结果为假时，表示检测不到操作结果，OCL 表达式应该中止。上面语句中，如果操作没有完成执行，语句 message->notEmpty 之后将引用不存在的值，添加 message.hasReturned()操作后将阻止后续语句在没有可以引用的值时的执行。

```
context Agent :: terminate(? : Date , ? : Employee)
post : let message : Sequence(OclMessage)=
contracts^^ terminate(? : Date)in
```

```
message.hasReturned() and
message->notEmpty and
message->forAll(contract|
contract. terminationDate=agent. terminationDate and
contract. terminationVM=agent. terminationVM)
```

14.7 本 章 小 结

通过本章的学习，我们了解到 OCL 是一种形式化语言。相对于其他的形式化语言而言，OCL 比较简单。与一般的程序设计语言类似，OCL 中定义了一些基本类型和高级类型，以及这些类型上的一些操作，因此，对于有程序设计语言基础的开发人员来说，OCL 比较容易掌握和使用。OCL 是没有副作用的纯表达式语言，同时又是类型化语言。OCL 可以提供图形符号无法表示的一些信息，可以表示施加于模型元素或模型元素的属性、操作等上面的约束条件，如前置条件、后置条件、常量等。现在，OCL 已经成为 UML 规范说明的一部分。

▶▶ 小提示

本教材是一本纯粹介绍 UML 的书籍，并不断强调对象工程的理念。在这个基础上，我们还可以衍生与 UML 相关的更多故事，例如，基于 UML 的软件测试、模型驱动架构 MDA 等。感兴趣的读者可以进一步深入学习相关资料。

计算机思维强调逻辑性，在计算机的世界里，只有 0 和 1，一起都由它们孕育。学习计算机领域方面的知识能够提升我们的逻辑思维能力，提升我们的智力水平。

习　　题

一、填空题

1. OCL 在两个层次上共同定义对象约束语言，其中_____定义 OCL 概念和应用该概念的规则。

2. 在 OCL 的固化类型中使用_____前置条件。

3. OCL 表达式的_____是对计算该表达式对象的引用。

4. 表达式 uml.toUpper() 的结果是_____。

5. 在 OCL 库中，使用_____类型代表数字中实数的概念。

二、简述题

1. 简要描述对象约束语言 OCL 的概念。

2. 简单介绍对象约束语言的结构。

3. 简要说明 OCL 中的固化类型。

4. 举例说明 let 约束的使用方法。

5. 简单介绍 Collection 类型。

6. 如何理解 OCL 是没有副作用的纯表达式语言，同时又是类型化语言？

三、分析设计题

目前已有一些工具支持 OCL，如 ArgoUML、Together 12.9 以及更新的版本等。这些工具能够支持根据 OCL 生成代码。请查阅资料，写出案例。

第三篇　实　践　篇

第 15 章　统一软件开发过程（RUP）

15.1　RUP 简介

RUP（Rational Unified Process，统一软件开发过程，或简称统一软件过程）是一个面向对象，且基于网络的程序开发方法论，其核心思想是迭代及需求捕获。

IBM 公司所收购的 Rational 公司创造了 RUP 方法，根据 Rational Rose 的开发者的说法，RUP 就如同一个在线的指导者，它可以为所有方面、层次的程序开发提供指导方针、模版以及事例支持。

RUP 以及其同类产品——面向对象的软件过程（OOSP）、OPEN Process 等都是辅助工程师理解工程架构的软件工程工具。它们把开发中面向过程的内容（如定义、技术和实践）和其他开发组件（如文档、模型、手册以及代码等）整合在了一个统一的框架内。

RUP 是风险驱动的、基于用例技术的、以架构为中心的、迭代且可配置的软件开发流程。我们可以针对 RUP 所规定的流程，进行客户化定制，定制出适合自己组织的实用软件流程，因此 RUP 是一个流程定义平台，是一个流程框架。本章主要讨论 RUP 的主要内容、核心概念及开发模式。

RUP 作为主流软件开发方法之一的重要原因是，其理念构想公司——Rational 聚集了面向对象领域三位杰出专家 Booch、Rumbaugh 和 Jacobson，他们是 UML 的创立者。

15.2　RUP 与传统开发方式的对比

15.2.1　传统开发方式

在进行软件开发过程中，由于各人开发习惯、语言掌握熟练程度、对事物的理解等方面不同，且没有一整套成型的软件开发方法和接口，造成了开发中各种问题：①项目经理在愤怒的客户和迷惘的程序员之间疲于奔命；②广大员工都在加班加点工作；③技术难点靠有经验的天才技术人员大脑的灵光闪现来解决等。

传统开发过程中常见的问题总结如下。

(1)用户不知道他们要做一个什么样的软件系统。开发人员通常根据客户的简短口述与指定的界面要求和操作步骤编写简短的文档，然后迅速开发出一套程序原型并在此基础上根据用户的意见进行修改，可是随着时间的推移和用户需求的不断变更，逐渐使双方失去了耐心。

(2)项目永远停留在 99%的阶段。开发人员很早就看到了项目结束的希望，可是随着时间的推移这种希望逐渐变成了沮丧。

(3)钟摆效应。随着开发源头一次小角度的摆动，都会造成尾部大幅度的变化，这直接表现在工作量当中。

(4)一组多项目的困扰。开发过程中经常出现一个项目组在项目尾声时又要同时开发新项目的情况，在传统的开发方式中这极大地增加了对项目经理的工作要求和难度。

(5)人员流动造成困难。在项目的中后期，人员的离开给项目开发工作造成了很大困难，而新补充进来的技术人员又无法很快上手。

(6)后期维护困难。当项目结束一段时间后系统发生问题时，由于文档的不齐备和表述方式的不同，一般都需要原开发人员去维护系统，这就造成时间和资金上的浪费。

(7)人员配合问题。由于没有统一的接口表现形式，工作的安排和思路的交流往往要靠口述来完成，这就耽误了高级技术人员的宝贵时间，并会由于表述不清造成交流双方的猜忌。

以上罗列了一些常见的、亟待解决的问题。还有一些其他可能出现的问题，限于篇幅，在此就不再一一赘述。

15.2.2 RUP 的问题解决方式

针对以上出现的问题，在引入了 RUP 模式后一般都可以很好地得到解决。例如：

(1)RUP 良好的需求管理机制可以有效地对用户的需求进行表述，并根据用例驱动的原则来确定开发的工作量和计划安排。

(2)根据循环迭代的原则将项目前期内容改变的影响减至最小，提高软件项目的可控性。

(3)随着项目处于不同的步骤可以使项目经理有效地配置自己和其他技术人员的时间。

(4)RUP 思想本身就鼓励松散的项目组机制，能够很好地处理人员流动的问题，一个环节发生问题不会影响其他环节的正常运作。

(5)在 RUP 的每个步骤都有严格的文档要求(虽然在实际运用过程中不一定完全遵守)，对后期维护工作会提供很大帮助。

(6)RUP 定义的统一接口表现形式不仅可以解决项目组内部的人员配合问题，还可以有效地解决项目组之间以及公司之间的配合问题。

15.3 RUP 二维开发模型

RUP 可以用二维坐标来描述，如图 15-1 所示。

横轴通过时间组织，是统一软件过程展开的生命周期特征，体现开发过程的动态结构，用来描述它的术语主要包括周期(cycle)、阶段(phase)、迭代(iteration)和里程碑(milestone)。

纵轴以内容来组织，包含自然的逻辑活动，体现开发过程的静态结构，用来描述它的术语主要包括活动(activity)、产物(artifact)、工作者(worker)和工作流(workflow)。

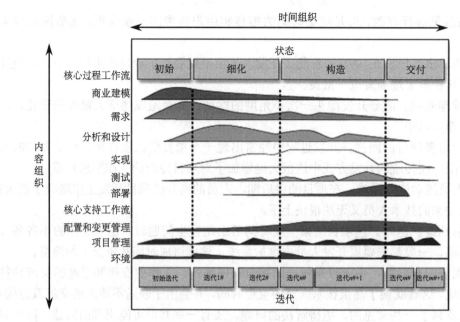

图 15-1 统一软件开发过程二维图

15.3.1 RUP 核心概念

RUP 中定义了一些核心概念,如表 15-1 及图 15-2 所示。

表 15-1 RUP 中的核心概念

	核心概念
角色	描述某个人或者一个小组的行为与职责。RUP 预先定义了很多角色
活动	是一个有明确目的的独立工作单元
工件	是活动生成、创建或修改的一段信息

15.3.2 RUP 软件生命周期

RUP 的软件生命周期在时间上被分解为四个顺序的阶段,分别是初始阶段(inception)、细化阶段(elaboration)、构造阶段(construction)和交付阶段(transition)。每个阶段结束于一个主要的里程碑(major milestones);每个阶段本质上是两个里程碑之间的时间跨度。在每个阶段的结尾执行一次评估以确定这个阶段的目标是否已经满足。在评估合格的情况下,才允许项目进入下一个阶段。

1. 初始阶段(工作量为 5% ~ 10%)

(1)人员安排:在项目的初始阶段,主要工作由需求人员和项目经理来进行,分析和设计人员进行部分工作,测试人员对内容有一定的了解。

(2)制品。

①领域模型(需求人员)。

②项目开发方案和计划(项目经理)。

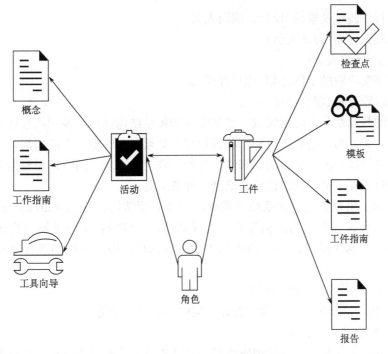

概念

工作指南

工具向导

活动

角色

工件

检查点

模板

工件指南

报告

图 15-2 RUP 核心概念

③80%的用例及核心用例候选列表(需求人员)。

④粗略的风险分析(项目经理)。

初始阶段有时也称先启阶段。初始阶段的目标是为系统建立商业案例并确定项目的边界。为了达到该目标必须识别所有与系统交互的外部实体,在较高层次上定义交互的特性。

初始阶段具有非常重要的意义,因为在这个阶段中所关注的是整个项目进行中的业务和需求方面的主要风险。然而,对于建立在原有系统基础上的开发项目来讲,初始阶段可能很短。

初始阶段的结束是第一个重要的里程碑:生命周期目标(lifecycle objective)里程碑。生命周期目标里程碑评价项目基本的生存能力。

2. 细化阶段(工作量为 20%~30%)

(1)人员安排:主要由需求、分析、设计人员进行,测试和编码人员完成部分工作。

(2)制品。

①所有的用例及描述(需求人员)。

②界面原型(需求人员)。

③需求补充说明(需求人员)。

④用例的构架分析(分析人员)。

⑤80%的用例分析和类分析(分析人员)。

⑥核心用例的设计及编码(设计、编码人员)。

⑦部分数据模型设计(设计人员)。

⑧实施模型(设计人员)。

⑨部分构件模型(设计人员)。

⑩技术可行性测试及模板(设计、编码人员)。

⑪完整的测试计划(测试人员)。

⑫测试模型(测试人员)。

⑬构造和移交阶段的工作计划(项目经理)。

⑭完整的风险分析(项目经理)。

细化阶段的目标是分析问题领域,建立健全的体系结构基础,编制项目计划,淘汰项目中最高风险的元素。为了达到该目标,项目管理者必须在理解整个系统的基础上,对体系结构做出决策,包括其范围、主要功能和诸如性能等非功能需求。同时还需要为项目建立支持环境,包括创建开发案例,创建模板、准则并准备工具。

细化阶段的结束是第二个重要的里程碑:生命周期结构(lifecycle architecture)里程碑。生命周期结构里程碑为系统的结构建立了管理基准,并使项目小组能够在构建阶段中进行项目进度衡量。在这个阶段,要检验详细的系统目标和范围、结构的选择以及主要风险的解决方案。

3. 构造阶段(工作量为 50%~65%)

(1)人员安排:这部分工作主要由设计、编码、测试人员进行。

(2)制品:剩余的其他制品。

在构建阶段,所有剩余的构件和应用程序功能被开发并集成为产品,所有的功能被详细测试。从某种意义上说,构建阶段是一个制造过程,其重点放在管理资源及控制运作以优化成本、进度和质量。

构建的阶段结束是第三个重要的里程碑:初始功能(initial operational)里程碑。初始功能里程碑决定了产品是否可以在测试环境中进行部署。此刻,要确定软件、环境、用户是否可以开始系统的运作。此时的产品版本也称为 beta 版。

4. 交付阶段(工作量为 10%)

(1)人员安排:这部分工作主要由需求人员和项目经理进行,设计和编码人员参与部分工作。

(2)制品。

①用户反馈意见表(需求人员)。

②修改后的设计文档(设计人员)。

③修改后的系统和构件(编码人员)。

④验收报告或文件(项目经理)。

交付阶段的重点是确保软件对最终用户是可用的。交付阶段可以跨越几次迭代,包括产品测试,在该阶段,开发者会基于用户反馈进行少量调整。在生命周期的这一点上,用户反馈应主要集中在产品调整、设置、安装和可用性问题,所有主要的结构问题应该已经在项目生命周期的早期阶段解决了。

在交付阶段的终点是第四个里程碑:产品发布(product release)里程碑。此时,要确定目标是否实现,是否应该开始另一个开发周期。在一些情况下这个里程碑可能与下一个周期的初始阶段的结束重合。

15.3.3 RUP 核心工作流

RUP 中有 9 个核心工作流，分为 6 个核心过程工作流(core process workflows)和 3 个核心支持工作流(core supporting workflows)，见图 15-1。尽管 6 个核心过程工作流容易使人想起传统瀑布模型中的几个阶段，但其迭代过程中的阶段是完全不同的，这些工作流在整个生命周期中一次又一次地被访问。9 个核心工作流在项目中轮流被使用，在每一次迭代中以不同的重点和强度重复。

(1)商业建模(business modeling)。商业建模工作流描述如何为新的组织开发一个目标构想，并基于这个构想，在商业用例模型和商业对象模型中定义该组织的各个行为过程、角色和责任。

(2)需求(requirements)。需求工作流的目标是描述系统应该做什么，并使开发人员和用户就这一描述达成共识。为了达到该目标，要对需要的功能和约束进行提取、组织并文档化；最重要的是需要理解系统所解决问题的定义和范围。

(3)分析和设计(analysis & design)。分析和设计工作流将需求转化成目标系统的设计，为系统开发一个健壮的结构并调整设计使其与实现环境相匹配、优化其性能。分析设计的结果是一个设计模型和一个可选的分析模型。

设计模型是源代码的抽象，由设计类和一些描述组成。设计类包含具有良好接口的设计包和设计子系统，而描述则详细描述了类的对象如何协同工作实现用例的功能。

设计活动以体系结构设计为中心，体系结构由若干结构视图来表达，结构视图是整个设计的抽象和简化，该视图中省略了一些细节，使重要的特点体现得更加清晰。体系结构不仅仅是良好设计模型的承载媒介，而且在系统的开发中能提高被创建模型的质量。

(4)实现(implementation)。实现工作流的目的包括以层次化的子系统形式定义代码的组织结构、以组件的形式(源文件、二进制文件、可执行文件)实现类和对象，将开发出的组件作为单元进行测试以及集成由单个开发者(或小组)所产生的结果，使其成为可执行的系统。

(5)测试(test)。测试工作流要验证对象之间的交互作用，验证软件中所有组件的正确集成，检验所有的需求已被正确的实现、识别并确认缺陷在软件部署之前已被提出并处理。

RUP 提出了迭代的方法，测试将贯穿整个项目环节，从而尽可能早地发现缺陷，从根本上降低了修改缺陷的成本。测试类似于三维模型，分别从可靠性、功能性和系统性能来进行。

(6)部署(deployment)。部署工作流的目的是成功地生成版本，并将软件分发给最终用户。部署工作流描述了那些与确保软件产品对最终用户具有可用性相关的活动，包括：软件打包、生成软件本身以外的产品、安装软件、为用户提供帮助。在有些情况下，还可能包括计划和进行 beta 测试版、移植现有的软件和数据以及正式验收。

(7)配置和变更管理(configuration & change management)。配置和变更管理工作流描绘了如何在多个成员组成的项目中控制大量的产物。配置和变更管理工作流提供了准则，用以管理演化系统中的多个变体，跟踪软件创建过程中的版本。工作流描述了如何管理并行开发、分布式开发、如何自动化创建工程。同时也阐述了对产品修改原因、时间、人员保持审计记录。

(8)项目管理(project management)。项目管理平衡各种可能产生冲突的目标，管理风险，克服各种约束并成功交付使用户满意的产品。其目标包括：为项目的管理提供框架，为计划、人员配备、执行和监控项目提供实用的准则，为管理风险提供框架等。

（9）环境（environment）。环境工作流的目的是向软件开发组织提供软件开发环境，包括过程和工具。环境工作流集中于配置项目过程中所需要的活动，同样也支持开发项目规范的活动，提供了逐步的指导手册并介绍了如何在组织中实现过程。

15.3.4 RUP 迭代开发模式

RUP 中的每个阶段可以进一步分解为迭代。一个迭代是一个完整的开发循环，产生一个可执行的产品版本，是最终产品的一个子集，它增量式地发展，从一个迭代过程到另一个迭代过程到成为最终的系统，图 15-3 与图 15-4 分别给出了 RUP 的迭代开发模式和 RUP 的迭代模型的示意图。

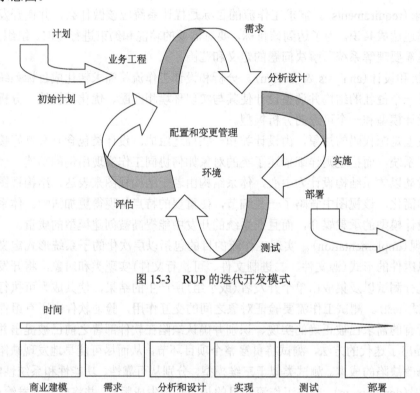

图 15-3 RUP 的迭代开发模式

图 15-4 RUP 的迭代模型

一种更灵活，风险更小的方法是多次通过不同的开发工作流，这样可以更好地理解需求，构造一个健壮的体系结构，并最终交付一系列逐步完成的版本。这称为一个迭代生命周期。传统上的项目组织是顺序通过每个工作流，每个工作流只有一次，也就是我们熟悉的瀑布生命周期。这样做的结果是到实现末期产品完成并开始测试，在分析、设计和实现阶段所遗留的隐藏问题会大量出现，项目可能要停止并开始一个漫长的错误修正周期。

15.3.5 RUP 裁剪

RUP 是一个通用的过程模板，包含了很多开发指南、制品、开发过程所涉及的角色说明，由于它非常庞大所以对具体的开发机构和项目,用 RUP 时还要做裁剪,也就是要对 RUP 进行配置。RUP 就像一个元过程,通过对 RUP 进行裁剪可以得到很多不同的开发过程,这些软件开发过程可以看作 RUP 的具体实例。

RUP 裁剪可分为以下几步。

(1)确定本项目需要哪些工作流。RUP 的 9 个核心工作流并不总是需要的,可以取舍。

(2)确定每个工作流需要哪些制品。

(3)确定 4 个阶段之间如何演进。确定阶段间演进要以风险控制为原则,决定每个阶段要哪些工作流,每个工作流执行到什么程度,制品有哪些,每个制品完成到什么程度。

(4)确定每个阶段内的迭代计划。规划 RUP 的 4 个阶段中每次迭代开发的内容。

(5)规划工作流内部结构。工作流涉及角色、活动及制品,它的复杂程度与项目规模(即角色多少)有关。最后规划工作流的内部结构,通常用活动图的形式给出。

15.3.6 RUP 特点

1. 用例驱动

项目开发后期的所有工作都是由用例得来的,用例是所有开发工作的源泉。没有无缘无故的工作。

2. 构架为中心

构架就是 10%~20%的最重要、最基本的用例。其他开发工作都是围绕着这部分核心用例进行的,核心用例的改变有可能会造成整个项目极大的改动。

3. 迭代和增量

一次成型的项目是没有的,项目开发的过程也是不断修改完善和增加的过程,利用好 RUP 可以最大限度地减小迭代次数和增加的内容,保证项目的顺利进行。

15.4 RUP 商业开发要素

1. 开发一个前景

清晰的前景是开发一个真正满足涉众需求产品的关键,因为清晰的前景抓住了 RUP 需求流程的要点:分析问题、理解涉众需求、定义系统以及当需求变化时快速适应。前景给更详细的技术需求提供了一个高层的、合同式的基础。

一个软件项目一旦具有清晰的开发前景,就如同有了一个清晰的高层视图,能被项目实施过程中的任何一个决策者或者实施者所借用。这种高层视图不仅捕获了非常高层的需求和设计约束,还提供了项目审批流程的输入接口,使得项目开发与商业理由紧密相关。

最后,由于前景充分解释了"项目是什么?"和"为什么要进行这个项目?"这样的问题,所以项目管理层往往把前景作为验证将来决策的方式之一。对前景的陈述应该能回答以下问题(当然在具体情况下这些问题还能更加细分)。

(1)关键术语是什么?(词汇表)。

(2)我们尝试解决的问题是什么?(问题陈述)。

(3)参与者是谁?用户是谁?他们各自的需求是什么?

(4)产品的特性是什么?

(5)功能性需求是什么?

(6)非功能性需求是什么?

(7)设计约束是什么?

2. 达成计划

产品的质量只会和产品的计划一样好。

在 RUP 中,软件开发计划(SDP)综合了管理项目所需的各种信息,包括一些在先启阶段开发的单独的内容。SDP 定义了项目时间表(包括项目计划和迭代计划)和资源需求(资源和工具),可以根据项目进度表来跟踪项目进展。同时也指导了其他过程内容(process component)的计划:项目组织、需求管理计划、配置管理计划、问题解决计划、QA 计划、测试计划、评估计划以及产品验收计划。SDP 必须在整个项目中被维护和更新。

简单的项目对计划的陈述可能只有一两句话,例如,配置管理计划可以简单地这样陈述:每天工作结束时,项目目录的内容将会被压缩成 ZIP 包,复制到一个 ZIP 磁盘中,加上日期和版本标签,放到中央档案柜中。软件开发计划的格式远远没有计划活动本身以及驱动这些活动的思想重要。正如 Eisenhower 所说:"plan 什么也不是,planning 才是一切。"达成计划 RUP 十大要素中第 3、4、5、8 条一起抓住了 RUP 中项目管理流程的要点。项目管理流程包括以下活动:构思项目、评估项目规模和风险、监测与控制项目、计划和评估每个迭代和阶段。

3. 标识和减小风险

RUP 的要点之一是在项目早期就标识并尽可能地处理各种风险。项目组标识的每一个风险都应该有一个相应的缓解或解决计划。风险列表应该既作为项目活动的计划工具,又作为确定迭代的基础。图 15-5 从风险与时间的演化关系视角,对比 RUP 迭代式软件方法和传统瀑布式软件开发方法。我们发现,随着时间的推移,迭代式软件系统开发方法在快速降低开发的风险方面具有优势。

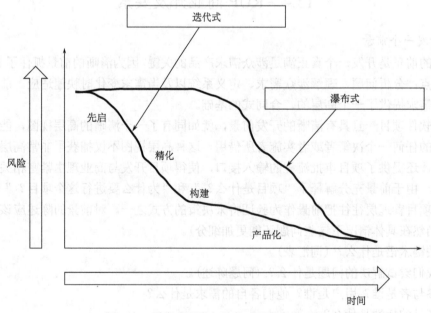

图 15-5　瀑布式开发与迭代式开发风险对比

4. 分配和跟踪任务

对于任何一个项目，连续的分析来源于正在进行的活动和进化的产品的客观数据。在RUP中，定期的项目状态评估提供了讲述、交流解决管理问题、技术问题以及项目风险的机制。团队一旦发现了这些障碍问题，他们就把所有这些问题都指定一个负责人，并指定解决日期。进度应该定期跟踪，如果有必要，更新应该被发布。这些项目快照突出了需要引起管理层注意的问题。随着时间的变化，即使根据具体情况周期发生了变化，周期性的评估都必须按时进行。定期的评估使经理能捕获项目的历史，并且消除任何限制进度的障碍或瓶颈。

5. 检查商业理由

商业理由从商业的角度提供了必要的信息，以决定一个项目是否值得投资。商业理由还可以帮助开发一个实现项目前景所需的经济计划。它提供了进行项目的理由，并建立经济约束。当项目继续时，分析人员用商业理由来正确地估算投资回报率(Return On Investment，ROI)。商业理由给项目创建一个简短却极具吸引力的理由，而不是深入研究问题的细枝末节，这样可以方便项目成员理解记忆。在关键里程碑处，经理应该回顾商业理由，计算实际的花费、预计的回报，决定项目是否继续进行。

6. 设计组件构架

在RUP中，系统的构架是指一个系统关键部件的组织或结构，部件之间通过接口交互，而部件是由一些更小的部件和接口组成的。

设计组件构架环节主要思考问题如下。

(1)主要的部分是什么？

(2)它们又是怎样结合在一起的？

RUP提供了一种系统的设计、开发、验证构架方法。在分析和设计流程中包括以下步骤：定义候选构架、精化构架、分析行为(用例分析)、设计组件。要陈述和讨论软件构架，架构师必须先创建一个构架表示方式，以便描述构架的重要方面。在RUP中，构架表示由软件构架文档捕获，它给构架提供了多个视图。每个视图都描述了某一组涉及大家所关心的正在进行的系统的某个方面。这里的大家涉及最终用户、设计人员、经理、系统工程师、系统管理员等。这个文档使系统构架师和其他项目组成员能就与构架相关的重大决策进行有效的交流。

7. 构建和测试

在RUP中实现和测试流程的要点是在整个项目生命周期中增量的编码、构建、测试系统组件，在先启之后每个迭代结束时生成可执行版本。在精化阶段后期，已经有了一个可用于评估的构架原型，有时甚至包括一个用户界面原型。在构建阶段的每次迭代中，组件不断地被集成到可执行、经过测试的版本中，不断地向最终产品进化。动态及时的配置管理和复审活动也是这个基本过程元素的关键。

8. 验证和评价结果

顾名思义，RUP的迭代评估捕获了迭代的结果。评估决定了迭代满足评价标准的程度，还包括学到的教训和实施的过程改进。根据项目的规模和风险以及迭代的特点，评估可以是对演示及其结果的一条简单的记录，也可能是一个完整的、正式的测试复审记录。这里的关键是既关注过程问题又关注产品问题。越早发现问题，就越没有问题。

9. 管理和控制变化

RUP的配置和变更管理流程的要点是，在项目进行过程中，一旦出现紧急状况或者需求变更，管理者可以迅速管理和控制项目的规模，这种灵活性贯穿整个生命周期。其目的是考虑所有的涉众需求，在尽可能地满足大部分需求的同时，仍能及时交付合格的产品。用户拿到产品的第一个原型后(往往在这之前就会要求变更)，他们会要求变更。为了应对这些状况，变更的提出和管理过程要始终保持一致。在 RUP 中，变更请求通常用于记录与跟踪缺陷和增强功能的要求或者对产品提出的任何其他类型的变更请求。变更请求提供了相应的手段来评估一个变更的潜在影响，同时记录就这些变更所做出的决策，此外，变更请求也有助于确保所有的项目组成员都能理解变更的潜在影响。

10. 提供用户支持

在 RUP 中，部署流程的要点是包装和交付产品，同时交付有助于最终用户学习、使用和维护产品的任何必要的材料。项目组至少要给用户提供一个用户指南(也许是通过联机帮助的方式提供)，可能还有一个安装指南和版本发布说明。根据产品的复杂度，用户也许还需要相应的培训材料。最后，通过一个材料清单 BOM(Bill of Material)表清楚地记录应该和产品一起交付哪些材料。

实际情况中，客户在浏览了项目管理者给出的要素清单后，可能会非常不同意管理者的选择。例如，他会问，需求在哪儿呢？他们不重要吗？这时候，管理者就需要告诉客户为什么没有把它们包括进来。而对于管理者来说，有事他们会问一个项目组(特别是内部项目的项目组)"你们的需求是什么？"而得到的回答却是"我们的确没有什么需求。"往往管理新手对此非常惊讶，感叹他们怎么会没有需求呢？但如果管理者进行进一步询问就会发现，对项目组而言，需求意味着一套外部提出的强制性的陈述，要求他们必须怎么样，否则项目验收就不能通过。但是他们的确没有得到这样的陈述。尤其是当项目组陷入了边研究边开发的境地时，产品需求从头到尾都在演化。在此时，管理者可以接着问项目组另外一个问题："好的，那么你们的产品的前景是什么呢？"从而获得更为细节的信息。只有对于按照有明确需求的合同工作的项目组，在要素列表中加入满足需求才是有用的。请记住，项目清单仅仅意味着进行进一步讨论的一个起点。

▶▶ 小提示

Jacobson 教授近年来中国进行多次讲座，为中国学者介绍了软件工程新的理念。图 15-6 为 Jacobson 教授在 2012 年南京召开的中国软件工程大会(NASAC 2012)上的讲座照片。

图 15-6 Jacobson 教授在中国的讲座照片

NASAC 会议是国内软件工程领域的重要会议。每年由中国计算机学会(CCF)主办，由 CCF 系统软件专业委员会、CCF 软件工程专业委员会承办。2018 年，恰逢软件工程这一概念诞生 50 周年，CCF 软件工程专业委员会主任金芝教授邀请包括我国第一代软件工程专家杨芙清院士在内的众多院士大咖，举办了一场别开生面的软件工程盛宴。

软件工程领域的重要国际会议还包括：International Conference on Software Engineering(ICSE)，IEEE/ACM International Conference on Automated Software Engineering（ASE），International Conference on Software Reuse(ICSR) 和 IEEE/ACM International Conference on Model Driven Engineering Languages and Systems(Models) 等。

15.5 本 章 小 结

RUP 在对象工程中具有很多优点。首先，RUP 基于用例驱动，具有良好的需求管理机制。其次，RUP 的循环迭代特征提高了软件系统开发的可控性。最后，RUP 为项目组每个开发人员提供了必要的准则、模板和工具指导，确保所有成员共享相同的知识基础，显著地提高了项目团队开发的效率。RUP 的不足之处在于，RUP 仅仅提供一个开发过程的方法指导，缺少对非功能属性方面的规约。因此，在实际的应用中，RUP 可以结合 OPEN 和 OOSP 等其他软件过程的相关内容对 RUP 进行补充与完善。

习　　题

一、填空题

1. RUP 的全称是_____，它是由_____ 公司创造的软件过程方法。

2. RUP 的核心工作流包括：_____、_____、_____、_____、_____、_____这 6 个核心过程工作流和_____、_____、_____这 3 个核心支持工作流。

3. RUP 的软件生命周期在时间上被分解为 4 个阶段，依次是_____、_____、_____、_____。

二、简述题

1. 简述 RUP 相比于传统开发方式的优势。

2. 简述瀑布式开发方法与迭代式开发方法在风险上的区别。

第16章 电子商务网站系统建模

前面的章节详细介绍了什么是面向对象的思想，并且介绍了如何使用 UML 进行系统建模。本章将通过电子商务网站为例，介绍面向对象的分析和设计过程。进一步来学习如何通过使用 UML 统一建模语言对软件系统进行建模。本章仍是从需求分析开始，一直到对系统完成建模。

16.1 系统需求

信息系统开发的目的是满足用户的需求，为了达到这个目的，系统设计人员必须充分地理解用户对系统的业务需求。无论是开发大型的商业软件，还是简单的应用程序，首先要做的是确定系统需求，即系统的功能。

功能需求描述了系统可以做什么或者用户期望做什么。在面向对象的分析方法中，这一过程可以使用用例图来描述系统的功能。电子商务网站系统的需求信息描述如下。

该电子商务网站系统主要是针对中小型商城，网站系统管理员将商品信息整理归类发布到网上，用户登录该网站后，可以查看商品信息，若要购买商品，需要注册成为会员，然后选择要购买的商品，并填写收获信息(如收货人名称、地址和联系方式等)，提交订单给系统管理员，并通过第三方支付平台、信用卡或者电汇的方式将费用交付到商城管理员处。管理员在收到付款后，发货给购物者，并同时更新网上有关该订单的付款状态，从而完成一次交易。

根据上面的系统需求分析，我们可以获得如下的功能性需求。

(1)只允许系统规定的系统管理员来添加和修改商品信息；系统管理员可以查看该系统的所有注册用户信息，可以修改某一个注册用户的基本信息，也可以删除某个用户；系统管理员可以查看该系统的所有订单，可以删除订单，也可以修改订单的付款状态、发货状态。

(2)任何一个网络用户都可以注册成为该系统的固定用户，注册时需要填写基本注册信息，还可以修改个人的基本信息。

(3)只有注册用户才能登录此系统，购买商品。购买商品时可以任意选购商品，任意填写购买数量，可以修改已选择商品的购买数量，可以删除已选择的某一种商品，可以取消购买，可以提交购买下达订单，确认一次购买成功。

(4)购买商品后的用户可以登录系统查看自己的订单的付款状态和发货状态。

(5)系统客户端运行在 Windows 平台上，服务器端可以运行在 Windows 平台上，系统应该有一个较好的图形用户界面。

16.2 用 例 模 型

在 16.1 节中,我们对电子商务网站系统的需求进行了分析,就获得了相应的功能性需求。接下来,我们就需要采用用例驱动的分析方法,分析需求的主要任务,标识系统中的参与者和用例,以建立用例模型。

16.2.1 标识参与者

通过对系统的分析,可以确定系统中有两个参与者:用户和系统管理员。各参与者的描述如下。

(1)用户:用户能够注册成为会员,修改个人信息,查看商品信息、网上购物等。

(2)系统管理员:系统管理员可以管理用户信息,增加、删除和修改商品信息,处理订单,查看留言信息等。

在标识出系统参与者后,我们就可以从参与者的角度来发现系统的用例。并通过对用例的细化处理完成系统的用例模型。

一般来说,电子商务网站分为前台业务系统和后台维护系统,前台业务系统的参与者主要是用户,后台维护系统的参与者主要是系统管理员,所以在进行用例建模时,我们将前台与后台分开进行,也就是分别绘制前台和后台的用例图。

16.2.2 电子商务网站系统前台和后台用例模型

1)电子商务系统前台用例图

电子商务网站的前台主要功能是便于用户实现网上购物操作。因此我们根据电子商务网站系统前台功能绘制出图 16-1 的前台用例图。

从图 16-1 中我们可以看出,电子商务网站系统前台的参与者只列出了一个,即用户;有 6 个基用例,分别是管理个人信息、浏览商品信息、搜索商品信息、在线购物、订单处理和留言评论。管理个人信息用例包括用户注册、用户登录、用户信息修改 3 个包含用例。在线购物包括添加商品、删除商品、浏览购物车和清空购物车 4 个用例;订单处理包括查看订单、取消订单、确认订单和支付货款 4 个用例;支付货款是一个父用例,包括货到付款、银行转账和网上支付 3 个子用例;其中网上支付用例包含网银支付、信用卡支付和手机支付 3 个子用例。

2)电子商务系统前台用例描述

在建立用例图后,为了使每个用例更清楚,可以对用例进行描述。描述时可以根据其事件流进行,用例的事件流是对完成用例行为所需要的事件的描述。事件流描述了系统应该做什么,而不是描述系统应该怎么做。

通常情况下,事件流的建立是在细化用例阶段进行的。开始只对用例的基本流所需的操作步骤进行简单描述。随着分析的进行,可以添加更多的详细信息,如前置条件、后置条件、基本操作流程和可选操作流程等。

电子商务系统前台用例描述如表 16-1~表 16-9 所示。

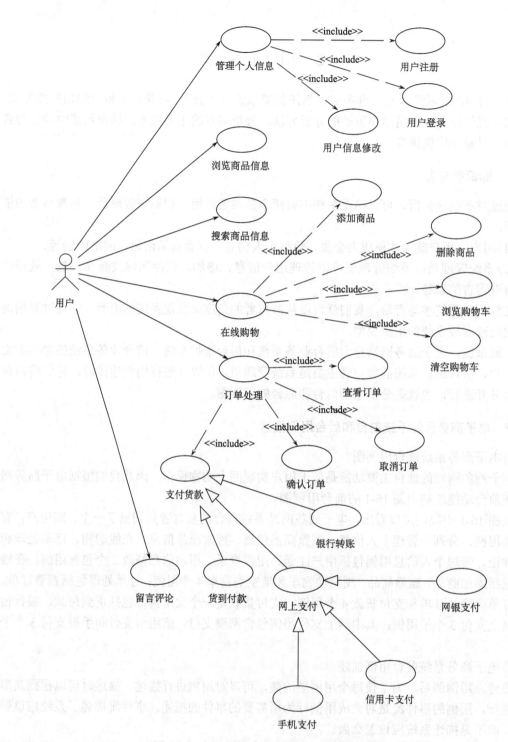

图 16-1 电子商务网站系统前台用例图示意图

表 16-1 管理个人信息用例描述

用例名称	管理个人信息
标识符	UC01
用例描述	允许用户对个人信息进行管理
参与者	用户
前置条件	用户单击一个因特网浏览器进入商城的主页，选中用户管理信息，用户可以进行登录、注册、查看自己的信息，还可以对个人信息进行修改
后置条件	如果用例成功，用户就可以对个人的信息进行管理，并把更新的数据更新到数据库

表 16-2 用户注册用例描述

用例名称	用户注册
标识符	UC02
用例描述	注册成为会员
参与者	用户
前置条件	无
后置条件	用户注册成为会员
基本操作流程	单击注册进入注册页面；输入相关信息；提交信息到数据库中
可选操作流程	如果输入的用户名有重名，E-mail 格式不正确，密码格式、长度不对则返回重新注册或取消，终止用例

表 16-3 用户登录用例描述

用例名称	用户登录
标识符	UC03
用例描述	登录网站系统
参与者	用户
前置条件	无
后置条件	登录网站系统
基本操作流程	系统提示用户输入用户名和密码；用户输入用户名和密码；系统验证用户名和密码，若正确，则登录系统中
可选操作流程	如果用户输入无效的用户名和密码，系统显示错误信息，并返回重新提示用户输入用户名和密码或者取消登录或者终止登录

表 16-4 用户信息修改用例描述

用例名称	用户信息修改
标识符	UC04
用例描述	用户可以修改密码和基本信息
参与者	用户
前置条件	用户登录系统
后置条件	用户完成自己的信息修改
基本操作流程	用户单击要修改的个人信息；用户输入要修改的信息；提交到数据库，修改数据库的内容
可选操作流程	然后输入无效的用户名，旧密码不正确，E-mail 格式不正确则提示重新输入或终止用例

表 16-5　浏览商品信息用例描述

用例名称	浏览商品信息
标识符	UC05
用例描述	查看商场的各种商品
参与者	用户
前置条件	无
后置条件	显示商品在页面中
基本操作流程	显示各种商品和商品具体信息
可选操作流程	查看一级标题，查看二级商品标题，查看具体商品，查看打折商品

表 16-6　搜索商品信息用例描述

用例名称	搜索商品信息
标识符	UC06
用例描述	用户可以查询自己需要的商品
参与者	用户
前置条件	用户进入网上商城的界面，然后单击自己想要浏览的商品类型进行浏览显示出所查询的商品
后置条件	在查询的文本框中输入要查询的信息
基本操作流程	单击提交，即可显示信息
可选操作流程	假如系统存在所查询的信息，则显示，否则提示该信息不存在，返回再查询

表 16-7　在线购物用例描述

用例名称	在线购物
标识符	UC07
用例描述	该用例允许用户对自己的购物车进行管理，包括商品列表、购买商品的修改、删除、提交购物车和清空购物车功能
参与者	用户
前置条件	只有注册用户才能登录此系统，才能对自己的购物车进行管理
后置条件	显示出所查询的商品
主流	用户选中页面的购物车标签，用户可随时增减购物车内的商品，Web 页面将会动态进行更新
后置条件	如果用例成功，将购物车内的商品及其数量存入临时数据库

表 16-8　订单处理用例描述

用例名称	订单处理
标识符	UC08
用例描述	可以实现对订单的管理，包括订单列表、订单查看等功能
参与者	用户
前置条件	用户在下订之后可查看订单，在收到订单确认信息后，通过网上银行或银行转账完成支付
主流	检查用户账号及付款金额，若金额无误，将付款成功信息通知给用户
其他流	若金额不足，向用户发送通知
后置条件	如果用例成功，将付款成功信息通知销售人员，并将客户订购信息及交付金额存入数据库

表 16-9　留言评论用例描述

用例名称	留言评论
标识符	UC09
用例描述	用户对商品的评价和服务信息反馈
参与者	用户
前置条件	用户
后置条件	将服务和商品的质量评价反馈给系统
基本操作流程	单击用户评价信息按钮；在输入框中输入你要评价的信息；提交到数据库中并显示在页面中
可选操作流程	提出对系统的服务质量、商品的价格与质量和商家应提供何种商品等建议

3）电子商务系统后台用例图

电子商务网站后台主要功能是系统管理员对网站的管理与维护，因此，后台的主要参与者是系统管理员。图 16-2 是电子商务网站的后台系统用例图，本图中的参与者只有一个，即

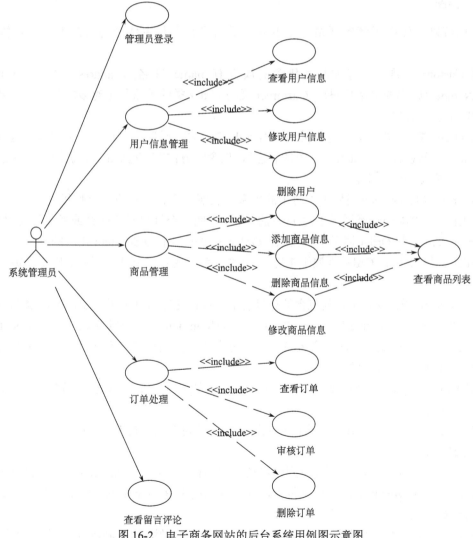

图 16-2　电子商务网站的后台系统用例图示意图

系统管理员，有 5 个基用例，分别是管理员登录、用户信息管理、商品管理、订单管理和查看留言评论。用户信息管理包括查看用户信息、修改用户信息、删除用户 3 个包含用例。商品管理包括添加商品信息、删除商品信息和修改商品信息 3 个包含用例，在执行这 3 个用例时，还需要执行查看商品列表信息用例，以确认商品信息是否修改成功。订单处理用例包含查看订单、审核订单和删除订单 3 个包含用例。

这里我们就不再对电子商务网站系统的后台用例进行描述。读者可以参照电子商务网站系统前台的用例描述，对后台的用例进行描述。

16.3 静态结构模型

进一步分析系统需求，以及发现类与类之间的关系，确定它们的静态结构和动态行为是面向对象分析的基本任务。系统的静态结构模型主要用类图和对象图描述。

16.3.1 类图

我们可以按照电子商务网站参与主体的不同将其参与主体分为 12 大类，具体如下所示。

（1）Customer 类：顾客类，其包含的属性有 name（姓名）、address（顾客的地址）、moblieNumber（顾客的电话号码），Customer 类与 Order 类的关系是 1 对多的关系，一名顾客可以同时下多个订单。

（2）Order 类：订单类，其包含的属性有 orderDate（提交订单的日期）、destArea（送货的地区）、price（订单总金额）、status（订单的状态），包含的方法有 dispatch（），调用此方法进行送货，close（）方法表示取消订单。

Order 类与 Consignee 类属于 1 对 1 的关系，表明一个订单对应一个收货人。

Order 类与 Payment 类属于 1 对 1…*的关系，表明一个订单对应一种或者多种支付方式。

Order Item 类与 Order 属于聚合关系，Order 是由很多个 Order Item 构成的。

Order 类与 Deliver Order 类属于 1 对 1…*的关系，表明一个订单可能对应 1 个或者多个送货单。

（3）Payment 类：支付类，其包含的属性有 amount（支付的总金额）。Payment 类与 Alipay Payment 类、Online banking Payment 类、COD（cash on delivery）类以及 Mobile Payment 类属于泛化关系。表明在支付方面，主要有 4 种支付方式，分别是支付宝支付、网上银行支付、货到付款支付以及手机支付。

（4）Alipay Payment 类：支付宝支付类，其包含的属性有 name（支付宝账户名）、Alipay ID（支付宝账号）。

（5）Online banking Payment 类：网上银行类，其包含的属性有 name（网银名称）、bank ID（网银账号）。

（6）COD（cash on delivery）类：货到付款类，其包含的属性有 cash Tendered（支付总金额）。

（7）Mobile Payment 类：手机支付类，其包含的属性有 mobileNumber（手机号码）、bank ID（银行卡账号）。

（8）Consignee 类：收货人类，其包含的属性为 name（姓名）、address（收货人的地址）、

moblieNumber（收货人的电话号码）。

　　（9）Deliver Order 类：送货单类，其包含的属性有 deliverOrderId（送货单的编号），包含的方法 close（）表示已完成送货。

　　Deliver Order 类与 Consignee 类属于 1 对 1 的关系，一张送货单只对应一个收货人。

　　Deliver Order 类与 Order Item 属于 1 对 1···*的关系，表明一张送货单可能包含多项订单明细。

　　（10）Order Item 类：订单明细，其包含的属性有 productid（商品编号）、quantity（商品的数量）、price（商品的价格）、deliverState（物流状态）。包含的方法 stateChange（）表示订单状态的改变。

　　（11）Peddlery 类：商家类，其包含的属性有 peddleryId（商家的编号）、destArea（配送的地址）。

　　Peddlery 类与 Deliver Order 类属于 1 对 0···*的关系，表明一个商家可以有多张送货单。

　　（12）Product 类：商品类，其包含的属性有 productId（商品编号）、productName（商品名称）、productType（商品类型）、price（商品的单价）。

　　详细的类图如图 16-3 所示。

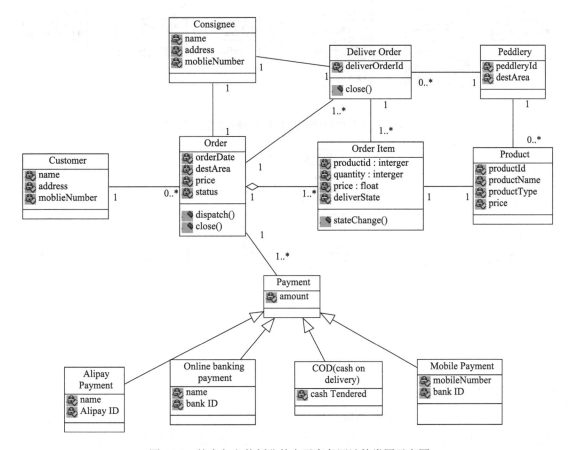

图 16-3　按参与主体划分的电子商务网站的类图示意图

16.3.2 对象图

电子商务系统中的普通用户、注册会员、手机用户、网站客服人员、网站维护人员以及商家都具有一些共同的属性，所以可以抽象出一个单独的系统用户类，普通用户、注册会员、手机用户、网站客服人员、网站维护人员以及商家分别是系统用户类的继承。具体的类图如图 16-4 所示。

根据图 16-4，可创建相应的带参数的对象图，如图 16-5 所示。

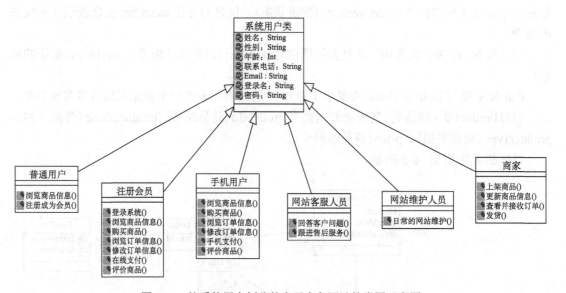

图 16-4　按系统用户划分的电子商务网站的类图示意图

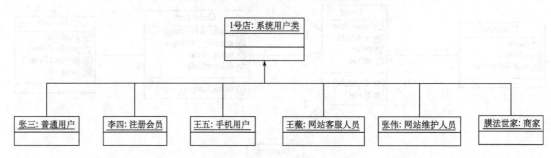

图 16-5　按系统用户划分的 1 号店网上超市的对象图

16.4　动态行为模型

16.4.1 顺序图

对于用户来说，要在电子商务网站进行购物，首先用户应当注册一个账号并且登录(登录账号的活动也可以在付款之前进行，但是由于是必经步骤，本书将其放在最先完成的部分)，在登录之后，将会有一个搜索页面供用户进行搜索，在这里用户可以输入需要商品的关键词进行搜索，随后系统将根据关键词进行搜索，并将搜索结果返回给用户，用户通过搜索结果页面，即陈列商品的页面得到搜索结果，当用户单击其中一样商品时，将会跳转至售卖该商品的店铺页面，这时用户可以根据自己的实际需要选择商品的各项属性(如：颜色、大小、材质等)在完成此过程并确认购买后，用户便可以在付款页面中完成付款。电子商务网站的顺序图如图 16-6 所示。

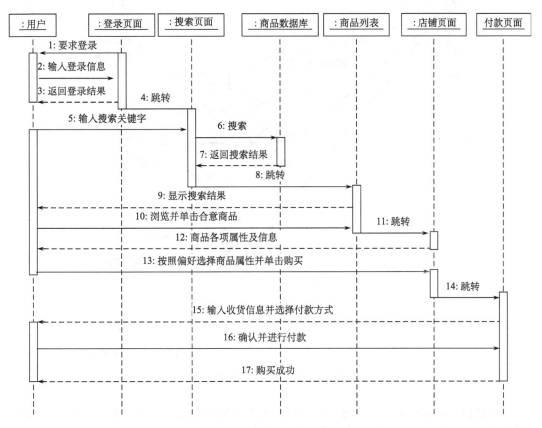

图 16-6　电子商务网站的顺序图示意图

16.4.2　通信图

通信图显示了一系列对象和对象之间的联系，通过对整个电子商务网站购物过程的分析，可以得出该过程中所包含的对象及其之间的联系，可以先对整个通信过程进行分析。

整个过程所需的对象均包括在内，其事件流如下。

(1)用户输入账户信息进行登录。

(2)登录后用户可在搜索窗口输入关键字进行搜索。

(3)系统将根据关键字在商品数据库中进行检索。

(4)用户可以通过单击商品链接进入店铺，并在店铺页面选择对应属性。

(5)确认购买后，用户需要填写收货信息。

(6)在付款完成后，新的订单便生成，此时商家便可以发货。

通过以上分析，我们可以绘制出电子商务网站的通信图，具体如图 16-7 所示。

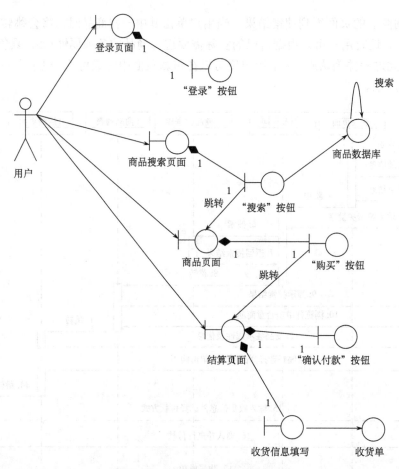

图 16-7　电子商务网站的通信图

　　整个过程中，步骤的跳转通过用户对按钮或者对应链接进行单击来实现，页面与按钮之间是严格的组合关系，即按钮无法脱离页面或者窗口而单独存在，并且对于登录页面中的"登录"按钮，搜索页面中的"搜索"按钮以及商品页面中的"购买"按钮均是一一对应的关系，在箭头中也有表明，根据事件流，便可以得出该分析图。

　　在得出分析图以后，便可以根据分析图得到最后的通信图，如图 16-8 所示。

　　图 16-8 中的虚线表示对象之间有通信关系，各个对象的关系及信息传递也可在图中得到体现，该图的阅读也可以依照消息编号来进行。

　　用户输入登录信息，进行登录。

　　单击"登录"按钮，登入系统，同时系统将返回登录是否成功的信息。

　　系统跳转至商品搜索窗口，用户在此窗口输入搜索信息，并单击"搜索"按钮。

　　系统将关键字信息发送给商品数据库，通过自身调用，商品数据库检索出符合条件的商品并且返回检索结果。

　　系统跳转至商品检索页面，显示所有符合用户要求的商品，同时用户可以获得相应的商品属性。

　　选定相关属性之后，用户单击"购买"按钮，进行购买，此时系统跳转至付款页面，显示付款信息。

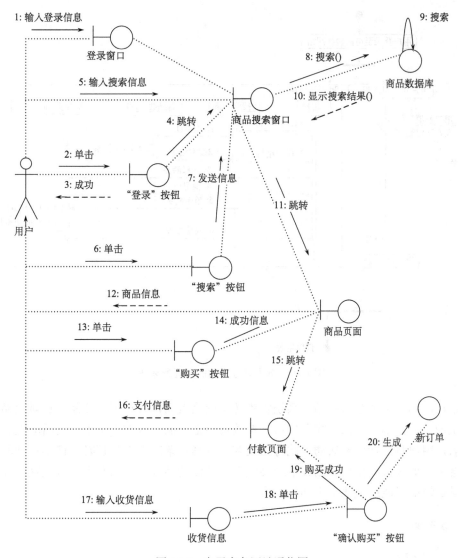

图 16-8 电子商务网站通信图

用户在付款页面填写收货信息，并且单击"确认购买按钮"，在成功付款后，新的订单随即生成。

16.4.3 交互概述图

交互概述图将顺序图和活动图结合在一起，其中顺序图负责细化重要的信息节点，那么根据整个电子商务网站的购物过程，可以绘制出如图 16-9 所示的交互概述图。

整个过程可以分为两部分，一部分为用户确认购买商品并且成功下单的活动，另一部分为用户对订单的商品进行付款活动，该交互概述图的起点为用户登录至购物网站，右边部分用顺序图，描述用户购买商品并且下单的活动，左边部分用活动图表示，描述客户付款的过程。在顺序图所表示的活动中，可以根据消息编号顺序进行阅读，本图采用嵌套编号的方式进行编号，用户向检索页面发起检索命令，检索页面向商品数据库发送指令，检索后将结果

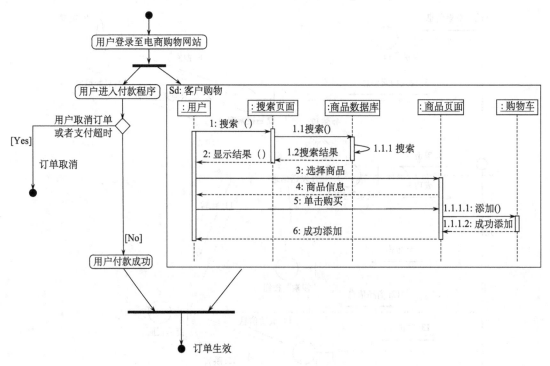

图 16-9　电子商务网站的交互概述图

反馈给用户，用户选择合意商品后系统将跳转至商品页面，客户根据商品信息对商品进行选择，确认购买后，单击加入购物车按钮，系统将会把商品加入购物车中，此活动完成。在订单生成后，用户将进行付款活动，此时如果客户取消订单或者支付超时，订单将被取消，该活动图结束，如果按时支付，则订单最终生效，该活动结束。可以看到，该交互概述图根据条件的满足情况可能产生两个不同的结束点。

16.4.4　状态图

1. 用户状态图

电子商务网站的用户状态图如图 16-10 所示，用户初始状态是在电子商务网站首页，选择进入方式，选择注册，则进入注册子状态图中；选择登录，则进入登录状态图中。在注册子状态图中，用户填写注册信息，提交后，进行信息校对，如果信息错误，则返回重新填写注册信息，如果信息正确，则注册成功，登录到网站；同样，在登录子状态，输入登录信息进行信息校对，如果信息错误，则重新输入登录信息，如果信息正确，则登录到网站。

2. 管理员状态图

电子商务网站管理员状态图相比于用户状态图稍微简化了一些，如图 16-11 所示。

3. 商品状态图

商品状态图描述了商品从上架到下架的状态。电子商务网站的商品状态图如图 16-12 所示，一款新商品先由系统管理员在电子商务网站后台系统中添加商品信息，之后，商品就可以被购买，用户可以在电子商务网站前台购买该新产品；当该产品因过时或者无库存等原因不能出售时，若系统管理员在后台删除该商品，则该商品就下架，不可再被购买。

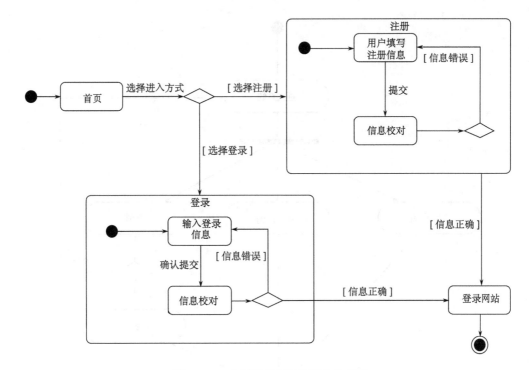

图 16-10　电子商务网站的用户状态图

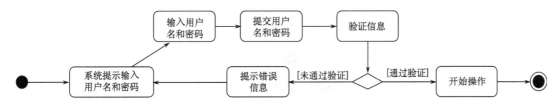

图 16-11　电子商务网站的管理员状态图

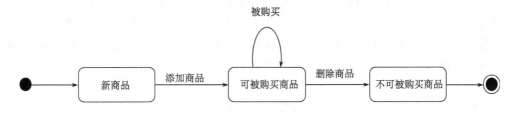

图 16-12　电子商务网站的商品状态图

16.4.5　活动图

1. 普通用户活动图

普通用户活动图如图 16-13 所示，普通用户活动图的具体活动过程描述如下：①普通用户通过网址，进入本系统；②在网页中浏览各种商品信息；③进入注册界面，输入个人信息，提交成功后成为会员；④在线注销，退出系统。

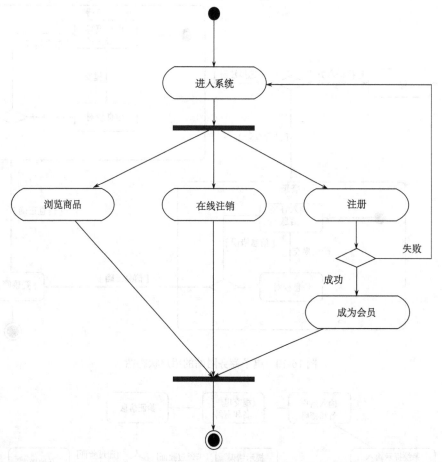

图 16-13　普通用户活动图

2. 用户注册活动图

用户注册活动图如图 16-14 所示，用户在注册页面输入自己的个人信息，系统的业务逻辑层会对该注册信息进行验证，如数据是否合法、用户名是否已存在等。如果通过验证审核，则将这些信息保存到数据库中，并向注册页面发送注册成功的提示信息，显示给用户。如果验证审核未能通过，则向注册页面发送注册失败的提示信息，显示给用户。

3. 注册用户活动图

注册用户活动图如图 16-15 所示，注册会员活动图的具体活动过程描述如下。

(1)注册用户首先要进行登录系统的活动。

(2)会员如果登录失败，将返回登录界面。

(3)如果会员登录成功，则将进入操作界面。

(4)会员在操作界面可以进行商品信息的查询活动。

(5)能够对自己注册的信息进行管理活动。

(6)会员可以进行商品的购买、订单的管理以及商品评价管理的活动。

(7)最后，进行在线注销，退出系统。

4. 在线购物活动图

在线购物活动图如图 16-16 所示，在线购物活动图的具体活动过程描述如下。

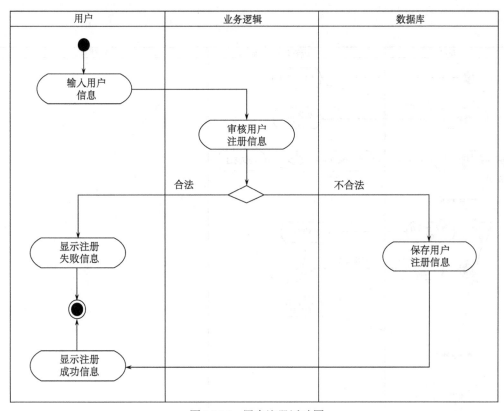

图 16-14　用户注册活动图

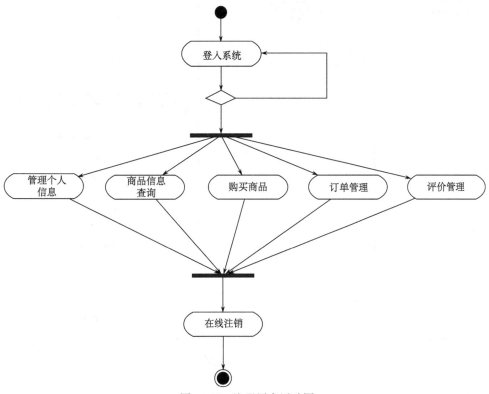

图 16-15　注册用户活动图

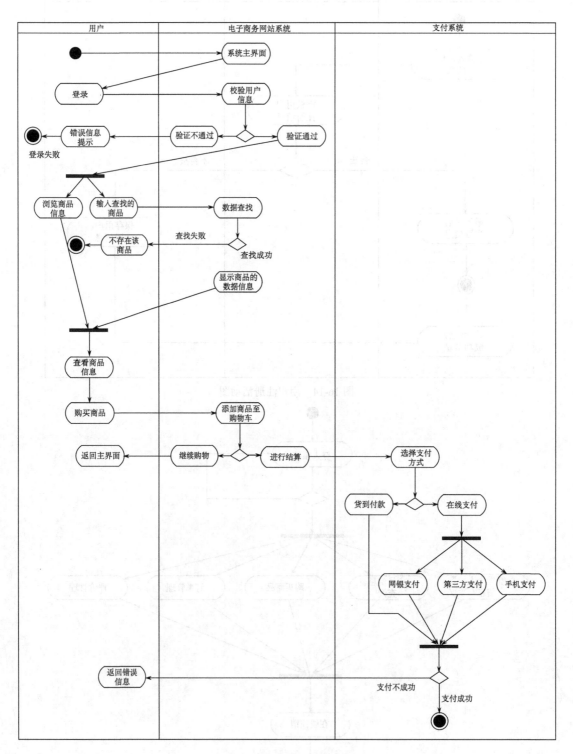

图 16-16 在线购物活动图

(1)用户首先要登录电子商务网站系统。

(2)用户如果登录失败,将提示错误的信息。

(3)如果登录成功,将进入系统主界面。

(4)用户在主页既可以浏览商品信息也可以进行商品的查找活动。

(5)如果查找失败,则提示"该商品不存在"的信息。

(6)如果查找成功,则向用户显示该商品的信息。

(7)用户可以进行商品的购买,并将商品放置购物车。

(8)如果用户还想继续购物,则返回主界面。

(9)用户将要购买的所有商品放置购物车后,可以进行结算活动。

(10)用户在支付页面选择适合自己的支付方式。

(11)最后,进行支付,退出系统。

16.5 系统部署模型

前面的静态模型和动态模型都是按照逻辑的观点对系统进行的概念建模,另外还需要对系统的实现结构进行建模。对系统的实现结构进行建模的方式包括两种,即构件图和部署图。

16.5.1 构件图

图 16-17 是电子商务网站实现购物的构件图,图中共有 7 个构件,构件与构件之间的关系是依赖关系,确认订单构件依赖于订单信息构件,即需要查看订单信息才能够进行订单确认;订单信息构件依赖于购买商品构件和客户信息构件;购买商品构件又依赖于购物车构件,因为购物车中显示了要购买的商品;购物车构件依赖于商品列表构件;最后,商品信息展示构件依赖于商品列表构件,因为展示的是商品列表中的信息。

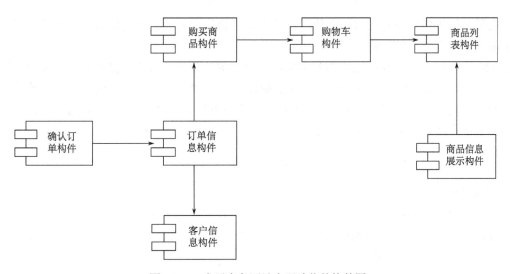

图 16-17　电子商务网站实现购物的构件图

16.5.2 部署图

在电子商务系统中，系统包括四种节点，分别是数据库节点，负责数据存储和处理；后台系统维护系统，系统管理员通过该节点进行系统维护，执行系统管理员允许的所有操作；Web 服务器节点，与数据库服务器进行交互，进行数据的访问；Web 浏览器节点，即客户端节点，用户在浏览器上进行各种操作。电子商务系统的部署图如图 16-18 所示。

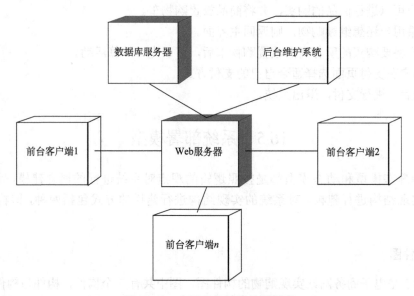

图 16-18　电子商务系统的部署图

16.6　本章小结

在第二篇讲解完所有 UML 图的基本信息后，相信读者对它们的构成和在建模中所起的作用都有了一个详细的了解。

B2C 电子商务网站系统已成为我们生活不可或缺的部分。本章以自营网上商城的软件系统建模为例，按照面向对象的软件系统开发流程，运用 RUP 的理念，系统地给出完整的电子商务网站系统的建模过程。关于绘制 UML 图的先后顺序，如第 4 章所述，我们建议从 UML 用例图着手开始，从 UML 部署图结束。

习　　题

分析设计题

某高校图书馆自修室座位临近考试常常出现学生占座而不使用、同时座位供不应求的现象。为解决这一问题，提升座位使用效率，该图书馆拟建设自修室座位选座系统。场景如下：

(1) 刷一卡通，进入选座系统；

(2) 选择要去的自修室房间号；

(3) 进入自修室座位平面图，查看还可以选择的座位(一般别人已经选择的座位显示为灰色，不可选)；

(4)点击心仪的座位，在弹出的确认窗口中点击确定，即选座成功；

(5)如果对刚才的所选的座位不满意，想重新选座的话，需再次刷一卡通，再按照选座步骤重新操作即可；

(6)中途离开时，需刷一卡通，系统会默认将该座位为您保留30分钟。如果30分钟内未回来刷卡入座，系统将自动将该座位释放。

综合运用所学的对象工程知识，使用 Rational Rose 或者 Visio 绘制相应的 UML 图。要求：①按照对象工程的脉络，至少包含 6 种 UML 图；②对每张图进行详细的文字解释。

第 17 章　微信系统建模

在第二篇，详细而系统地介绍了 UML 的各种模型视图以及建模元素的概念和绘制方法。通过这些知识的学习，我们能够非常方便和快捷地对软件系统进行建模。本章将以微信系统为例，选择部分有代表性的微信功能，讲述实际的建模过程，综合运用各种 UML 方法完成建模。

17.1　微信系统需求分析

17.1.1　背景介绍

在对系统进行建模之前，应当对建模对象，即微信系统进行一个全面的了解，重点了解其有代表性的功能及其实现方式等。现对微信系统介绍如下。

微信（英文称为 WeChat）是腾讯公司张小龙团队于 2011 年初推出的一款快速发送文字和照片、支持多人语音对讲的手机聊天软件。用户可以通过手机、平板电脑、网页快速发送语音、视频、图片和文字。截至 2019 年 3 月，微信在全世界的月活跃用户超过 11 亿，成为老少皆宜的互联网产品。

微信提供公众平台、朋友圈、消息推送等功能，用户可以通过摇一摇、搜索号码、附近的人、扫二维码方式添加好友和关注微信公众平台，同时微信能够将用户看到的精彩内容分享给好友，或者分享到微信朋友圈。

微信功能繁多，同时推陈出新，主要可以分为以下几点。

（1）聊天：支持发送文字、语音短信、视频和图片（包括表情），是一种聊天软件，支持多人群聊。

（2）添加好友：微信支持通过查找微信号添加好友、查看 QQ 好友添加好友、查看手机通讯录添加好友、分享微信号名片添加好友、摇一摇添加好友、二维码扫一扫添加好友和漂流瓶接受好友等 7 种方式。

（3）实时对讲机功能：支持用户通过语音聊天室和一群人语音对讲。但与在群里发语音不同的是，这个聊天室的消息几乎是实时的，并且不会留下任何记录，在手机屏幕关闭的情况下也可进行实时聊天。

（4）朋友圈：用户可以通过朋友圈发表文字和图片，同时可通过其他软件将文章或者音乐分享到朋友圈。用户可以对好友新发的照片进行评论或点赞，用户只能看共同好友的评论或赞。

（5）语音提醒：用户可以通过语音告诉 Ta 提醒打电话或是查看邮件。

（6）QQ 邮箱提醒：开启后可接收来自 QQ 邮件的邮件，收到邮件后可直接回复或转发。

（7）私信助手：开启后可接收来自 QQ 微博的私信，收到私信后可直接回复。

（8）漂流瓶：通过扔瓶子和捞瓶子来匿名交友。这一功能在 2018 年底新的微信版本中暂时退出。

（9）查看附近的人：微信将会根据您的地理位置找到在用户附近同样开启本功能的人。

（10）微信摇一摇：是微信推出的一个随机交友应用，通过摇手机或点击按钮模拟摇一摇，可以匹配到同一时段触发该功能的微信用户，从而增加用户间的互动和微信黏度。

（11）游戏中心：可以进入微信玩游戏，例如，"飞机大战""跳一跳"，具有好友游戏分数排行榜的功能，具有一定的黏度。

（12）微信公众平台：通过这一平台，个人和企业都可以打造一个微信的公众号，可以群发文字、图片、语音、文件和我的收藏五个类别的内容。

（13）账号保护：微信与手机号进行绑定，该绑定过程需要四步：①在"我"栏目里进入"个人信息"，点击"我的账号"；②在"手机号"栏输入手机号码；③系统自动发送六位验证码到手机，成功输入六位验证码后即可完成绑定；④让"账号保护"栏显示"已启用"，即表示微信已启动全新的账号保护机制。

17.1.2 对微信系统的需求分析

微信作为一款即时通信软件，其主要功能仍然是实现多人之间的即时通信，因此即时聊天仍是用户对微信系统的最大需求，同时，随着产品的更新，微信可以支持语音聊天、视频聊天以及收发图片、文件和转账红包等功能，这些功能均是实现即时通信的重要手段。再者，微信目前兼有非常多的附加功能，如漂流瓶、摇一摇、查找附近的人等。下面本章运用 UML 对微信系统进行建模。

17.2　微信系统的 UML 建模过程

本节案例选用 2019 年发布的微信 7.0 版本。新版本去掉了漂流瓶功能，在 17.2.3 节，为了方便阐述交互图在微信系统建模中的作用，保留了漂流瓶功能的交互图建模。微信 App 是一个庞大的对象工程，在本节的 UML 建模过程，是针对有选择、有代表性的部分微信 App 功能的建模过程。

17.2.1 微信系统的用例图

根据前面的讲解，用例模型由"角色"和用例组成。构件用例时，首先需要识别角色，即参与者。然后需要识别系统为参与者提供的服务，即参与者的行为。最后确定角色和用例之间的关系。图 17-1 给出了用户作为参与者使用微信系统的部分用例图示意图。

可以看出，从用户的视角，上面的用例图中详细展现了微信软件系统的主要功能。除此之外，微信软件系统的参与者还包括后台管理员、公众号管理员。限于篇幅，这里不做赘述。

17.2.2 微信系统的活动图

1）利用微信添加好友的活动图

用户添加好友的过程中，因为需要系统对号码进行查找，所以采用带泳道的活动图。用户登录后，如果登录失败则结束此次访问，如果登录成功，则通过输入号码进行添加好友的活动。如图 17-2 所示。

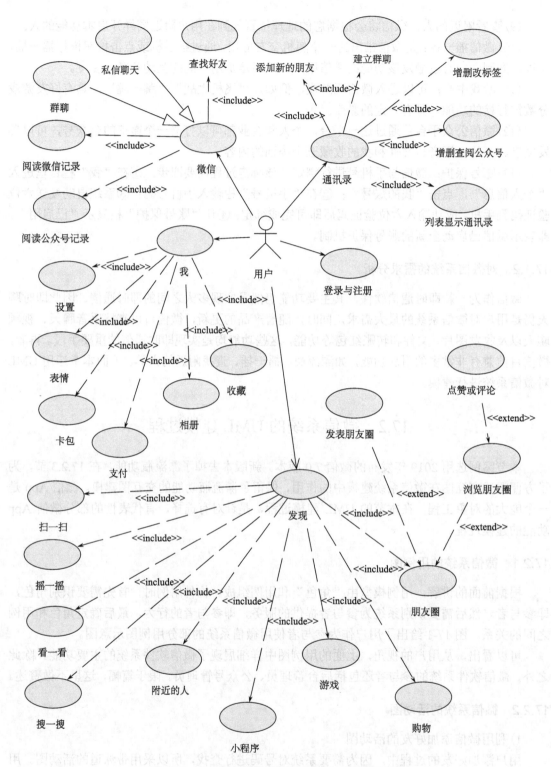

图 17-1　用户视角下微信系统的部分用例图示意图

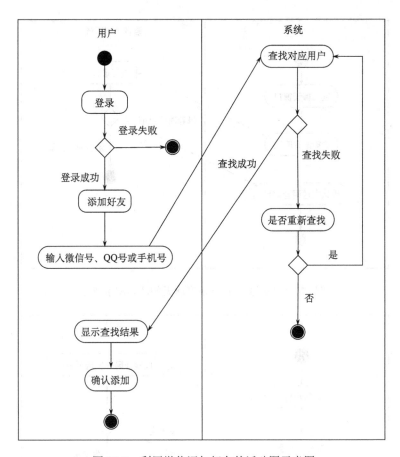

图 17-2　利用微信添加好友的活动图示意图

2）利用微信进行语音聊天的活动图

用户进行语音聊天，在录制好语音文件后进行发送，此活动同样包含了用户和语音录制系统，其活动图如图 17-3 所示。

3）利用微信进行账号绑定的活动图

账号绑定过程中，用户会在确认要绑定的微信账户后会输入与之绑定的手机号码，并在收到系统发出的验证码后填写验证码，经过验证后成功绑定，其活动图如图 17-4 所示。

17.2.3　微信系统的类图

类图是 UML 中最常见的一种图，类图可以帮助开发者更加直观地了解一个系统的体系结构，通过关系和类表示的类图，可以使用图形化的方式描述一个系统的设计部分，类中包括自身的属性以及行为。

微信系统的类图如图 17-5 所示。

我们这样来理解微信 App 软件系统的场景。微信 App 是一个接口级抽象类，它由微信、通讯录、发现和我四大板块组成，如微信 App 首页界面下方呈现的那样。我们设计微信、通讯录、发现和我这四个类，均实现微信 App 这个抽象类。

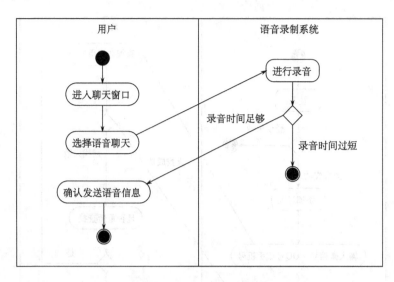

图 17-3 利用微信进行语音聊天的活动图示意图

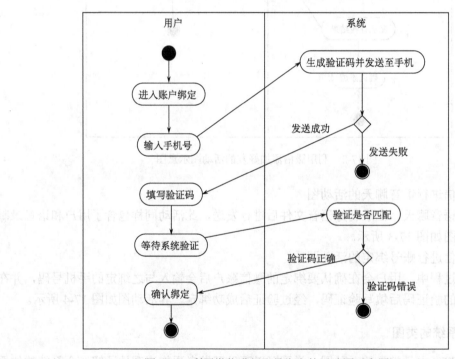

图 17-4 利用微信进行账号绑定的活动图示意图

我们把通讯录理解为一个集合，设计成一个 List 性质的类，能更好地建模客观存在的微信 App 里的通讯录板块。在这张类图中，我们发现通讯录包含 4 个成员属性：朋友、公众号、群和标签。这是对现有微信版本通讯录的内容组成的客观反映。

这里的朋友、群、公众号的类型分别是朋友类、群类和公众号类。进一步地，类图建立了通讯录和朋友类、群类和公众号类的使用依赖关系。事实如此，当我们初建微信账号时，里面的通讯录是空。伴随着我们添加好友、有了群聊和关注了公众号，我们的通讯录不再是空的，并逐渐丰富起来。

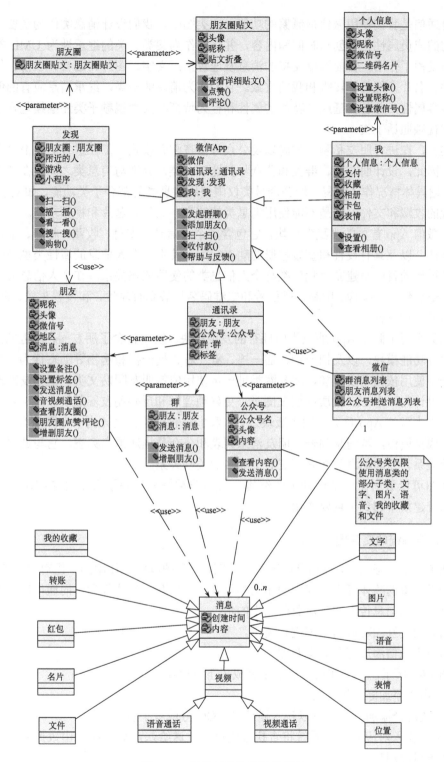

图 17-5 微信系统的类图示意图

即时通信是我们使用微信最频繁的功能，在类图中，我们设计消息类作为重要的类。我们设计它的成员属性包含创建时间和内容，并将它作为父类。类的继承性为 UML 类图的设计充分地发挥了作用。目前微信支持的消息发送包括：文字、图片、语音、表情、位置、视频、文件、名片、红包、转账和我的收藏。它们作为消息的子类，继承消息应有的创建时间属性和内容属性，并各自延展了特色的属性和行为特征。其中视频子类还继续包含了语音通话子类和视频通话子类。

事实上，在进行朋友私聊、群聊以及公众号留言聊天模式，都在进行的是消息发送和消息接受。因此，设计朋友类、群类和公众号类这 3 个类，分别与消息类之间存在使用依赖关系。并根据具体情况作了注释，即公众号类仅限使用消息类的部分子类功能，如文字、图片、语音、我的收藏和文件。但是不能使用消息类的转账、红包、名片和视频功能。

对于微信 App 首页的"我"模块，它包含了个人信息、支付、收藏、相册、卡包和表情等私有属性，以及具有设置和查看相册的动态行为。其中，个人信息的属性类型是个人信息类，这样设计的目的是建立"我"类与个人信息类的使用依赖关系。在个人信息类中，可以看出个人信息包含了头像、昵称、微信号和二维码名片等私有属性，和设置头像、设置昵称、设置微信号等动态行为。

发现类实现了微信 App 抽象类所拥有的发现模块。发现包含了朋友圈、附近的人、游戏和小程序等功能模块，以及扫一扫、摇一摇、看一看、搜一搜和购物等动态行为。其中，朋友圈进一步使用依赖朋友圈类，朋友圈类进一步使用依赖朋友圈贴文类。把朋友圈理解为一个集合，设计为一个 List 性质的朋友圈类，更好地理解和反映朋友圈版块。

微信作为微信 App 首页的四大版块之一，我们将它理解并设计为一个微信类。它主要包括了 3 个成员属性，群消息列表、朋友消息列表和公众号推送消息列表。它与通讯录类之间存在依赖关系。它与消息类之间存在着 1 对多的关联关系。

从类图可以看出微信平台的大致结构，类图非常好地反映了各个功能和微信平台的关系，在系统建模中起到了重要作用。

17.2.4 微信系统的交互图

交互图属于动态模型，包括顺序图和通信图，交互图以相互作用的一组对象为考察中心，描绘了一组对象的整体行为，其中顺序图侧重时间上交互的整体行为，而通信图则侧重对象在交互过程中的信息传递和各对象所充当的角色。

下面利用交互图对微信系统进行建模。

1) 用户用微信添加好友的交互图

如图 17-6 所示，用户在这个过程中完成了下列操作：

(1) 点击"添加好友"按钮；

(2) 系统选择添加方式，可以输入微信号、QQ 号或者手机号；

(3) 用户输入对应号码，系统将查找号码命令发送给账户数据库，由数据库进行自身调用后查找出对应用户；

(4) 系统返回查找结果，用户确认添加好友；

(5) 系统跳转至好友验证页面，要求用户输入验证信息；

(6) 用户输入验证信息并确定后，添加过程完成，等待对方进行确认。

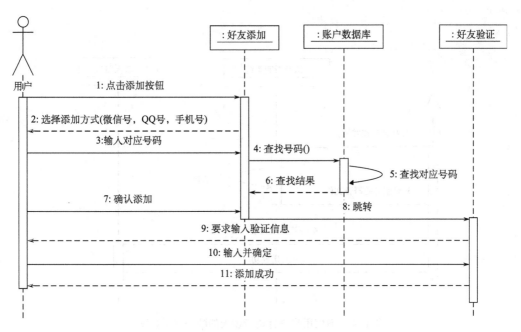

图 17-6 微信用户添加好友的顺序图示意图

对应的通信图如图 17-7 所示。

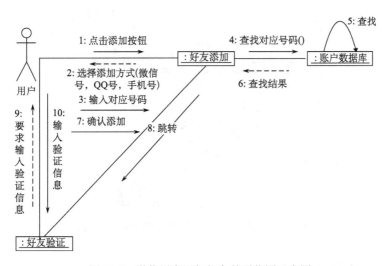

图 17-7 微信用户添加好友的通信图示意图

2）用微信进行语音聊天的交互图

如图 17-8 所示，用户在语音聊天中完成了下列操作：

（1）在聊天页面选择录制语音；

（2）按住录制按钮并录音；

（3）将录音发送给好友；

（4）好友接收后进行回复。

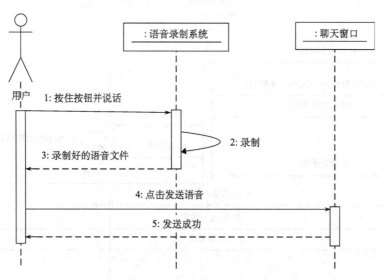

图 17-8　微信用户进行语音聊天的顺序图示意图

对应的通信图如图 17-9 所示。

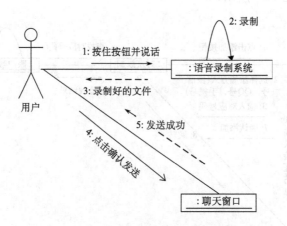

图 17-9　微信用户进行语音聊天的通信图示意图

3) 使用微信漂流瓶的交互图

如图 17-10 所示, 在此过程中, 用户完成了下列操作:

(1) 进入漂流瓶应用;

(2) 点击"扔一个", 并选择文字或者语音方式;

(3) 输入文字或者按住说话;

(4) 输入完成后, 点击"扔出去"按钮;

(5) 点击"捡一个", 得到一个漂流瓶;

(6) 打开漂流瓶并阅读信息。

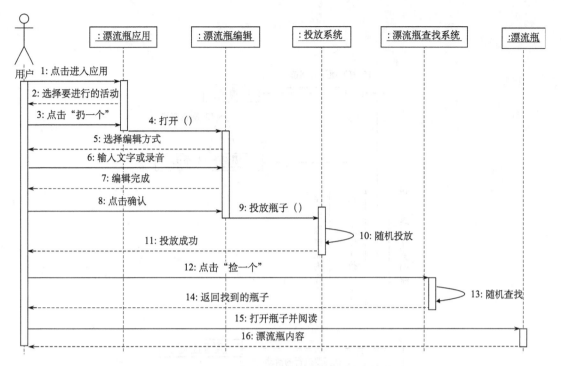

图 17-10　微信漂流瓶应用的顺序图示意图

对应的通信图如图 17-11 所示。

4) 将微信账号与手机号绑定

如图 17-12 所示，在该过程中，用户主要完成了以下一些操作：

(1) 进入账号绑定页面；

(2) 输入要绑定的手机号；

(3) 系统自动发送六位验证码到手机；

(4) 输入六位验证码后即可完成绑定。

对应的通信图如图 17-13 所示。

17.2.5　微信系统的构件图

构件图用来反映代码的物理结构。从构件图中，可以了解各构件之间的作用和运行时的依赖关系。经过前面的分析，可以得到微信系统的构件图，如图 17-14 所示。

17.2.6　微信系统的部署图

部署图描述系统中的硬件与软件的物理配置情况和系统体系结构。在部署图中，用节点表示实际的物理设备，并且将它们进行连接，说明其连接方式。

微信系统的部署图如图 17-15 所示。

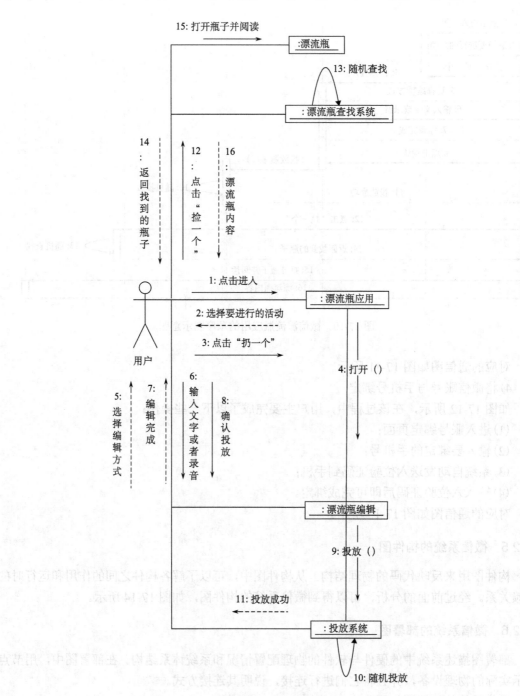

图 17-11 微信漂流瓶应用的通信图示意图

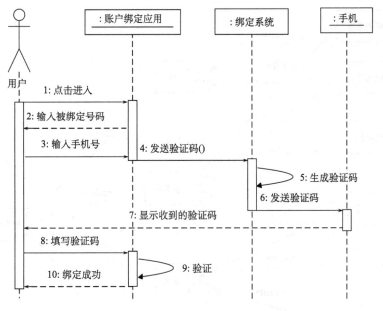

图 17-12　微信账户绑定的顺序图示意图

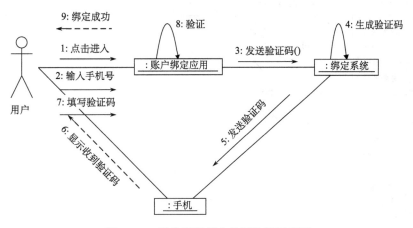

图 17-13　微信账号绑定的通信图示意图

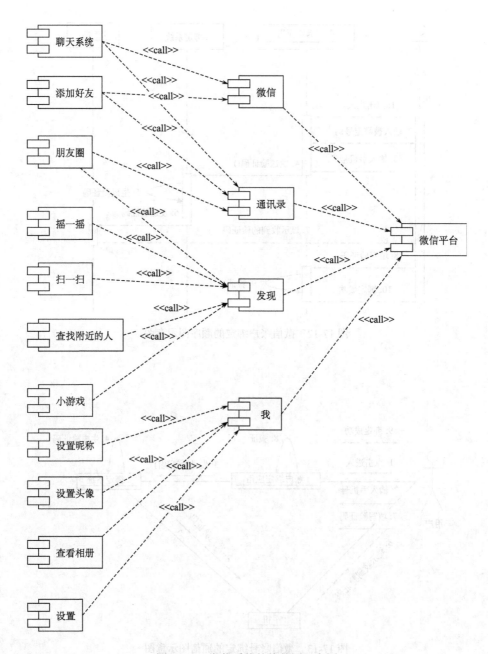

图 17-14 微信系统的构件图示意图

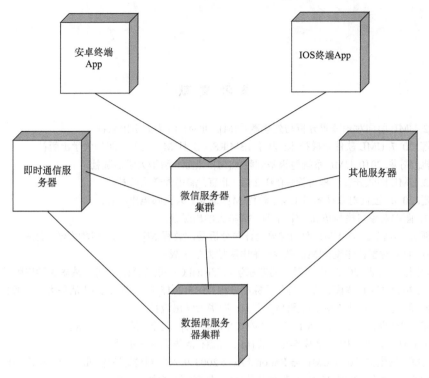

图 17-15　微信系统的部署图示意图

17.3　本章小结

如果说即时通信软件是类，那么微信是这个类的一个对象。微信自推出至今，受到移动互联网用户的广泛青睐。本章选取已经成熟的微信软件系统作为案例，对它进行 UML 建模。按照对象工程的脉络，建模过程从 UML 用例图开始，从部署图结束，选择性地给读者展示了微信 App 系统的建模过程。限于篇幅，本章绘制的各种 UML 图仅仅是部分微信系统功能的展示，实际中的微信系统功能要复杂得多。

习　　题

分析设计题

1. 图 17-1 给出了用户视角下微信 App 系统的用例图。其中"发现"功能包含了朋友圈功能。请综合运用所学的对象工程知识，选用活动图和顺序图建模这里的朋友圈功能。

2. 支付是微信 App 系统的良好应用场景。首先，打开微信并了解微信 App 系统的支付功能模块。然后，综合运用所学的对象工程知识，建模这里的支付功能。要求至少绘制活动图、顺序图、协作图和状态图各一张。

参 考 文 献

冯洪梅, 2012. UML 面向对象需求分析与建模教程[M]. 北京: 清华大学出版社.

高科华, 李娜, 2017. UML 软件建模技术: 基于 IBM RSA 工具[M]. 北京: 清华大学出版社.

胡荷芬, 张帆, 高斐, 2010. UML 系统建模基础教程[M]. 北京: 清华大学出版社.

赖信仁, 2012. UML 团队开发流程与管理[M]. 2 版. 北京: 清华大学出版社.

李磊, 王养廷, 2010. 面向对象技术及 UML 教程[M]. 北京: 人民邮电出版社.

刘宝宏, 2011. 面向对象建模与仿真[M]. 北京: 清华大学出版社.

牛丽平, 郭新志, 宋强, 2007. UML 面向对象设计与分析基础教程[M]. 北京: 清华大学出版社.

任宏萍, 2010. 面向对象程序设计[M]. 武汉: 华中科技大学出版社.

王斌君, 卢安国, 赵志岩, 2012. 面向对象的方法学与 Visual C++语言[M]. 北京: 清华大学出版社.

王菁, 赵元庆, 2013. UML 建模、设计与分析标准教程(2013-2015 版)[M]. 北京: 清华大学出版社.

王少锋, 2004. 面向对象技术 UML 教程[M]. 北京: 清华大学出版社.

王先国, 方鹏, 曾碧卿, 等, 2009. UML 统一建模实用教程[M]. 北京: 清华大学出版社.

谢星星, 2011. UML 基础与 Rose 建模实用教程[M]. 北京: 清华大学出版社.

解本巨, 李晓娜, 宫生文, 2010. UML 与 Rational Rose 2003 从入门到精通[M]. 北京: 电子工业出版社.

徐宝文, 周毓明, 卢红敏, 2006. UML 与软件建模[M]. 北京: 清华大学出版社.

朱小栋, 2015. 云时代的流式大数据挖掘平台: 基于元建模的视角[M]. 北京: 科学出版社.

STUMPF R V, TEAGUE L C, 2005. 面向对象的系统分析与设计(UML 版)[M]. 梁金昆, 译. 北京: 清华大学出版社.

缩　略　词

缩略词	英文全称	释义
CRC	Class Responsibility Collaborator	类-职责-协作，一种面向对象分析建模方法
EA	Enterprise Architect	Sparx Systems 公司的 UML 工具
MDA	Model Driven Architecture	模型驱动架构
MOF	Meta Object Facility	元对象设施
OCL	Object Constraint Language	对象约束语言
OMG	Object Management Group	对象管理组织
OMT	Object Modeling Technique	对象建模技术
OO	Object Oriented	面向对象
OOA	Object Oriented Analysis	面向对象的分析
OOAD	Object Oriented Analysis Design	面向对象的分析与设计
OOD	Object Oriented Design	面向对象的设计
OOP	Object Oriented Programming	面向对象程序设计或编码
OOSE	Object Oriented Software Engineering	面向对象的软件工程
OOSP	Object Oriented Software Process	面向对象的软件过程
OOT	Object Oriented Testing	面向对象测试
RSA	Rational Software Architect	IBM 收购 Rational 后的高级建模工具
RUP	Rational Unified Process	统一软件开发过程
SDP	Software Development Plan	软件开发计划
SOA	Service Oriented Architecture	面向服务的软件架构
UML	Unified Modeling Language	统一建模语言
TOGAF	The Open Group Architecture Framework	The Open Group 发布的企业架构框架

缩　略　语

缩略语	英文全称	中文
CAC	Class Responsibility Collaborator	类、职责、协作者（卡片）
EA	Enterprise Architect	Sparx Systems 公司的 UML 工具
MDA	Model Driven Architecture	模型驱动架构
MOF	Meta Object Facility	元对象设施
OCL	Object Constraint Language	对象约束语言
OMG	Object Management Group	对象管理组织
OMT	Object Modeling Technique	对象建模技术
OO	Object Oriented	面向对象
OOA	Object Oriented Analysis	面向对象分析
OOAD	Object Oriented Analysis Design	面向对象的分析与设计
OOD	Object Oriented Design	面向对象设计
OOP	Object Oriented Programming	面向对象的程序设计
OOSE	Object Oriented Software Engineering	面向对象软件工程
OOSP	Object Oriented Software Process	面向对象软件过程
OOT	Object Oriented Testing	面向对象测试
SAV	Rational Software Analyst	UML 建模工具，可以将代码转换为模型
RUP	Rational Unified Process	统一过程
SDP	Software Development Plan	软件开发计划
SOA	Service Oriented Architecture	面向服务的体系结构
UML	Unified Modeling Language	统一建模语言
TOGAF	The Open Group Architecture Framework	The Open Group 体系结构框架